新编高等职业教育电子信息、机电类规划教材·非电类专业

电工与电子技术
（第2版）

李良仁　主　编

倪志莲　副主编

汪临伟　主　审

电子工业出版社
Publishing House of Electronics Industry
北京·BEIJING

内 容 简 介

本书主要内容包括电工和电子技术两部分。电工部分的内容包括：安全用电、电工工具及仪表、电路基本理论和基本分析方法、正弦交流电路、三相电路、变压器、电动机等内容。电子技术部分内容包括：电子测量、晶体二极管电路、晶体三极管、直流稳压电路、基本放大电路、集成运算放大器及其应用、门电路和组合逻辑电路、触发器和时序逻辑电路等内容。内容系统简洁，突出适用性及岗位技能培养。为方便教学，书中配有实训项目，适合在实训室开展"教、学、做"一体化教学。

本书可作为高职高专院校工科非电类专业电工与电子技术课程教材，也可供有关工程技术人员参考和自学者使用。

未经许可，不得以任何方式复制或抄袭本书之部分或全部内容。
版权所有，侵权必究。

图书在版编目（CIP）数据

电工与电子技术/李良仁主编. —2 版. —北京：电子工业出版社，2015.12
ISBN 978-7-121-26871-7

Ⅰ. ①电… Ⅱ. ①李… Ⅲ. ①电工技术－高等学校－教材②电子技术－高等学校－教材
Ⅳ. ①TM②TN

中国版本图书馆 CIP 数据核字（2015）第 181799 号

策　　划：陈晓明
责任编辑：郭乃明　　特约编辑：范　丽
印　　刷：北京七彩京通数码快印有限公司
装　　订：北京七彩京通数码快印有限公司
出版发行：电子工业出版社
　　　　　北京市海淀区万寿路 173 信箱　邮编 100036
开　　本：787×1 092　1/16　印张：18.25　字数：467 千字
版　　次：2011 年 8 月第 1 版
　　　　　2015 年 12 月第 2 版
印　　次：2022 年 7 月第 10 次印刷
定　　价：39.00 元

凡所购买电子工业出版社的图书，如有缺损问题，请向购买书店调换。若书店售缺，请与本社发行部联系，联系及邮购电话：（010）88254888。

质量投诉请发邮件至 zlts@phei.com.cn，盗版侵权举报请发邮件至 dbqq@phei.com.cn。
服务热线：（010）88258888。

前　言

电工与电子技术应用非常广泛，现代一切新的技术应用无不与电有着密切的关系。《电工与电子技术》作为高等职业院校工科非电类专业的一门技术基础课程，对学生学习后续专业课程有着非常重要的作用。

本书围绕学生的职业技能培养主线来设计内容和形式，按照学生认知规律和技能培养分层递进的原则来编写，既保留知识体系的完整性，又突出以技能培养为主线，精选教学内容，力求体现新知识、新技术，减少数学推导。在注重编写工程应用实例的同时，合理安排实训。全书共分15章，包含电工和电子技术两部分。电工部分的内容包括：安全用电、电工工具及仪表、电路基本理论和基本分析方法、正弦交流电路、三相电路、变压器、电动机等内容。电子技术部分内容包括：电子测量及焊接技术、晶体二极管电路、晶体三极管、直流稳压电路、基本放大电路、集成运算放大器及其应用、门电路和组合逻辑电路、触发器和时序逻辑电路等内容。本书内容覆盖面大、概念清楚、图文并茂、直观清晰，教学中可根据不同专业特点对书中内容进行适当删减，本书可作为高职高专院校工科非电类专业电工与电子技术课程教材，也可供有关工程技术人员参考和自学者使用。

本书由九江职业技术学院李良仁、孙丽霞、倪志莲、许琪、龚素文、宋耀华、严春平编写，李良仁任主编，负责全书的组织、修改和定稿工作，倪志莲任副主编。本书编写过程中得到九江职业技术学院电气工程学院的大力支持，安徽国防科技职业学院机电工程系李翔审阅了本书的全部书稿，提出了许多宝贵意见，编写过程中参考了大量相关文献，对参考文献的作者，在此一并表示感谢。

限于编者水平和时间仓促，书中缺点在所难免，恳请广大读者提出宝贵意见，以便修改。

编　者
2015年6月

目 录

第1章 安全用电 (1)
1.1 电工安全基本知识 (1)
1.1.1 火线和零线 (1)
1.1.2 人身触电事故 (1)
1.1.3 人体触电的类型 (2)
1.1.4 安全用电常识 (3)
1.2 电工安全防护技术 (4)
1.2.1 接地装置 (4)
1.2.2 电气设备接地的种类 (4)
1.2.3 防雷 (6)
1.3 电气安全救护技术 (7)
1.3.1 触电急救基本操作 (7)
1.3.2 电气火灾的防护 (8)
习题1 (9)

第2章 电工工具及仪表 (10)
2.1 常用电工工具及使用 (10)
2.2 常用电工仪表 (13)
2.2.1 万用表 (13)
2.2.2 兆欧表 (15)
2.2.3 钳形电流表 (16)
项目实训1 万用表的使用 (16)
项目实训2 常用导线的剖削 (17)
习题2 (19)

第3章 电路模型和基本定律 (20)
3.1 电路和电路模型 (20)
3.1.1 电路及其作用 (20)
3.3.2 电路模型与电路图 (20)
3.2 电路的基本物理量 (21)
3.2.1 电流 (21)
3.2.2 电压、电位及电动势 (22)
3.2.3 电能、电功率 (23)
3.3 电阻、电感和电容元件 (25)
3.3.1 电阻元件 (25)
3.3.2 电感元件 (26)

  3.3.3 电容元件 ··· (26)
 3.4 电压源和电流源 ·· (27)
  3.4.1 电压源 ··· (28)
  3.4.2 电流源 ··· (28)
 3.5 基尔霍夫定律 ·· (30)
  3.5.1 电路术语 ·· (30)
  3.5.2 基尔霍夫电流定律 ·· (30)
  3.5.3 基尔霍夫电压定律 ·· (31)
 3.6 电路的三种状态和电气设备的额定值 ·· (32)
  3.6.1 电路的工作状态 ·· (32)
  3.6.2 电气设备的额定值 ·· (33)
 项目实训 3 电阻和电源伏安特性的测定 ·· (34)
 项目实训 4 电路中电位的测量 ·· (35)
 习题 3 ·· (37)

第 4 章 电路的分析方法 ·· (39)

 4.1 电阻的串联、并联及混联 ··· (39)
  4.1.1 等效的概念 ··· (39)
  4.1.2 电阻的串联 ··· (40)
  4.1.3 电阻的并联 ··· (40)
  4.1.4 电阻的混联 ··· (41)
 4.2 实际电压源与实际电流源的等效变换 ·· (42)
 4.3 支路电流法 ·· (43)
 4.4 叠加定理 ·· (44)
 4.5 戴维南定理 ·· (45)
 项目实训 5 戴维南等效电路参数的测量 ·· (46)
 习题 4 ·· (47)

第 5 章 正弦交流电路 ·· (49)

 5.1 正弦交流电路的基本概念 ·· (49)
  5.1.1 正弦量的三要素 ·· (49)
  5.1.2 有效值 ··· (50)
  5.1.3 相位差 ··· (51)
  5.1.4 正弦量的向量表示法 ·· (52)
 5.2 交流电路中的电路元件 ·· (55)
  5.2.1 电阻电路 ·· (55)
  5.2.2 电感电路 ·· (56)
  5.2.3 电容电路 ·· (59)
 5.3 RLC 串联电路 ··· (61)
  5.3.1 电压电流关系 ··· (61)
  5.3.2 功率 ··· (63)
 5.4 功率因数的提高 ·· (64)

5.4.1　提高功率因数的意义 ………………………………………………………………… (64)
　　　5.4.2　提高功率因数的方法 ………………………………………………………………… (65)
　5.5　谐振电路 ……………………………………………………………………………………… (66)
　　　5.5.1　串联谐振的条件 ……………………………………………………………………… (66)
　　　5.5.2　串联谐振的特征 ……………………………………………………………………… (67)
　　　5.5.3　并联谐振 ……………………………………………………………………………… (68)
　项目实训6　日光灯电路接线与测量 …………………………………………………………… (69)
　习题5 ……………………………………………………………………………………………… (71)

第6章　三相电路 …………………………………………………………………………………… (73)

　6.1　三相电源 ……………………………………………………………………………………… (73)
　　　6.1.1　三相电动势的产生 …………………………………………………………………… (73)
　　　6.1.2　三相电源的星形连接（Y连接） ……………………………………………………… (74)
　　　6.1.3　三相电源的三角形连接（△连接） …………………………………………………… (75)
　6.2　三相负载 ……………………………………………………………………………………… (76)
　　　6.2.1　三相负载的星形连接 ………………………………………………………………… (76)
　　　6.2.2　负载的三角形（△形）连接 …………………………………………………………… (77)
　6.3　三相功率 ……………………………………………………………………………………… (78)
　项目实训7　三相负载星形连接 ………………………………………………………………… (79)
　习题6 ……………………………………………………………………………………………… (81)

第7章　铁芯线圈与变压器 ………………………………………………………………………… (82)

　7.1　磁路的基本概念和基本定律 ………………………………………………………………… (82)
　　　7.1.1　磁路的基本物理量 …………………………………………………………………… (82)
　　　7.1.2　磁路的基本定律 ……………………………………………………………………… (83)
　　　7.1.3　磁性材料及特性 ……………………………………………………………………… (84)
　7.2　直流铁芯线圈与直流电磁铁 ………………………………………………………………… (86)
　7.3　交流铁芯线圈与交流电磁铁 ………………………………………………………………… (87)
　　　7.3.1　交流铁芯线圈 ………………………………………………………………………… (87)
　　　7.3.2　交流电磁铁 …………………………………………………………………………… (88)
　7.4　变压器 ………………………………………………………………………………………… (91)
　　　7.4.1　变压器的结构 ………………………………………………………………………… (91)
　　　7.4.2　变压器的工作原理 …………………………………………………………………… (92)
　　　7.4.3　变压器的运行特性 …………………………………………………………………… (94)
　　　7.4.4　变压器绕组的极性 …………………………………………………………………… (95)
　　　7.4.5　特殊变压器 …………………………………………………………………………… (96)
　项目实训8　单相变压器认知 …………………………………………………………………… (99)
　项目实训9　电流互感器应用 …………………………………………………………………… (101)
　习题7 ……………………………………………………………………………………………… (103)

第8章　三相异步电动机及控制电路 ……………………………………………………………… (104)

　8.1　三相异步电动机的结构及工作原理 ………………………………………………………… (104)
　　　8.1.1　三相异步电动机的结构 ……………………………………………………………… (104)

8.1.2　三相异步电动机的工作原理 ··· (106)
　　　8.1.3　三相异步电动机的电磁转矩和机械特性 ······································ (110)
　　　8.1.4　三相异步电动机的铭牌及技术参数 ··· (111)
　　　8.1.5　三相异步电动机的选择 ··· (113)
　　　8.1.6　电动机的启动 ·· (114)
　　　8.1.7　三相异步电动机的调速 ··· (116)
　　　8.1.8　三相异步电动机的制动 ··· (117)
　　8.2　常用低压电器 ·· (118)
　　　8.2.1　开关电器 ··· (119)
　　　8.2.2　主令电器 ··· (121)
　　　8.2.3　执行电器 ··· (122)
　　　8.2.4　保护电器 ··· (126)
　　8.3　三相异步电动机基本控制线路 ··· (128)
　　　8.3.1　连续运行控制线路 ··· (128)
　　　8.3.2　异步电动机的正、反转与自动往返控制 ····································· (129)
　　项目实训10　三相笼形异步电动机的拆装 ·· (131)
　　项目实训11　三相异步电动机正、反转控制线路接线调试 ··························· (133)
　　习题8 ·· (134)
第9章　电子测量与焊接技术 ·· (136)
　　9.1　电子测量的基本知识 ·· (136)
　　　9.1.1　电子测量的一般方法 ··· (136)
　　　9.1.2　电子测量的基本内容 ··· (137)
　　　9.1.3　电子测量的特点 ··· (137)
　　9.2　常用电子测量仪器仪表 ·· (138)
　　　9.2.1　YB1610型函数信号发生器 ·· (138)
　　　9.2.2　YB4328型双踪示波器 ·· (140)
　　　9.2.3　DF3370B智能计数器 ··· (142)
　　9.3　焊接技术 ·· (143)
　　　9.3.1　焊接的基本知识 ··· (144)
　　　9.3.2　焊接常用工具 ·· (144)
　　　9.3.3　焊接工艺 ··· (146)
　　　9.3.4　焊接方法 ··· (146)
　　项目实训12　示波器的使用 ·· (147)
　　习题9 ·· (149)
第10章　直流稳压电源 ··· (150)
　　10.1　二极管 ··· (150)
　　　10.1.1　半导体基础知识 ·· (150)
　　　10.1.2　半导体二极管 ··· (150)
　　　10.1.3　二极管的型号及选用 ··· (153)
　　　10.1.4　二极管的检测 ··· (154)

10.1.5　特殊二极管 ………………………………………………………………… (156)

　10.2　单相整流电路 ……………………………………………………………………… (156)

　　　10.2.1　单相半波整流电路 ……………………………………………………… (156)

　　　10.2.2　单相全波整流电路 ……………………………………………………… (157)

　　　10.2.3　单相桥式整流电路 ……………………………………………………… (158)

　10.3　滤波电路 …………………………………………………………………………… (158)

　　　10.3.1　电容滤波电路 …………………………………………………………… (159)

　　　10.3.2　电感滤波及复式滤波电路 ……………………………………………… (159)

　10.4　稳压电路 …………………………………………………………………………… (160)

　　　10.4.1　硅稳压管组成的并联稳压电路 ………………………………………… (160)

　　　10.4.2　集成稳压电源 …………………………………………………………… (161)

　项目实训13　整流滤波电路的测试 …………………………………………………… (163)

　项目实训14　三端集成稳压电源的组装与调试 ……………………………………… (164)

　习题10 ……………………………………………………………………………………… (168)

第11章　基本放大电路 …………………………………………………………………… (170)

　11.1　半导体三极管 ……………………………………………………………………… (170)

　　　11.1.1　三极管的结构及电路符号 ……………………………………………… (170)

　　　11.1.2　三极管的电流放大作用及其放大的基本条件 ………………………… (171)

　　　11.1.3　三极管特性曲线 ………………………………………………………… (172)

　　　11.1.4　三极管的主要参数 ……………………………………………………… (174)

　　　11.1.5　晶体三极管的识别 ……………………………………………………… (174)

　11.2　共射基本放大电路 ………………………………………………………………… (176)

　　　11.2.1　三极管放大电路的三种组态 …………………………………………… (176)

　　　11.2.2　共发射极基本放大电路的组成和工作原理 …………………………… (177)

　　　11.2.3　共发射极基本放大电路的分析 ………………………………………… (178)

　　　11.2.4　共集电极、共基极放大电路 …………………………………………… (182)

　11.3　多级放大电路 ……………………………………………………………………… (184)

　　　11.3.1　多级放大电路的组成 …………………………………………………… (184)

　　　11.3.2　级间耦合形式及其特点 ………………………………………………… (184)

　　　11.3.3　多级放大电路性能参数估算 …………………………………………… (185)

　　　11.3.4　多级放大电路的应用 …………………………………………………… (185)

　项目实训15　单管放大电路测试 ……………………………………………………… (186)

　项目实训16　LM386喊话器的组装与调试 …………………………………………… (189)

　习题11 ……………………………………………………………………………………… (192)

第12章　集成运算放大器 ………………………………………………………………… (194)

　12.1　差分放大电路简介 ………………………………………………………………… (194)

　12.2　集成运算放大器 …………………………………………………………………… (195)

　　　12.2.1　集成运算放大器简介 …………………………………………………… (195)

　　　12.2.2　集成运算放大器的内部电路框图 ……………………………………… (197)

　　　12.2.3　运算放大器的特性和主要参数 ………………………………………… (198)

12.2.4 典型的双运算放大器简介	(199)

12.3 负反馈电路 ………………………………………………………………………… (199)
12.4 集成运算放大器的应用 …………………………………………………………… (201)
  12.4.1 集成运放理想化条件 ……………………………………………………… (201)
  12.4.2 集成运放线性应用条件 ……………………………………………………… (201)
  12.4.3 比例运算放大电路 ………………………………………………………… (202)
  12.4.4 加法运算电路 ……………………………………………………………… (203)
12.5 信号处理电路 ……………………………………………………………………… (205)
  12.5.1 有源滤波器 ………………………………………………………………… (205)
  12.5.2 电压比较器 ………………………………………………………………… (206)
项目实训 17 集成运算放大电路线性应用 …………………………………………… (207)
习题 12 ………………………………………………………………………………… (209)

第 13 章 数字电路基础 (212)

13.1 数字电路的基本概念 ……………………………………………………………… (212)
  13.1.1 模拟信号和数字信号 ……………………………………………………… (212)
  13.1.2 正逻辑与负逻辑 …………………………………………………………… (213)
  13.1.3 数字电路 …………………………………………………………………… (213)
13.2 数制与码制 ………………………………………………………………………… (213)
  13.2.1 几种常用的计数体制 ……………………………………………………… (213)
  13.2.2 几种数制之间的相互转换 ………………………………………………… (215)
  13.2.3 常用编码 …………………………………………………………………… (216)
13.3 逻辑代数基础 ……………………………………………………………………… (217)
  13.3.1 基本逻辑运算 ……………………………………………………………… (217)
  13.3.2 复合逻辑运算 ……………………………………………………………… (219)
13.4 逻辑代数运算 ……………………………………………………………………… (220)
  13.4.1 逻辑函数 …………………………………………………………………… (220)
  13.4.2 逻辑代数的基本公式 ……………………………………………………… (222)
  13.4.3 逻辑代数的基本规则 ……………………………………………………… (223)
  13.4.4 逻辑函数的代数化简法 …………………………………………………… (224)
13.5 电子元件开关特性 ………………………………………………………………… (225)
  13.5.1 二极管的开关特性 ………………………………………………………… (225)
  13.5.2 三极管的开关特性 ………………………………………………………… (226)
13.6 集成逻辑门电路 …………………………………………………………………… (227)
  13.6.1 基本逻辑门电路 …………………………………………………………… (227)
  13.6.2 集成逻辑门电路 …………………………………………………………… (229)
项目实训 18 逻辑测试笔的制作与调试 ……………………………………………… (234)
习题 13 ………………………………………………………………………………… (236)

第 14 章 组合逻辑电路 (238)

14.1 组合逻辑电路的分析方法 ………………………………………………………… (238)
14.2 组合逻辑电路的设计方法 ………………………………………………………… (239)

14.3　常用中规模组合逻辑电路 ·· (240)
　　14.3.1　编码器 ··· (240)
　　14.3.2　译码器 ··· (242)
　　14.3.3　加法器 ··· (247)
　　14.3.4　数据选择器 ··· (249)
　项目实训 19　编码器和译码器功能验证 ··· (250)
　项目实训 20　三人表决器制作与调试 ·· (251)
　习题 14 ··· (253)

第 15 章　时序逻辑电路 ·· (255)

　15.1　触发器 ··· (255)
　　15.1.1　RS 触发器 ·· (255)
　　15.1.2　边沿 JK 触发器 ·· (259)
　　15.1.3　D 触发器 ·· (260)
　15.2　寄存器 ··· (262)
　　15.2.1　数码寄存器 ··· (262)
　　15.2.2　移位寄存器 ··· (263)
　　15.2.3　集成双向移位寄存器 ·· (263)
　15.3　计数器 ··· (264)
　　15.3.1　集成同步加计数器 ··· (265)
　　15.3.2　集成异步计数器 ·· (266)
　　15.3.3　集成可逆计数器 ·· (266)
　　15.3.4　用集成计数器构成 N 进制计数器 ·· (267)
　15.4　555 定时器 ··· (269)
　　15.4.1　555 定时器结构 ·· (269)
　　15.4.2　单稳态触发器 ··· (270)
　　15.4.3　多谐振荡器 ··· (271)
　　15.4.4　施密特触发器 ··· (271)
　项目实训 20　触发器电路的功能测试 ·· (273)
　项目实训 21　四路智力竞赛抢答器的组装与调试 ·· (274)
　习题 15 ··· (277)

参考文献 ··· (280)

第1章 安 全 用 电

本章知识点

- 了解人体触电的类型和危害，掌握电工安全操作基本知识
- 了解接地装置的相关概念和接地种类
- 掌握电气火灾基础知识及消防器材的使用方法
- 了解触电急救知识及掌握各种急救方法

1.1 电工安全基本知识

"电"在为人类造福的同时，也带来了触电危险及其他不安全因素。这是我们必须要深入了解和特别需要加以注意的。

1.1.1 火线和零线

图1.1表示发电机或变压器的三相线圈互相连接成星形，由线圈始端引出的三条导线，即线A、B、C为相线。三相线圈的公共点称为中性点N，由中性点N引出的导线即中性线。如果发电机或变压器的中性点是接地的，则中性点和大地等电位，即二者之间没有电压差。因为大地是零电位的，所以这时的中性点可以称为零点，中性线则称为零线，相线常被称为火线。

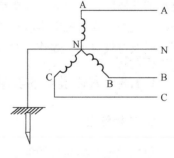

图1.1 火线、零线示意图

低压供电系统采用三相五线制，一般都从变压器引出五根线，即三根相线、一根中性线和一根地线，但有些地区的供电网中没有地线，而是在建筑物边埋设地线的方法补救。这种低压供电方式兼作动力和照明用，动力用三根相线，A相线采用黄色导线，B相线采用绿色导线，C相线采用红色导线，照明用一根相线（火线）和（中性线）零线，中性线采用淡蓝色导线。地线标注为PE，采用黄绿色导线，通常接在设备的金属外壳上，以保证人身和设备的安全。

1.1.2 人身触电事故

当电流流过人体时对人体内部造成的生理机能的伤害，称之为人身触电事故。电流对人体伤害的严重程度一般与通过人体电流的大小、时间、部位、频率和触电者的身体状况有关。流过人体的电流越大，危险越大；电流通过人体脑部和心脏时最为危险；工频电流危害要大于直流电流。不同电流对人体的影响见表1-1。

表 1-1 不同电流对人体的影响

电流（mA）	通电时间	人体反应（工频电流）	人体反应（直流电流）
0~0.5	连续通电	无感觉	无感觉
0.5~5	连续通电	有麻刺感	无感觉
5~10	数分钟内	痉挛，剧痛，但可摆脱电源	有针刺感、压迫感及灼热感
10~30	数分钟内	迅速麻痹，呼吸困难，血压升高不能摆脱电流	压痛、刺痛、灼热感强烈，并伴有抽筋
30~50	数秒钟到数分钟	心跳不规则，昏迷，强烈痉挛，心脏开始颤动	感觉强烈，剧痛，并伴有抽筋
50~数百	低于心脏搏动周期	受强烈冲击，但未发生心室颤动	剧痛，强烈痉挛，呼吸困难或麻痹
	超过心脏搏动周期	昏迷，心室颤动，心脏麻痹或停跳	

当流过成年人体的电流为 0.7~1mA 时，便能够被感觉到，称之为感知电流。虽然感知电流一般不会对人体造成伤害，但是随着电流的增大，人体反应变得强烈，可能造成坠落事故。触电后能自行摆脱的最大电流称为摆脱电流。对于成年人而言，摆脱电流约在15mA以下，摆脱电流被认为是人体只在较短时间内可以忍受而一般不会造成危险的电流。在较短时间内会危及生命的最小电流称之为致命电流。当通过人体的电流达到50mA以上时则有生命危险。一般情况下，30mA以下的电流通常在短时间内不会造成生命危险，我们将其称为安全电流。

触电事故对人体造成的直接伤害主要有电击和电伤两种。电击是指电流通过人体内部，影响心脏、呼吸和神经系统的正常功能，造成人体内部组织的损坏，甚至危及生命。电伤是电流的热效应、化学效应或机械效应对人体造成的伤害，电伤会在人体皮肤表面留下明显的伤痕。此外，人身触电事故经常对人体造成二次伤害。二次伤害是指因为触电引起的高空坠落，以及电气着火、爆炸等对人造成的伤害。

1.1.3 人体触电的类型

1. 单相触电

单相触电又称为接触触电，由于电线绝缘破损、导线金属部分外露、导线或电气设备受潮或击穿等原因使其绝缘部分的能力降低，导致站在地上的人体直接或间接地与火线接触，这时电流就通过人体流入大地而造成单相触电事故，如图 1.2 所示。

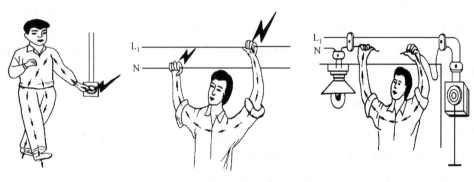

图 1.2 单相触电

2. 两相触电

两相触电是指人体同时触及两相电源或两相带电体，电流由一相经人体流入另一相，这时加在人体上的最大电压为线电压，其危险性最大。两相触电如图1.3所示。

3. 跨步电压触电

对于外壳接地的电气设备，当绝缘损坏而使外壳带电，或导线断落发生单相接地故障时，电流由设备外壳经接地线、接地体（或由断落导线经接地点）流入大地，向四周扩散。如果此时人站立在设备附近地面上，两脚之间也会承受一定的电压，称为跨步电压。跨步电压的大小与接地电流、土壤电阻率、设备接地电阻及人体位置有关。当接地电流较大时，跨步电压会超过允许值，发生人身触电事故。特别是在发生高压接地故障或雷击时，会产生很高的跨步电压，如图1.4所示。跨步电压触电也是危险性较大的一种触电方式。

图1.3 两相触电

图1.4 跨步电压触电

此外，除以上三种触电形式外，还有感应电压触电、剩余电荷触电等。

1.1.4 安全用电常识

为防止触电事故，在使用电气设备前要了解一些用电常识。

(1) 不掌握电气知识和技术的人员，不可安装和拆卸电气设备及电路。
(2) 禁止用一线（相线）一地（接地）安装用电器具。
(3) 开关控制的必须是相（火）线。
(4) 绝不允许私自乱接电线。
(5) 在一个插座上不可接过多或功率过大的用电器。
(6) 不准用铁丝或铜丝代替正规熔体。
(7) 不可用金属丝绑扎电源线。
(8) 不允许在电线上晾晒衣物。
(9) 不可用湿手接触带电的电器，如开关、灯座等，更不可用湿布揩擦电器。
(10) 电视天线不可触及电线。
(11) 电动机和电气设备上不可放置衣物，不可在电动机上坐立，雨具不可挂在电动机或开关等电器的上方。

（12）任何电气设备或电路的接线桩头均不可外露。

（13）堆放和搬运各种物资、安装其他设备要与带电设备和电源线相距一定的安全距离。

（14）在搬运电钻、电焊机和电炉等可移动电器之前，应首先切断电源，不允许拖拉电源线来搬移电器。

（15）发现任何电气设备或电路的绝缘有破损时，应及时对其进行绝缘恢复。

（16）在潮湿环境中使用可移动电器，必须采用额定电压为36V的低压电器，若采用额定电压为220V的电器，其电源必须采用隔离变压器；在金属容器如锅炉、管道内使用移动电器一定要用额定电压为12V的低压电器，并要加接临时开关，还要有专人在容器外监护；低压移动电器应装特殊型号的插头，以防插入电压较高的插座上。

（17）雷雨时，不要接触或走近高电压电杆、铁塔和避雷针的接地导线的周围，不要站在高大的树木下，以防雷电入地时发生跨步电压触电；雷雨天禁止在室外变电所或室内的架空引入线上进行作业。

（18）切勿走近断落在地面上的高压电线，万一高压电线断落在身边或已进入跨步电压区域时，要立即用单脚或双脚并拢跳到10m以外的地方。为了防止跨步电压触电，千万不可奔跑。

1.2 电工安全防护技术

1.2.1 接地装置

接地，是利用大地为正常运行、发生故障及遭受雷击等情况下的电气设备等提供对地电流构成回路的需要，从而保证电气设备和人身的安全。故所有电气设备或装置的某一点（接地点）与大地之间要有着可靠而符合技术要求的电气连接。

在电气设备的安装工程中，接地是电工技术的重要组成部分，它关系到用电安全，非常重要，电工应熟练地掌握有关接地的技术知识。

1.2.2 电气设备接地的种类

1. 工作接地

为了保证电气设备的正常工作，将电路中的某一点通过接地装置与大地可靠地连接起来就称为工作接地。如变压器低压侧的中性点、电压互感器和电流互感器的二次侧某一点接地等，其作用均是为了降低人体的接触电压。

2. 保护接地

保护接地就是电气设备在正常情况下不带电的金属外壳以及与它连接的金属部分与接地装置作良好的金属连接。

（1）保护接地原理。如图1.5所示，当电气设备绝缘损坏，人体触及带电外壳时，由于采用了保护接地，人体电阻和接地电阻并联，此时人体电阻远大于接地电阻，故流经人体的电流远小于流经接地体电阻的电流，流经人体的电流在安全范围内，这样就起到了保护人身安全的作用。

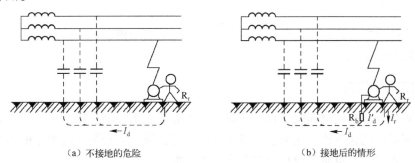

(a) 不接地的危险　　　　　(b) 接地后的情形

R_r—人体电阻；R_b—接地电阻；I_r—流过人体电流；I'_d—流过接地体电阻的电流；$I_d = I_r + I'_d$

图 1.5　保护接地原理

（2）保护接地的应用范围。保护接地适用于中性点不直接接地的电网，在这种电网中，在正常情况下与带电体绝缘的金属部分，一旦绝缘损坏漏电或感应电压就会造成人员触电的事故，除有特殊规定外均应保护接地。应采取保护接地的有如下一些设备：

① 电机、变压器、照明灯具、携带式及移动式用电器具的金属外壳和底座。
② 电气设备的传动机构。
③ 室内外配电装置的金属构架及靠近带电体部分的金属围栏和金属门以及配电屏、箱、柜和控制屏、箱、柜的金属框架。
④ 互感器的二次线圈。
⑤ 交、直流电力电缆的接线盒、终端盒的金属外壳和电缆的金属外皮。
⑥ 装有避雷线的电力线路的杆和塔。

3. 保护接零

所谓保护接零就是在中性点直接接地的系统中，把电器设备正常情况下不带电的金属外壳以及与它相连接的金属部分与电网中的零线作紧密连接，可有效地起到保护人身和设备安全的作用。

在中性点直接接地系统中，当某相绝缘损坏碰壳短路时，通过设备外壳形成该相对零线的单相短路，短路电流 I_d 能使线路上的保护装置（如熔断器、低压断路器等）迅速动作，从而把故障部分的电源断开，消除触电危险，如图 1.6 所示。

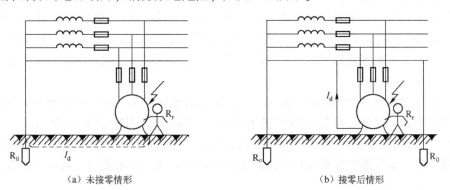

(a) 未接零情形　　　　　(b) 接零后情形

R_r—人体电阻；R_0—接地电阻；I_d—短路电流

图 1.6　保护接零原理

1.2.3 防雷

由于被保护对象和各种雷电危害方式的不同,对于直击雷、雷电的感应、雷电侵入波均应采取相应的安全措施。

1. 直击雷防护措施

被保护对象,如建筑物和构筑物,按防雷等级分类有第一类、第二类、第三类之分。第一类属于特别重要的建筑物,应采取防直击雷的措施;第二类和第三类属于民用建筑物和构筑物的易受雷击部位,也应采取相应的防直击雷的措施。

除上述几种类型的建筑物和构筑物外,还有其他易受雷击的建筑物和构筑物,如有爆炸或火灾危险的露天设备(如贮油罐盒和贮气瓶等)及高压架空电力路线,发电厂和发电站的户外式电气设备,尤其应该采取防直击雷措施。

直击雷的防护措施有装设避雷针、避雷线、避雷网和避雷带等方法。一般情况下,其接地电阻不超过10Ω。同时要注意严禁在装有避雷针或避雷线等的构筑物上架设其他电气线路,如照明电源线、广播和通信线路等。

为了防止防雷装置对带电体的反击而造成的火灾和爆炸事故,必须保证防雷装置的接闪器、引下线和接地装置与邻近导体之间具有足够的安全距离,或者加装避雷器和保护间隙。另外,降低接地电阻也有利于防雷的反击事故。

2. 雷电感应防护措施

雷电感应,在建筑物和构筑物中,应考虑由于反击引起的爆炸和火灾事故。为了防止雷电感应所产生的高电压危害,一般应将建筑物内的金属设备、金属管道和结构钢筋等进行接地。同时,对于金属屋顶,应将屋顶妥善接地;对于非金属屋顶,应在屋面上加装金属网络,并将其接地。

3. 雷电侵入波防护措施

雷电侵入波的危害,在低压系统中造成的事故占约70%。在防护措施中一般有以下几种。

(1)变配电装置的防护。高压35kV、低压0.4kV的配电变压器,在高压侧和低压侧均应装设阀型避雷器,对于多雷地区的3~10kV配电变压器。低压侧也应装设一组低压阀型避雷器或击穿保险器。10kV以上的油断路器也应采用阀型避雷器或保护间隙作为对雷电侵入波的保护。多雷地区或易受雷击的地段,直接与架空线连接的电度表也应采取对雷电侵入波的防护措施。

(2)建筑物和构筑物的防护。雷电侵入波会沿着低压线路传向用户并进入室内,造成大面积的雷害事故。对于建筑物和构筑物或者架空金属管道,雷电波同样可能引起火灾或爆炸,甚至伤及人身。因此,必须采取必要的相应的防护措施,如条件许可,一般都采用直接埋地电缆供电。低压架空线路接户线绝缘子铁脚均应接地,冲击接地电阻不宜超过30Ω。

4. 人身防雷措施

当雷击造成的雷云对人体放电,使雷电流流入地下时所产生的对地电压以及二次放电,都有可能对人身造成雷击危害，应当注意人身防雷的安全措施。

（1）雷击时，应尽量减少在户外或野外逗留，如有条件，应进入有防雷措施的建筑物。在野外或户外最好穿上塑料等不浸水的雨衣，或依靠有防雷屏蔽的街道进行躲避。

（2）雷击时，应尽量离开小山、小丘或凸起小道，还应该尽量离开海滨、河边、湖滨、池旁、铁丝网、金属晒衣绳、旗杆、烟囱或宝塔等地方。尽量避开没有防雷保护措施或设施的地方。

（3）雷击时，在户内应离开照明线、动力线、电话线、广播线、电视机电源线和引入的天线，以防止经由这些线路或导体对人体的雷电入侵波的伤害。据有关资料表明，在户内，雷电对人体的伤害一般都在距离以上这些设施1m以内的场合，而相距1.5m以上，迄今尚未发现有死亡事故发生。

（4）雷击时，应关闭门窗，防止球形雷进入室内造成危害。

5. 防雷装置的安全检查

（1）防雷装置的安全检查应该从两个方面进行：一是从外观方面进行检查；二是从测量方面进行检查。一般规定10kV以下的防雷装置每3年检查一次。避雷器应在每年雷雨季节前检查一次。而且，在每次雷雨后还要加强和进行对防雷装置的巡视检查。

（2）外观检查包括检查接闪器和引下线等各部分的连接是否牢固可靠以及腐蚀和锈蚀程度。如腐蚀或锈蚀严重，应及时进行更换。对于阀型避雷器，应检查其瓷套有无裂纹、破损，表面是否清洁等。

1.3　电气安全救护技术

掌握人身触电急救方法和电气火灾防护，是电气技术人员上岗工作必须具备的条件。

1.3.1　触电急救基本操作

当我们发现有人触电时，首先要尽快地使触电者脱离电源，然后再根据具体情况，采用相应的急救措施。触电者的现场急救，是抢救过程的关键。

（1）脱离电源。触电后，可能由于失去知觉等原因而紧抓带电体，不能自行摆脱电源，使触电者尽快地脱离电源是抢救触电者的第一步，也是最重要的一步，是采取其他急救措施的前提，正确地脱离电源的方法有：

① 电源开关或插头离触电地点很近时，可以迅速拉开开关，切断电源，但是要注意，一般灯开关只控制单线，且不一定是相线，因此还要拉开前一级的闸刀开关。

② 当开关离触电地点较远，不能立即打开时，应视具体情况采取相应措施，如借助绝缘工具将电线挑开或将触电者拖离电线。

（2）急救处理。当触电者脱离电源后，根据具体情况应就地迅速进行救护，同时赶快派人请医生前来抢救，触电者需要急救的大体有以下几种情况：

① 触电不太严重，触电者神志清醒，但有些心慌、四肢发麻、全身无力，或触电者曾一度昏迷，但已清醒过来。应使触电者安静休息，不要走动，严密观察并请医生诊治。

② 触电较严重，触电者已失去知觉，但有心跳，有呼吸。应使触电者在空气流通的地

方舒适、安静地平躺,解开衣扣和腰带以便呼吸;如天气寒冷应注意保温,并迅速请医生诊治或送往医院。

③ 触电相当严重,触电者已停止呼吸,应立即进行人工呼吸;如果触电者心跳和呼吸都已停止,人完全失去知觉,应采用人工呼吸和心脏挤压进行抢救。具体操作方法如下。

人工呼吸具体方法:先使触电者头偏向一侧,清除口中的血块、痰液或口沫,取出口中假牙等杂物,使其呼吸道畅通;急救者深深吸气,捏紧触电者的鼻子,大口地向触电者口中吹气,然后放松鼻子,使之自身呼气,每5秒一次,重复进行,在触电者苏醒之前,不可间断。操作方法如图1.7所示。

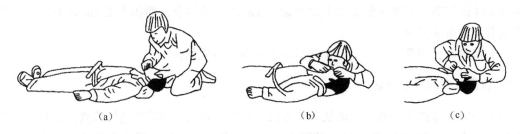

图1.7 口对口人工呼吸法

胸外心脏按压具体方法:先使触电者头部后仰,急救者跪跨在触电者臀部位置,右手掌置放在触电者的胸上,左手掌压在右手掌上,向下挤压3~4cm后,突然放松。挤压和放松动作要有节奏,每秒钟1次(儿童2秒钟3次),按压时应位置准确,用力适当,用力过猛会造成触电者内伤,用力过小则无效,对儿童进行抢救时,应适当减小按压力度,在触电者苏醒之前不可中断。操作方法如图1.8所示。

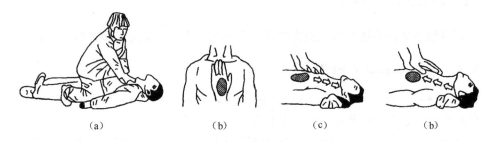

图1.8 胸外心脏按压法

对于呼吸与心跳都停止的触电者的急救,应该同时采用"口对口人工呼吸法"和"胸外心脏按压法"。如急救者只有一人,应先对触电者吹气3~4次,然后再挤压7~8次,如此交替重复进行至触电者苏醒为止。如果是两人合作抢救、则一人吹,一人按压,吹气时应使触电者胸部放松,只可在换气时进行按压。

1.3.2 电气火灾的防护

电气火灾是电气设备因故障(如短路或过载等)产生过热或电火花而引起的火灾。

1. 电气线路防火措施

(1)认真检查线路的安装是否符合电气装置规程。

(2) 定期检查、测试线路的绝缘性能，对绝缘损坏的导线应进行修理或更换。

(3) 导线和熔断器的选择应相互配合，严禁调大熔体截面或用金属丝随意代替。

(4) 严禁乱拉、乱接临时线路。临时线路必须有专人管理，定期检查，并按期拆除。

(5) 连接导线时，接头要牢靠，有条件的可以用镀锡的方法进行焊接或用金属管压接。

(6) 导线连接到开关、熔断器、电动机和其他电气设备时，导线端必须焊上特制的接头。

(7) 定期进行户外明线的检查，发现问题及时处理。

2. 电气设备防火措施

电气设备的防火，要根据不同的设备采用不同的防火措施。对电动机来说，应安装短路、过载、过电流和断相等保护装置；在潮湿、多灰尘场所，应选用封闭式电动机；在易燃、易爆场所选用防爆型电动机等。对变压器，应安装继电保护装置；当变压器的油温达到或超过85℃时，应立即减轻负载；在两台变压器之间应有防火隔墙等。对油断路器，应选用遮断容量与电力系统短路容量相适应的油断路器；在有条件的情况下，少油断路器可以用真空断路器代替。

3. 电气灭火

一旦发生电气火灾，首先要想到切断电源。切断电源时要注意以下几点：

(1) 切断电源的位置要选择适当，不要影响灭火工作。

(2) 必须剪断电源线切断电源时，要注意被切断的导线不要短路，也不要使导线跌落在灭火现场附近，而造成触电或跨步电压触电；

(3) 操作电气开关时，应使用绝缘棒或戴绝缘手套。

在特别紧急的情况下，如等待切断电源后再进行灭火，可能使事故迅速扩大，使生产和人身安全受到严重威胁，此时可以进行带电灭火。进行带电灭火时，必须在保证人身安全的情况下进行，故应注意以下几点：

(1) 带电灭火时，必须使用 CO_2、1211 或干粉等灭火剂灭火，严禁使用水和泡沫灭火器等导电灭火剂灭火。

(2) 要注意周围环境，防止发生触电事故。

(3) 带电灭火时，应戴绝缘手套和绝缘鞋，防止跨步电压触电。

(4) 对有油的电气设备，如变压器、油断路器的燃烧，也可用干燥的黄沙盖住火焰，使火熄灭。

习 题 1

1.1 简述安全用电的意义。

1.2 常见的触电形式有哪些？

1.3 掌握触电急救的方法。

1.4 什么是接地装置？为什么电气设备要接地？

1.5 掌握扑救电气火灾的方法及主要事项。

第2章 电工工具及仪表

本章知识点

- 常用电工工具
- 电工常用仪表
- 电工防护用具

2.1 常用电工工具及使用

电工基本操作技术，是电工作业人员在日常操作过程中经常应用到的基本知识与技能，应熟练掌握。正确使用和妥善维护保养工具，既能提高生产效率和施工质量，又能减轻劳动强度，保证操作安全和延长工具的使用寿命。

1. 验电器

验电器是一种验明需检修的设备或装置上有没有电源存在的器具，分高压和低压两种。高压验电器是变电站必备的器具，低压验电器常称测电笔，它是电工作业人员必备的常用器具。

（1）低压验电器。低压验电器是检测低压电气设备、电路是否带电的一种常用工具。普通低压验电器的电压测量范围为 60~500V，高于 500V 的电压则要用高压测电器来测量。使用低压验电器时要注意下列几个方面：

① 使用低压验电器之前，首先要检查其内部有无安全电阻、是否有损坏，有无进水或受潮，并在带电体上（如在插座孔内）试测，检查其是否可以正常发光，如图 2.1 所示，检查合格后方可使用。

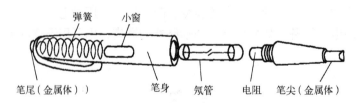

图 2.1 低压验电器的结构

② 测量时手指握住低压验电器笔身，食指触及笔身尾部金属体，低压验电器的小窗口应该朝向自己的眼睛，以便于观察，如图 2.2 所示。

③ 在较强的光线下或阳光下测试带电体时，应采取适当避光措施，以防观察不到氖管是否发亮，造成误判。

图 2.2 验电器的手持方法

④ 低压验电器可用来区分相线和零线，接触时氖管发亮的是相线（火线），不亮的是零线。它也可用来判断电压的高低，氖管越暗，则表明电压越低；氖管越亮，则表明电压越高。

⑤ 低压验电器笔尖与螺钉旋具形状相似，但其承受的扭矩很小，因此，应尽量避免用其安装或拆卸电气设备，以防受损。

（2）高压验电器。高压验电器又称高压测电器，使用高压验电器时要注意下列几个方面：

① 高压验电器在使用前应经过检查，确定其绝缘完好，氖管发光正常，与被测设备电压等级相适应。

② 进行测量时，应使高压验电器逐渐靠近被测物体，直至氖管发亮，然后立即撤回。

③ 使用高压验电器时，必须在气候条件良好的情况下进行，在雪、雨、雾、湿度较大的情况下，不宜使用，以防发生危险。

④ 使用高压验电器时，必须戴上符合要求的绝缘手套，而且必须有人监护，测量时要防止发生相间或对地短路事故。

⑤ 进行测量时人体与带电体应保持足够的安全距离，10kV 高压的安全距离为 0.7m 以上。高压验电器应每半年做一次预防性安全试验。

⑥ 在使用高压验电器时，应特别注意手握部位应在护环以下，如图 2.3 所示。

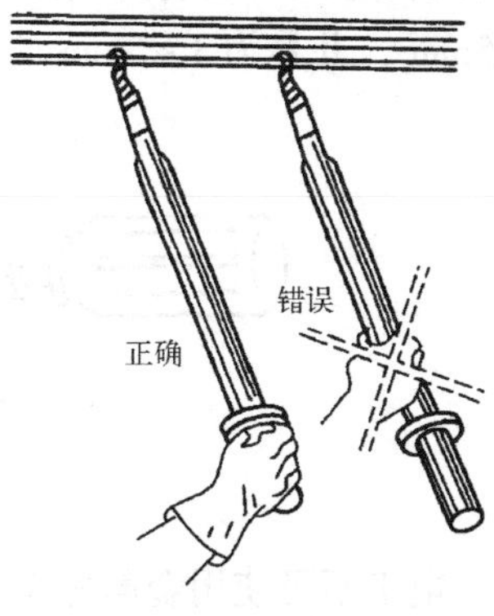

2. 钢丝钳

钢丝钳是钳夹和剪切的工具，其功能有：钳口用来弯绞或钱夹导线线头，齿口用来固紧或起松螺母，刀口用来剪切导线或剖切软导线的绝缘层，铡口用来铡切钢丝或铅丝等较硬金属线材。

钢丝钳主要用于剪切、绞弯、夹持金属导线，也可用作紧固螺母、切断钢丝。其结构和使用方法，如图 2.4 所示。

图 2.3 高压验电器的握法

电工应该选用带绝缘手柄的钢丝钳，其绝缘性能为 500V。常用钢丝钳的规格有 150mm、175mm 和 200 mm 三种。

使用钢丝钳时应该注意以下几个方面：

① 在使用电工钢丝钳以前，首先应该检查绝缘手柄的绝缘是否完好，如果绝缘破损，进行带电作业时会发生触电事故。

② 用钢丝钳剪切带电导线时，即不能用刀口同时切断相线和零线，也不能同时切断两

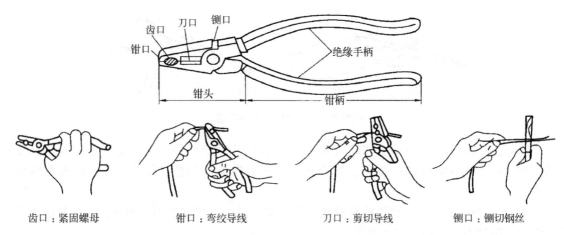

图 2.4 钢丝钳的结构及使用方法

根相线,而且两根导线的断点应保持一定距离,以免发生短路事故。

③ 不得把钢丝钳当作锤子敲打使用,也不能在剪切导线或金属丝时,用锤或其他工具敲击钳头部分。另外,钳轴要经常加油,以防生锈。

3. 螺钉旋具

螺钉旋具又被俗称为起子、螺丝刀、改锥或旋锉。主要用来紧固或拆卸螺钉。按头部形状的不同,常用螺钉旋具有一字形和十字形两种,如图 2.5 所示。一字形螺钉旋具用来紧固或拆卸带一字槽的螺钉,其规格用柄部以外的长度来表示,一字形螺钉旋具常用的规格有 50mm、100mm、150mm 和 200mm 等,其中电工必备的是 50mm 和 150mm 两种。十字形螺钉旋具专供紧固或拆卸十字槽的螺钉,常用的规格有 4 个,I 号适用于螺钉直径为 2～2.5mm,Ⅱ号为 3～5mm,Ⅲ号为 6～8mm,Ⅳ为 10～12mm。

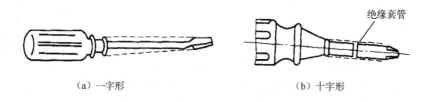

(a) 一字形　　　　　　　　(b) 十字形

图 2.5　螺钉旋具

电工不可使用金属杆直通柄顶的螺钉旋具。为了避免在使用时皮肤触及螺钉旋具的金属杆,或金属杆触及邻近带电体,应在金属杆上加套绝缘管。

使用螺钉旋具时应该注意的几个方面:

① 螺钉旋具的手柄应该保持干燥、清洁、无破损且绝缘完好。

② 电工不可使用金属杆直通柄顶的螺钉旋具,在实际使用过程中,不应让螺钉旋具的金属杆部分触及带电体,也可以在其金属杆上套上绝缘塑料管,以免造成触电或短路事故。

③ 不能用锤子或其他工具敲击螺钉旋具的手柄,或当作凿子使用。

螺钉旋具的使用方法,如图 2.6 图所示。

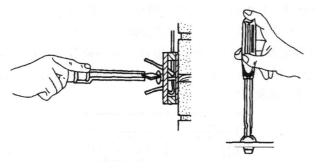

(a) 大螺钉旋具的使用方法　　(b) 小螺钉旋具的使用方法

图 2.6　螺钉旋具的使用方法

4. 电工刀

电工刀是用来剖削或切割电工器材的常用工具，其外形结构如图 2.7 所示。电工刀的刀口应在单面上磨出呈圆弧状的刃口。在使用电工刀进行剖削作业时，应将刀口朝外，剖削导线绝缘时，应使刀面与导线成较小的锐角，使圆弧状刀面贴在导线上进行切削，这样刀口就不易损伤线芯。

电工刀使用时应注意避免伤手，使用完毕后，应随即将刀身折进刀柄内。电工刀的刀柄结构是没有绝缘保护的，不能在带电体上使用电工刀进行操作，以免触电。

5. 剥线钳

剖削导线的绝缘外层还常用剥线钳操作。剥线钳是用于剥除较小直径导线、电缆的绝缘层的专用工具，它的手柄是绝缘的，绝缘性能为 500V。其外形如图 2.8 所示。剥线钳的使用方法十分简便，确定要剥削的绝缘长度后，即可把导线放入相应的切口中（直径 0.5～3mm），用手将钳柄握紧，导线的绝缘层即被拉断后自动弹出。

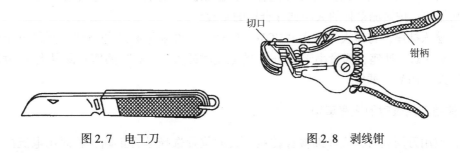

图 2.7　电工刀　　　　图 2.8　剥线钳

2.2　常用电工仪表

电工仪表是用于测量电压、电流、电能、电功率等电量和电阻、电感、电容等电路参数的仪表。

2.2.1　万用表

万用表是一种可以测量多种电量的多量程便携式仪表，可以用来测量交流电压、直流电

压、直流电流和电阻值等，是电路实验与电气维修的常用仪表，通常有指针式和数字式万用表。现以 DT-830 型数字万用表为例，介绍其使用方法及使用时的注意事项。

DT-830 型数字万用表的面板上的显示器可显示四位数字，最高位只能显示"1"或"-"号或不显示数字（算半位），故称三位半。最大指示为"1999"或"-1999"。当被测量超过最大指示值时，显示"1"。

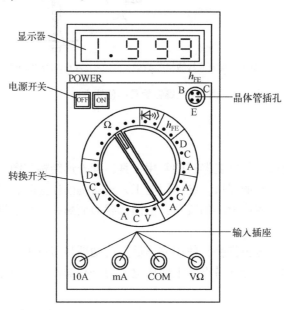

图 2.9 DT-830 型数字万用表

1. 数字式万用表的使用方法

（1）电源开关。使用时将开关置于"ON"位置；使用完毕置于"OFF"位置。

（2）转换开关。用以选择功能和量程。根据被测的电量（电压、电流、电阻等）选择相应的功能位；按被测量程的大小选择合适的量程。

（3）输入插座。将黑表笔插入"COM"的插座。红表笔有三种插法：测量电压和电阻时插入"V·Ω"插座；测量小于 200mA 的电流时插入"mA"插座；测量大于 200mA 的电流时插入"10A"插座。

2. 使用万用表时的注意事项

（1）使用万用表时，应仔细检查转换开关的位置选择是否正确，若误用电流挡或电阻挡测量电压，会造成万用表的损坏。

（2）不允许带电测量电阻，否则会烧坏万用表。在测量电解电容和晶体管等器件的电阻时要注意极性。不允许用万用表电阻挡直接测量高灵敏度表头内阻，以免烧坏表头。

（3）如果长时间不使用，应取出电池，防止电池漏液腐蚀仪表。

（4）不准用两只手捏住表笔的金属部分测电阻，否则会将人体电阻并接于被测电阻而引起测量误差。

2.2.2 兆欧表

兆欧表是用来测量被测设备的绝缘电阻和高值电阻的仪表。兆欧表由一个手摇发电机、表头和三个接线柱，即 L（电路端）、E（接地端）和 G（屏蔽端）组成，图 2.10 为兆欧表使用中的接线方法。

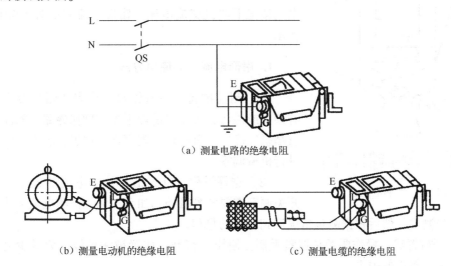

图 2.10　兆欧表的接线方法

常用的手摇式兆欧表，主要由磁电式流比计和手摇直流发电机组成，输出电压有 500V、1000V、2500V、5000V 几种。

1. 绝缘电阻表的选用原则

（1）额定电压等级的选择。一般情况下，额定电压在 500V 以下的设备，应选用 500V 或 1000V 的兆欧表；额定电压在 500V 以上的设备，选用 1000～2500V 的兆欧表。

（2）电阻量程范围的选择。兆欧表的表盘刻度线上有两个小黑点，两个小黑点之间的区域为准确测量区域。所以在选兆欧表时应使被测设备的绝缘电阻值在准确测量区域内。

2. 兆欧表的使用方法

（1）校表。测量前应将摇表进行一次开路和短路试验，检查摇表是否良好。将两连接开路，摇动手柄，指针应指在"∞"处，再把两连接线短接一下，指针应指在"0"处，符合上述条件者即良好，否则不能使用。

（2）保证被测设备或线路断电。被测设备与电路断开，对于大电容设备还要进行放电。

（3）选用电压等级符合要求的摇表。

（4）测量绝缘电阻时，一般只用 L 和 E 端，但在测量电缆对地的绝缘电阻或被测设备的漏电流较严重时，就要使用 G 端，并将 G 端接屏蔽层或外壳。电路接好后，可按顺时针方向转动摇把，摇动的速度应由慢而快，当转速达到 120r/min 左右时（ZC-25 型），保持匀速转动 1min 后读数，并且要边摇边读数，不能停下来读数。

（5）拆线放电。读数完毕，一边慢摇，一边拆线，然后将被测设备放电。放电方法是将测量时使用的地线从绝缘电阻表上取下来与被测设备短接一下即可。注意不是对表放电。

2.2.3 钳形电流表

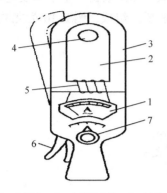

1—电流表；2—电流互感器；3—铁芯；
4—被测导线；5—二次绕组；6—手柄

图 2.11 钳形电流表

钳形电流表由电流互感器和电流表组成，它是一种用于测量正在运行的电气线路的电流大小的仪表，可在不断电的情况下测量交流电流。钳形电流表的外形如图 2.11 所示。

1. 钳形电流表的使用方法

（1）测前准备。一看钳口：仪表的钳口要干净，若有杂物或油污，应及时清理干净，确保磁路严格闭合，测量结果准确；二看指针：观察指针位置，若不在零处，应进行机械调零。

（2）选择量程。首先估计被测电流的大小，将转换开关调至需要的测量挡。如无法估计被测电流大小，先用最高量程挡测量，然后根据测量情况调到合适的量程。

（3）开口置线。操作要领是握紧手柄，使钳口张开，放置被测导线。为减少误差，被测导线应置于钳口的中央。

（4）闭口读数。松开手柄，钳口自然回位至紧密接触状态，待指针稳定后读出示数。如遇有噪声时可检查钳口是否紧密接触，或重新操作一次。

（5）开口离线。紧握手柄，钳口张开，使钳形表离开导线。测量完毕，将选择量程开关拨到最大量程挡位上。

2. 使用钳形电流表时的注意事项

（1）被测电路的电压要低于钳形电流表的额定电压。

（2）测高压线路的电流时，要戴绝缘手套，穿绝缘鞋，站在绝缘垫上。

（3）钳口要闭合紧密不能带电转换量程。

（4）量程应选择合适。选量程时应先选大，后选小量程或看铭牌值估算。

（5）将导线放在钳口中央。

（6）测量完毕，要将转换开关放在最在量程处。

（7）测量 5A 以下的小电流时，为提高测量精度，在条件允许的情况下，可将被测导线多绕几圈，再放入钳口进行测量。此时实际电流应是仪表读数除以放入钳口中的导线圈数。

项目实训 1　万用表的使用

1. 实训目的

（1）学会使用万用表测量电阻。

(2) 学会使用万用表测量交直流电压。
(3) 学会使用万用表测量直流电流。

2. 实训内容

(1) 万用表测量电阻。
① 将红表笔接万用表"＋"极，黑表笔接万用表"－"极。
② 选择合适挡位即欧姆挡，选择合适倍率。
③ 取下待测电阻，使待测电阻脱离电源，将红黑表笔并联在电阻两端。
④ 读出显示器所显示数据，即为所测电阻值。
(2) 万用表测量电压。
① 测量交流电压。
a. 将红表笔接万用表"＋"极，黑表笔接万用表"－"极。
b. 选择合适挡位即交流电压挡，选择合适量程。
c. 将万用表两表笔和被测电路或负载并联。
d. 读出示数。
(3) 测量 1.5V 直流电压。
① 将红表笔接万用表"＋"极，黑表笔接万用表"－"极。
② 选择合适挡位即直流电压挡，选择合适量程。
③ 符号读出所测电压大小。

项目实训 2　常用导线的剖削

1. 实训目的

学会常用导线的剖削。

2. 实训工具及设备

钢丝钳、电工刀等常用电工工具，各种常用导线。

3. 实训内容

(1) 对于截面积不大于 $4mm^2$ 的塑料硬线绝缘层的剖削，人们一般用钢丝钳进行，剖削的方法和步骤如下：
① 根据所需线头长度用钢丝钳刀口切割绝缘层，注意用力适度，不可损伤芯线。
② 接着用左手抓牢电线，右手握住钢丝钳头钳头用力向外拉动，即可剖下塑料绝缘层，如图 2.12 所示。
③ 剖削完成后，应检查线芯是否完整无损，如损伤较大，应重新剖削。塑料软线绝缘层的剖削，只能用剥线钳

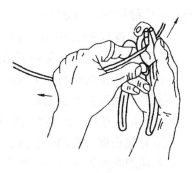

图 2.12　钢丝钳剖削塑料硬线绝缘层

或钢丝钳进行，不可用电工刀剖，其操作方法同上。

（2）对于芯线截面大于4mm²耐的塑料硬线，可用电工刀来剖削绝缘层。其方法和步骤如下：

① 根据所需线头长度用电工刀以约45°角倾斜切入塑料绝缘层，注意用力适度，避免损伤芯线。

② 然后使刀面与芯线保持25°角左右，用力向线端推削，在此过程中应避免电工刀切入芯线，只削去上面一层塑料绝缘。

③ 最后将塑料绝缘层向后翻起，用电工刀齐根切去。操作过程，如图2.13示。

（3）塑料护套线绝缘层的剖削必须用电工刀来完成，剖削方法和步骤如下：

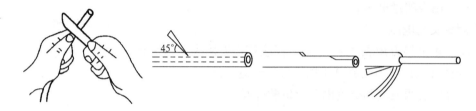

（a）切入手法　（b）电工刀以45°倾斜切入　（c）电工刀以25°倾斜推削　（d）翻下塑料绝缘层

图2.13　电工刀剖削塑料硬线绝缘层

① 首先按所需长度用电工刀刀尖沿芯线中间逢隙划开护套层；如图2.14（a）所示。

② 然后向后翻起护套层，用电工刀齐根切去，如图2.14（b）所示。

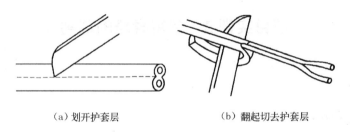

（a）划开护套层　　　　　　（b）翻起切去护套层

图2.14　塑料护套线绝缘层的剖削

③ 在距离护套层5－10mm处，用电工刀以45°角倾斜切入绝缘层，其他剖削方法与塑料硬线绝缘层的剖削方法相同。

（4）橡皮线绝缘层的剖削方法和步骤如下：

① 先把橡皮线编织保护层用电工刀划开，其方法与剖削护套线的护套层方法类同。

② 然后用剖削塑料线绝缘层相同的方法剖去橡皮层。

③ 最后剥离棉纱层至根部，并用电工刀切去。操作过程如图2.15所示。

（5）花线绝缘层的剖削方法和步骤如下：

① 首先根据所需剖削长度，用电工刀在导线外表织物保护层割切一圈，并将其剥离。

② 距织物保护层10mm处，用钢丝钳刀口切割橡皮绝缘层。注意不能损伤芯线，拉下橡皮绝缘层，方法与图2.14类同。

③ 最后将露出的棉纱层松散开，用电工刀割断，如图2.16所示。

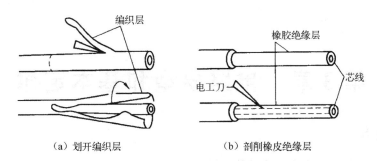

(a) 划开编织层　　　　　　(b) 剖削橡皮绝缘层

图 2.15　橡皮线绝缘层的剖削

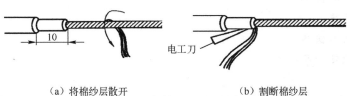

(a) 将棉纱层散开　　　　　　(b) 割断棉纱层

图 2.16　花线绝缘层的剖削

(6) 铅包线绝缘层的剖削方法和步骤如下：

① 先用电工刀围绕铅包层切割一圈，如图 2.17（a）所示。

② 接着用双手来回扳动切口处，使铅层沿切口处折断，把铅包层拉出来，如图 2.17（b）所示。

(a) 按所需长度剖削　　　　(b) 折断并拉出铅包层　　　　(c) 剖削内部绝缘层

图 2.17　铅包线绝缘层的剖削

③ 铅包线内部绝缘层的剖削方法与塑料硬线绝缘层的剖削方法相同。

习　题　2

2.1　电工常用工具有哪几类？应怎样使用与维护保养？

2.2　使用数字万用表时应注意什么？

2.3　为什么测量绝缘电阻时要使用兆欧表，而不能用万用表？

第 3 章　电路模型和基本定律

本章知识点

- 电路基本概念及电路基本物理量
- 电路元件基本特征
- 基尔霍夫定律
- 电路三种基本状态
- 电压、电位及功率计算

本章首先介绍电路的基本物理量和电路的基本定律，接着电路中电位的计算等问题。为了便于读者的学习，以直流电阻电路为研究的主要对象，它所涉及到的基本理论和方法具有普遍意义，只要稍加扩展也适用于交流电路，它们是分析与计算电路的基础理论。

3.1　电路和电路模型

3.1.1　电路及其作用

电路是电流流通的路径，它是为实现某种功能由电气设备或元器件按照一定方式连接而成的。

在日常的生产生活中广泛应用着各种各样的电路，它们都是实际器件按一定方式连接起来，以形成电流的通路。电路的各组成部分及功能如下：

(1) 电源。为电路提供电能的装置，如发电机、干电池、蓄电池、稳压电源等。

(2) 负载（用电设备）。将电能转换为其他形式能量的装置，如电动机、电灯、电热水器等。

(3) 连接件（连接导线）。用来连接电路、输送和分配电能。

(4) 控制件（控制和保护装置）。控制和保护装置是用来控制电路的通断，保证电路正常工作。如开关、熔断器等。

图 3.1 所示是最简单的实际照明电路，它由干电池（电源）、灯泡（负载）、开关（控制件）与导线（连接件）等组成，以实现照明的功用。

在现代化的生产和科学技术领域中，电路用来完成控制、计算、通信、测量以及发、配电等方面的任务。实际电路种类繁多，功能各异。电路的作用一方面是实现电能的转换、传输和分配；如动力电路和照明电路等；另一方面是实现信号的传递和处理，如收音机和电视机等。

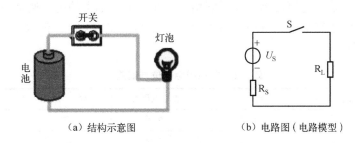

(a) 结构示意图　　　　　(b) 电路图（电路模型）

图 3.1　简单照明电路

3.1.2　电路模型与电路图

由理想元件构成的电路称为实际电路的电路模型，也称为实际电路的电路原理图，简称电路图。为了便于对实际电路进行分析，我们常将实际电路元器件理想化或模型化，即在一定条件下忽略次要性质，用足以表征其主要特征的"模型"——理想元件来表示。用理想电路元器件表示的电路称为电路模型。如图 3.1（b）所示为照明电路的电路模型，其中灯泡为理想电阻元件 R_L，干电池用理想电压源 U_S 与电阻 R_S（通常也称为内阻）表示，导线和开关认为是无电阻的理想导体。本书未加说明时，电路均指理想的电路模型。

有些简单的实际电路元件可用一种理想电路元件表示，如白炽灯、电炉这一类耗能元件可用一个电阻表示；有些复杂的实际电路元件需用几种理想电路元件表示，如电动机和变压器的线圈可用电阻和电感的串联组合表示。

3.2　电路的基本物理量

无论是电能的传输和转换，或者信号的传递和处理，都要通过电流和电压来实现。电流和电压是衡量电路性能的两个基本的物理量，也是分析计算电路的两个基本量。这里讨论这两个基本的物理量，再介绍电能、功率等其他物理量。

3.2.1　电流

带电粒子的定向运动形成电流，习惯上规定正电荷运动的方向为电流的方向，电流在大小上等于单位时间内通过导体横截面的电荷量，设在 dt 时间内通过导体横截面的电荷量为 dq，则通过该截面的电流为：

$$i = \frac{dq}{dt} \tag{3-1}$$

电流不随时间而变，即 $dq/dt =$ 常量，则这种电流就称为直流电流，用大写字母 I 表示，它所通过的路径就是直流电路。在直流电路中，式（3-1）可写成：

$$I = \frac{Q}{t}$$

式中，Q 是在时间 t 内通过导体截面的电荷量。

大小和方向都随时间变化的电流称为变动电流，用小写字母 i 表示。在国际单位制中，电流的单位是安培（A），简称安。

在电力系统中，某些电流可高达几千安培，而在电子技术中的电流通常只有千分之几安培，因此电流的单位还有毫安（mA）、微安（μA）、和千安（kA）等，部分常用国际单位制词头如表 3-1 所示。

表 3-1　常用国际单位制词头

表示的因数	词　头	符　号	表示的因数	词　头	符　号
10^{12}	太	T	10^{-12}	皮	p
10^{9}	吉	G	10^{-9}	纳	n
10^{6}	兆	M	10^{-6}	微	μ
10^{3}	千	k	10^{-3}	毫	m

习惯上规定正电荷运动的方向为电流的实际方向，但对于复杂的直流电路和交流电路，往往难以事先判断电流的实际方向，为了便于分析，在一段电路或一个电路元件中任意设定一个电流方向，称为参考方向，用箭头或双下标表示，标在电路旁，如图 3.2 所示。后面未加说明时，所指的方向都是参考方向。参考方向一经设定，在分析该电路的过程中就不能再改动。

在分析计算电路时，若电流的计算结果为正值，则说明实际方向与参考方向相同；若为负值，则说明实际方向与参考方向相反。

在指定的电流参考方向下，电流值的正和负，就可以反映出电流的实际方向。如图 3.3 所示。

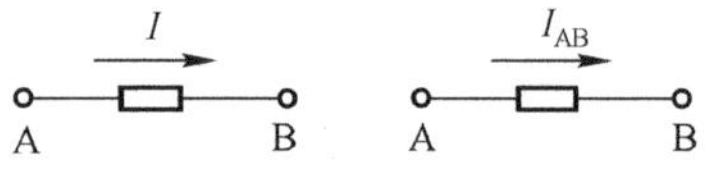

（a）箭头表示法　（b）双下标表示法

图 3.2　电流的参考方向

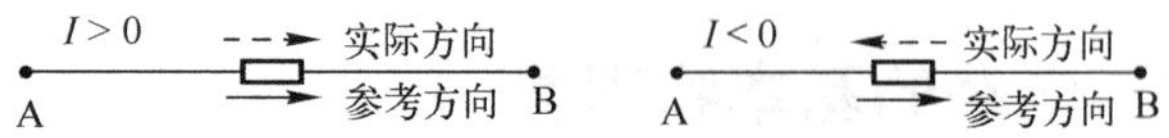

（a）方向相同 $I>0$　（a）方向相反 $I>0$

图 3.3　电流参考方向与它的实际方向间的关系

【例 3-1】 在图 3.2 中，已知 $I=-5A$，试问电流的实际方向如何？

解：因为 $I=-5A$ 为负值，电流的实际方向与参考方向相反，即由 B 向 A。

3.2.2　电压、电位及电动势

1. 电压

电压是衡量电场力对电荷做功能力的物理量，在数值上等于电场力把单位正电荷从一点移动到另外一点所做的功。定义 A、B 两点之间的电压 U_{AB} 在数值上等于电场力把正电荷 Q 从 A 点移动到 B 点所做的功为 W_{AB}，即：

$$U_{AB}=\frac{W_{AB}}{Q} \tag{3-2}$$

电压的单位是伏特（V），简称伏。电压的实际方向定义为正电荷在电场中受电场力作用（电场力作正功时）的移动方向。同电流一样，在分析计算电压时，也需要引入参考方向。电压的参考方向可用箭头、“+”、“-”极性及双下标来表示，如图 3.4 所示。同样，在指定的电压参考方向下计算出的电压值的正和负，就可以反映出电压的实际方向。

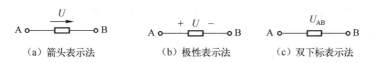

(a) 箭头表示法　　　　(b) 极性表示法　　　　(c) 双下标表示法

图 3.4　电压的参考方向

对一段电路或一个元件上电压的参考方向和电流的参考方向可以独立地加以任意指定。如果指定电流从电压"+"极性的一端流入，从标以"-"极性的一端流出，即电流的参考方向与电压的参考方向一致，将电流和电压的这种参考方向称为关联参考方向，如图 3.5 (a) 所示；反之，则为非关联参考方向，如图 3.5 (b) 所示。

2. 电位

在电路中任选一点为参考点，则某一点到参考点的电压就叫做这一点（相对于参考点）的电位。用符号 V 表示。参考点在电路中电位设为零又称为零电位点，工程上常取大地、电气设备的外壳、电路的公共连接点作为参考点，以符号"⊥"表示。如图 3.6 中当选择 O 点为参考点时，则

(a) 关联参考方向　　(b) 非关联参考方向

图 3.5　关联参考方向　　　　　图 3.6　电位示意图

$$V_A = U_{AO}, \quad V_B = U_{BO}$$

电位实质上就是电压，其单位也是伏特（V），简称伏。而电压也称电位差。电路中 A、B 两点之间的电压 U_{AB} 与这两点的电位关系为：

$$U_{AB} = U_{AO} + U_{OB} = U_{AO} - U_{BO} = V_A - V_B$$

【例 3-2】 在图 3.5 (a) 中，已知 $U = -5V$，试求：(1) U_{AB}、U_{BA} 分别等于多少？(2) A、B 两点哪点的实际电位高？

解：(1) 因为 $U_{AB} = U$，所以 $U_{AB} = -5V$；而 $U_{BA} = V_B - V_A = -U_{AB}$，故 $U_{BA} = 5V$。(2) 因为 $U_{AB} = V_A - V_B = -5V$，所以 $V_A < V_B$，即 B 点电位高。

3. 电动势

电动势是衡量电源将非电能转换为电能本领的物理量，用符号 E 表示，其单位为伏特（V），简称伏。电动势的方向规定为在电源内部从负极（低电位）指向正极（高电位），用箭头表示，如图 3.7 所示。在电路分析时，常常考虑的是电源的端电压 U_S，图 3.7 中 $U_S = E$。

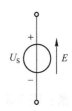

3.2.3　电能、电功率

当电流流过负载时，电流要做功，将电能转换为光能、热能、机械

图 3.7　电源电动势与端电压的关系

能等其他形式的能量。电流所做的功是电能转换成其他形式能量的度量,用 W 表示。由式 (3-1) 和式 (3-2) 可得

$$W = UQ = UIt \tag{3-3}$$

式中,W——电路所消耗的电能,单位为焦耳(J);
U——电路两端的电压,单位为伏特(V);
I——通过电路的电流,单位为安培(A);
t——所用的时间,单位为秒(s)。

电流在单位时间内所做的功称为电功率,用 P 表示。由式 (3-3) 有

$$P = \frac{W}{t} = \frac{UIt}{t} = UI \tag{3-4}$$

功率的单位是瓦特(W),简称瓦,实用的单位还有千瓦(kW)、毫瓦(mW)。

实际应用中,电能的单位常用千瓦小时(kW·h)。1 kW·h 的电能通常叫做一度电。一度电为

$$1\ \text{kW} \cdot \text{h} = 1000\text{W} \times 3600\text{s} = 3.6 \times 10^6 \text{J}$$

在电压和电流为关联参考方向下,电功率(用 P 表示)可用式 (3-4) 求得;在电压和电流为非关联参考方向下电功率为

$$P = -UI \tag{3-5}$$

若计算得出 $P>0$ 表示该部分电路吸收或消耗功率,若计算得出 $P<0$ 表示该部分电路发出或提供功率。

以上有关功率的讨论同样适用于任何一段电路,而不局限于一个元件。

【例3-3】 一空调正常工作时的功率为1214W,设其每天工作4小时,若每月按30天计算,试问一个月该空调耗电多少度?若每度电费0.80元,那么使用该空调一个月应缴电费多少元?

解:空调正常工作时的功率为

$$P = 1214\text{W} = 1.214\text{kW}$$

一个月该空调器耗电

$$W = Pt = 1.214\text{kW} \times 4\text{h} \times 30 = 145.68\text{kWh}$$

使用该空调一个月应缴电费

$$145.68 \times 0.80 \approx 116.54(元)$$

【例3-4】 求图3.8所示各元件的功率。

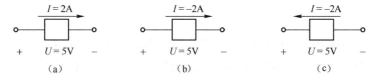

图 3.8 例 3-4 图

解:图 3.8 (a) 图中关联方向,$P = UI = 5 \times 2 = 10$(W),$P>0$,吸收功率。

图 3.8 (b) 图中关联方向,$P = UI = 5 \times (-2) = -10$(W),$P<0$,发出功率。

图 3.8 (c) 图中非关联方向,$P = -UI = -5 \times (-2) = 10$(W),$P>0$,吸收功率。

3.3 电阻、电感和电容元件

电路元件都由相应的参数来表征。若元件的参数是恒定不变的常数,即不随电流、电压和频率变化而变化,则称为线性元件。任何一个实际的电路都可以抽象成由理想元件组合的电路模型。为了深入研究电路的性能和功能,必须对组成电路的基本元件做进一步的分析。

3.3.1 电阻元件

电阻元件是表征材料或器件对电流的阻力、损耗能量的元件。对电流的阻碍作用称为电阻,用 R 表示。其图形符号如图3.9(b)所示。

电阻的单位是欧姆(Ω),常用的单位还有千欧姆($k\Omega$)、兆欧姆($M\Omega$)。

由有电阻作用的材料制成的电炉、电烙铁、白炽灯、电阻器等实际电阻器件,当其有电流通过时就要消耗电能,将电能转变成热能、光能等能量。我们将这些实际器件对电流的阻碍作用、消耗电能的特征,集中、抽象化为一种理想电路元件即电阻元件。

电阻元件是反映消耗电能这一物理现象的一个二端电路元件,分为线性电阻元件和非线性电阻元件。R 为常数的电阻元件称为线性电阻,R 不为常数的电阻元件称为线性电阻。

德国物理学家欧姆用实验的方法研究了电阻两端电流与电压的关系,并得出结论:流过电阻 R 的电流,与电阻两端的电压成正比,与电阻 R 成反比。这就是电学中最基本的定律——欧姆定律。如图3.10所示,电压电流取关联参考方向时,欧姆定律用公式表示为

$$U = IR \tag{3-6}$$

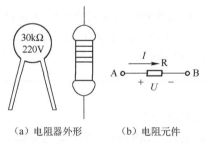

(a)电阻器外形　　(b)电阻元件

图 3.9 电阻器及电阻元件

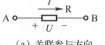

(a)关联参与方向

(b)非关联参与方向

图 3.10 欧姆定律

电压电流取非关联参考方向时,欧姆定律表示为

$$U = -IR$$

欧姆定律反映了电阻元件上电压与电流的关系,即电阻的伏安特性。线性电阻的伏安特性曲线是一条通过坐标原点的直线,如图3.11(a)所示。非线性电阻元件如灯泡中常用的钨丝其伏安特性曲线如图3.11(b)所示。

电阻的倒数称为电导,用符号 G 表示,其单位是西门子,简称西(S),即

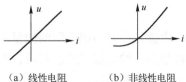

(a)线性电阻　　(b)非线性电阻

图 3.11 电阻元件的伏安特性曲线

$$G = \frac{1}{R} \tag{3-7}$$

电流通过电阻元件时，电阻吸收（消耗）电能转变为热能，电阻是耗能元件。由式（3-4）和式（3-6）有

$$P = UI = I^2R = \frac{U^2}{R} \tag{3-8}$$

3.3.2 电感元件

由导线绕制而成的线圈或把导线绕在铁芯或磁芯上就构成一个常用的电感器。图3.12（a）中所示为几种实际电感器的外形。电感元件是假想由没有电阻的导线绕成的，其图形符号如图3.12（b）所示。

（a）电感器外形　　　　　　　　（b）电感元件

图3.12　电感器及电感元件

当电流 i 通过线性电感元件时，在元件内部将产生磁通 $\varPhi$，若磁通 $\varPhi$ 与线圈的 N 匝都交链，则磁链 $\varPsi = N\varPhi$，$\varPsi$ 和 $\varPhi$ 都是由元件的电流所产生，且与电流成正比，即

$$L = \frac{\varPsi}{i} \tag{3-9}$$

式中，L 称为元件的自感或电感，其单位是亨利（H）。磁通和磁链的单位是韦伯（Wb）。

在电感元件中电流随时间变化时，磁链也随之改变，元件两端感应有电压，此感应电压等于磁通链的变化率；在电压和电流的关联参考方向下，感应电压为

$$u_L = \frac{d\varPsi}{dt} = L\frac{di}{dt} \tag{3-10}$$

式中，L 的单位为 H，i 的单位为 A，t 的单位为 s，u_L 的单位为 V。

由式（3-10）可知：任何时刻，线性电感元件上的电压与该时刻电流的变化率成正比。电流变化快，感应电压高；电流变化慢，感应电压低。当电流不随时间变化时，则感应电压为零，这时电感元件相当于短接线，所以对于直流电电感相当于导线。

电感元件中有电流，元件中就有磁场，储存着磁能，经推算其大小为

$$W_L = \frac{1}{2}Li^2 \tag{3-11}$$

电感元件并不把吸取的能量消耗掉，而是以磁场能量的形式储存在磁场中。所以，电感元件也是一种储能元件。同时，电感元件也不会释放出多于它所吸收或储存的能量，因此它又是一种无源元件。

3.3.3 电容元件

工程中，电容器应用极为广泛。电容器虽然品种和规格很多，但就其构成原理来说，都

是由两块金属极板间隔以不同的介质（如云母、绝缘纸、电解质等）所组成。图3.13（a）中所示为几种电容器的外形。电容器通常由两块金属极板中间隔以绝缘介质组成。忽略其介质损耗时，就得到电容元件，其图形符号如图3.13（b）所示。

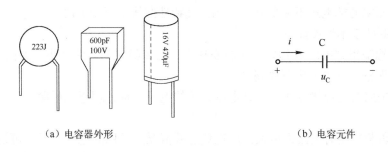

（a）电容器外形　　　　　　　　　（b）电容元件

图3.13　电容外形及符号

当电容元件两端加上电源，极板上分别聚集起等量异号的电荷，在介质中建立起电场，并储存有电场能量，电容充电断开电源后，电荷可以继续聚集在极板上，电场继续存在。极板上所带电荷 q 与两极板间电压 u_C 成正比，其比值称为电容元件的电容，即

$$C = \frac{q}{u_C} \tag{3-12}$$

式中，C 的单位为法拉（F），线性电容元件 C 为常数。

当电容极板间电压变化时，极板上电荷也随着改变，于是电容器电路中出现电流 i。在电压电流参考方向一致时，由式（3-1）和式（3-13）可得电容元件的电流与其电压的变化率成正比，即

$$i = \frac{dq}{dt} = C\frac{du_C}{dt} \tag{3-13}$$

式中，C 的单位为 F，u 的单位为 V，t 的单位为 s，i 的单位为 A。

式（3-13）指出：任何时刻，线性电容元件中的电流与该时刻电压的变化率成正比。当元件上电压发生剧变（即 $\frac{du}{dt}$ 很大）时，电流很大；当电压不随时间变化时，则电流为零，这时电容元件相当于开路。在直流电路中，电容上即使有电压，但 $i=0$，相当于开路，故电容元件有隔断直流（简称隔直）的作用。

电容元件的极板聚集电荷时，在介质中形成电场，储存了电场能，经推算其大小为

$$W_C = \frac{1}{2}Cu_C^2 \tag{3-14}$$

若电容元件原先没有充电，那么它在充电时吸取并储存起来的能量一定又在放电完毕时全部释放，它并不消耗能量。所以电容元件是一种储能元件。

3.4　电压源和电流源

电源是提供电路中能量的，如蓄电池、干电池及发电机。当电流流过电源内部时，没有能量损耗的电源称为理想电源，内部有损耗的为实际电源。

3.4.1 电压源

两端电压恒定为 U_S，内部没有损耗的电源称为理想电压源，简称电压源，如图 3.14（a）所示。电压源的端电压不受负载的影响，其特性曲线平行于 I 轴。

理想电压源的基本性质如下：

(1) 电压源输出的电压 U 恒定，由自身决定，与流经它的电流大小、方向无关。

(2) 电压源输出的电流由外电路决定。

两端电压按照给定规律变化而与其电流无关的电源，称为理想电压源。

$$U = U_S \tag{3-15}$$

理想电压源在负载短路时电流无穷大，应避免这种情况。常用的稳压电源，可近似为理想电压源。

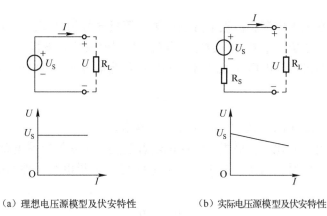

（a）理想电压源模型及伏安特性　　（b）实际电压源模型及伏安特性

图 3.14　理想电压源与实际电压源模型

实际电压源内部具有损耗，可用一个电压源 U_S 与一个电阻元件 R_S 串联的模型表示，如图 3.14（b）所示。当向负载供电时，随着电流的增加，其端电压下降，端电压 U 与端电流 I 的关系为

$$U = U_S - IR_S \tag{3-16}$$

上式称为实际电压源的伏安特性方程。

只有电压大小相等、极性相同的电压源并联才有意义。

3.4.2 电流源

能输出恒定电流 I_S，内部没有损耗的电源，称为理想电流源，简称电流源，如图 3.15（a）所示。电流源输出的电流不受负载的影响，其伏安特性曲线平行于 U 轴。

理想电流源的基本性质如下：

(1) 电流源输出的电流值 I 恒定，由自身确定，与其端电压的大小、方向无关。

(2) 电流源两端的电压由外电路决定。

$$I = I_S \tag{3-17}$$

理想电流源在负载开路时，其端电压为无穷大，要避免这种情况。

实际电流源内部具有损耗，可由恒流源 I_S 与电阻 r 并联的模型来表示，如图 3.15（b）

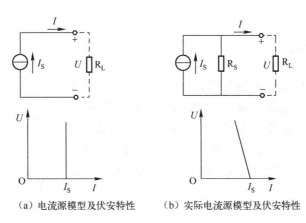

(a) 电流源模型及伏安特性　　(b) 实际电流源模型及伏安特性

图 3.15　理想电流源及实际电流源模型

所示。当接上负载时，随着电流的增加，其端电压下降。由于内阻的分流作用，其输出电流 I 与端电压为 U 的关系为

$$I = I_S - \frac{U}{R_S} \tag{3-18}$$

上式称为实际电流源的伏安特性方程。

应注意，实际电流源是不允许开路的，因为此时电流 I_S 全部流过内阻 r，而一般 r 都是很大的，这就在电源两端形成很高的电压，以致损坏电源。

只有电流大小相等、流向相同的电流源串联才有意义。

【例 3-5】 试求图 3.16（a）所示电压源的电流与图（b）所示电流源的电压。

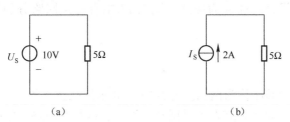

(a)　　　　　　　　(b)

图 3.16　例 3-6 图

解： 图 3.16（a）所示流过电压源的电流也是流过电阻的电流，所以流过电压源的电流为

$$I = \frac{U_S}{R} = \frac{10}{5} = 2(\text{A})$$

图 3.16（b）所示电流源两端的电压也是加在电阻两端的电压，所以电流源的电压为

$$U = I_S R = 2 \times 5 = 10(\text{V})$$

电流源中电流是给定的，但电压的实际极性和大小与外电路有关。如果电压的实际方向与电流实际方向相反，正电荷从电流源的低电位处流至高电位处。这时，电流源发出功率，起电源的作用。如果电压的实际方向与电流的实际方向一致，电流源吸收功率，这时电流源便将作为负载。

3.5 基尔霍夫定律

只用欧姆定律就能完成电路分析计算的电路,称为简单电路,否则,就是复杂电路。图 3.17 所示电路为复杂电路。复杂电路的分析,在欧姆定律的基础上还要用到基尔霍夫定律。基尔霍夫定律包括基尔霍夫电流定律和基尔霍夫电压定律。在学习基尔霍夫定律之前,先介绍几个有关的电路术语。

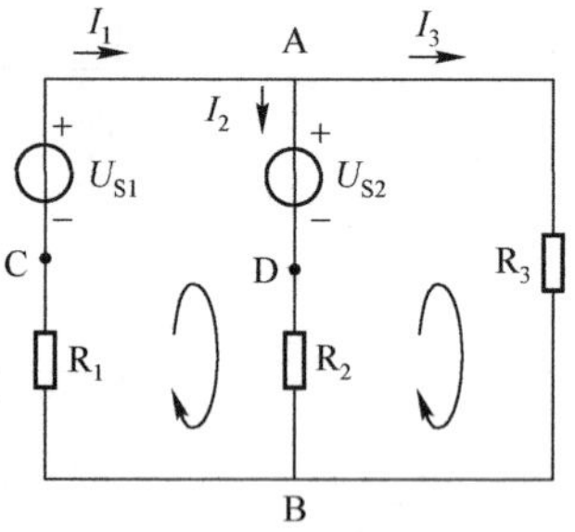

3.5.1 电路术语

1. 支路

图 3.17 复杂电路

电路中流过同一个电流的每一个分支,称为支路。通常用 b 表示支路数。图 3.17 中有三条支路分别为 ACB、ADB、AR_3B。其中,ACB、ADB 中有电源称为有源支路,AR_3B 中无电源称为无源支路。

2. 节点

三条或三条以上支路的连接点。通常用 n 表示节点数。图 3.17 中 A、B 两节点。

3. 回路

电路中任何一条闭合路径称为回路。图 3.17 中有三条回路分别为 ADBCA、AR_3BDA、AR_3BCA。

4. 网孔

回路中不含支路的回路称为网孔。通常用 m 表示网孔数。图 3.17 中只有两个网孔分别为 ADBCA、AR_3BDA,而 AR_3BCA 不是网孔。因此,网孔是回路,但回路不一定是网孔。

基尔霍夫定律说明了一般电路中任一节点上各支路电流之间的相互关系以及任一回路各部分电压之间的相互关系。前者称为基尔霍夫电流定律(KCL);后者称为基尔霍夫电压定律(KVL)。

3.5.2 基尔霍夫电流定律

基尔霍夫电流定律描述的是电路中任一节点上各支路电流之间的约束关系,缩写为 KCL(Kirchhoff's Current Law)。根据电流的连续性原理,任何一节点的电荷既不可能堆积也不会自行消失,基尔霍夫电流定律指出:任一时刻,流入任一节点的所有电流之和等于从该节点流出的电流之和,其数学形式为

$$\sum I_\text{入} = \sum I_\text{出} \tag{3-19}$$

上式也可写为

$$\sum I = 0 \tag{3-20}$$

KCL 可理解为任何时刻,对任一节点而言所有支路电流的代数和恒等于零。此时,若

流出节点的电流前面取正号，则流入节点的电流前面取负号。

【例3-6】 如图3.18所示为某电路的一个节点，已知$I_1 = 2A$，$I_2 = -4A$，$I_4 = 3A$，求I_3。

解：根据式（3-19）有

$$I_1 + I_2 = I_3 + I_4$$

$$I_3 = I_1 + I_2 - I_4 = 2 + (-4) - 3 = -5(A)$$

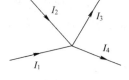

图3.18 例3-6图

I_3为负值，说明I_3的实际方向与参考方向相反，是流入节点的。

KCL定律还可推广到假设的封闭面——广义节点。图3.19中，点划线框所包围的封闭面是广义节点，图3.19（a）中，三个节点上的的KCL方程为$I_2 = I_1 + I_3$；图3.19（b）、（c）中，广义节点上只有一条支路，显然，其电流I必为零。

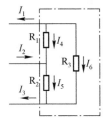 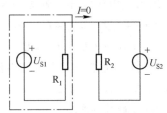 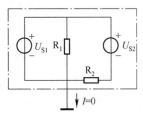

（a）某部分电路的电流关系　　（b）网络间单根导线上的电流　　（c）接地线上的电流

图3.19 广义节点

【例3-7】 已知$I_1 = 5A$、$I_6 = 3A$、$I_7 = -8A$、$I_5 = 9A$，试计算图3.20所示电路中的电流I_8。

在电路中选取一个封闭面，如图中虚线所示，根据KCL定律可知：

$$I_1 + I_6 + I_8 = I_7,$$

则

$$I_8 = I_7 - I_1 - I_6 + I_7 = -8 - 5 - 3 = -16(A)$$

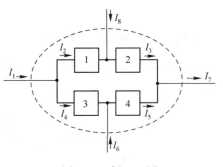

图3.20 例3-7图

3.5.3 基尔霍夫电压定律

基尔霍夫电压定律（Kirchhoff's Voltage Law）简称KVL定律，它是针对回路而言，基尔霍夫电压定律指出：任何时刻，任一闭合回路内各段电压的代数和恒等于零，即

$$\sum U = 0 \tag{3-21}$$

在列写回路电压方程前，先要确定回路中各段电压的正负。其方法是：

（1）先选定回路的绕行方向。

（2）标定回路中各段电路（元件）上电压的参考方向。

（3）当某段电路（元件）上电压的参考方向与回路的绕行方向一致时，该电压取正，反之则取负。

在图3.17中，选定回路ADBCA、AR_3BDA的绕行方向均为顺时针方向，电阻的电压参考方向与其电流的参考方向一致（即关联参考方向），由式（3-21），其KVL方程分别为

$$I_1R_1 + I_2R_2 - U_{S1} + U_{S2} = 0$$

$$-I_2R_2 + I_3R_3 - U_{S2} = 0$$

KVL 定律还可推广非闭合的回路，在图 3.17 中，C、D 间虽无电路元件，设其电压为 U_{CD}，按 ADCA 的顺时钟绕向，其 KVL 方程为

$$I_1R_1 + I_2R_2 - U_{CD} = 0$$

或

$$U_{CD} - U_{S1} + U_{S2} = 0$$

将 KCL 定律与 KVL 定律相结合可用于求解复杂电路。

【例 3-8】 在图 3-17 中，已知 $U_{S1} = 13V$，$U_{S2} = 6V$，$R_1 = 10\Omega$，$R_2 = 5\Omega$，$R_3 = 5\Omega$，试结合基尔霍夫电流定律和基尔霍夫电压定律来求解各支路的电流。

解：电路中节点数 $n = 2$，根据基尔霍夫电流定律可列 1 个 KCL 方程：

$$I_1 = I_2 + I_3$$

电路中网孔数 $m = 2$，根据基尔霍夫电压定律可列 2 个 KVL 方程：

$$I_1R_1 + I_2R_2 - U_{S1} + U_{S2} = 0$$
$$-I_2R_2 + I_3R_3 - U_{S2} = 0$$

联立上述 3 个方程，代入所有已知条件，可求得三个未知电流：

$$I_1 = 0.8\text{A}, \quad I_2 = -0.2\text{A}, \quad I_3 = 1\text{A}$$

这种求解方法就是下一章节要讲到的支路电流法。

3.6 电路的三种状态和电气设备的额定值

3.6.1 电路的工作状态

电路的基本状态有三种，有载工作状态、短路状态及开路状态，分别如图 3.21 所示。

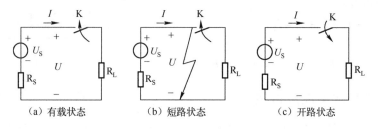

（a）有载状态　　（b）短路状态　　（c）开路状态

图 3.21　电路的基本工作状态

1. 有载工作状态

如图 3.21（a）所示，当开关 K 闭合后电源与负载接成闭合回路，电路中有电流 I，电路处于有载工作状态。

2. 短路状态

如图 3.21（b）所示的电路，电源两端因某种原因直接相连，负载的端电压 $U = 0$，电路处于短路状态。电源被短路，此时电源的两个极性端直接相连。电源被短路往往会造成严重后果，如导致电源因发热过甚而损坏，或因电流过大而引起电气设备的机械损伤，因而要

绝对避免电源被短路。所以在实际工作中，应经常检查电气设备和线路的绝缘情况，以防止发生电压源短路事故。此外，还应在电路中接入熔断器等保护装置，以便在发生短路事故时能及时切断电路，达到保护电源及电路元器件的目的。

由于电源的内阻一般很小，流过电源的短路电流会大大超出其额定电流，以致损坏电源，为了防止短路事故，常在电路中接入熔断器或断路器。

3. 开路状态

如图 3.21（c）所示，开关 K 打开或电路中某处断开，电路中电流 $I=0$，电路处于开路（断路）状态。有时即使电路开关闭合，电路中仍没有电流，说明电路发生开路故障，如连接导线断开、元件内部开路或连接点接触不良等。

3.6.2 电气设备的额定值

1. 额定工作状态

任何电气设备在使用时，若电流过大，温升过高就会导致绝缘的损坏，甚至烧坏设备或元器件。为了保证正常工作，制造厂对产品的电压、电流和功率都规定其使用限额，称为额定值，通常标在产品的名牌或说明书上，以此作为使用依据。

电源设备的额定值一般包括额定电压 U_N、额定电流 I_N 和额定容量 S_N。其中 U_N 和 I_N 是指电源设备安全运行所规定的电压和电流限额；额定容量 $S_N = U_N I_N$，表征了电源最大允许的输出功率，但电源设备工作时不一定总是输出规定的最大允许电流和功率，究竟输出多大还取决于所连接的负载。

【例 3-9】已知某空调额定值为"220V、1500W"，试求：（1）该空调的额定电流 I_N；（2）以每天开机 10h、每月 30 天计，该空调每月消耗的电能；（3）若每千瓦小时需付 0.61 元电费，该空调每月需支付的电费。

解：（1）额定电流 $I_N = P_N / U_N = 1500 / 220 \approx 7$（A）

（2）每月用电 $W = P_N t = 1500 \times 10^{-3} \times 10 \times 30 = 450$（kW·h）

（3）月支付电费 $450 \times 0.61 = 274.50$（元）

负载的额定值一般包括额定电压、额定电流和额定功率。对于电阻性负载，由于这三者与电阻之间具有一定的关系式，所以它的额定值不一定全部标出。

2. 超载、满载、轻载

电气设备工作在额定值情况下的状态称为额定工作状态（又称"满载"）。这时电气设备的使用是最经济合理和安全可靠的，不仅能充分发挥设备的作用，而且能够保证电气设备的设计寿命。若电气设备超过额定值工作，则称为"过载"。由于温度升高需要一定时间，因此电气设备短时过载不会立即损坏。但过载时间较长，就会大大缩短电气设备的使用寿命，甚至会使电气设备损坏。若电气设备低于额定值工作，则称为"欠载"。在严重的欠载下，电气设备就不能正常合理地工作或者不能充分发挥其工作能力。过载和严重欠载都是在实际工作中应避免的。

项目实训3 电阻和电源伏安特性的测定

1. 实训目的

(1) 学习使用直流稳压电源。
(2) 根据实验线路,练习自行选择电流表、电压表的量程。
(3) 测定线性电阻、非线性电阻及直流电压源的伏安特性。

2. 实训内容

(1) 实训仪器设备。

直流稳压电源	0~30V	1台
直流电压表(或万用表)	0~15~30V	1只
直流电流表	0~200mA~2A	1只
电阻	30Ω、100Ω,均为3W	各1只
滑线电阻器		1只
小灯泡		1只

3. 实训步骤

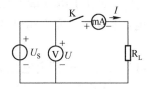

图3.22 线性电阻元件的实训电路

(1) 电阻伏安特性的测定。

① 线性电阻伏安特性的测定

a. 按图3.22接线,取 $R_L = 100\Omega$, U_S 为直流稳压电源的输出电压,先将稳压电源输出电压旋钮置于零。

b. 调节稳压电源输出电压旋钮,观察电压表的读数,使电压 U 分别为0V、2V、4V、6V、8V、10V,测量对应的电流值,将数据记入表3–1。然后断开开关K,将稳压电源输出旋钮置于零位。

表3–2

	U						
线性电阻	I						
	R = U/I						
非线性电阻	U						
(小灯泡)	I						
	R = U/I						

② 非线性电阻伏安特性的测定。

a. 按图3.23接线,本实训所用非线性电阻为6.3V小灯泡。

b. 闭合开关K,调节稳压电源输出电压旋钮,使其输出电压分别为0V、1V、2V、3V、4V、5V、6V,测量对应的电流值,记入表3–2。断开开关K,将稳压电源输出旋钮置于零位。

(2) 电源伏安特性的测定。

① 直流电压源（将稳压电源近似为电压源）伏安特性的测定

a. 按图 3.24 接线，将直流稳压电源视为电压源，取 $R = 100\Omega$，R_P 阻值为 200Ω（滑线电阻器 R_P 置于最大电阻值位置）。

b. 闭合开关 K，调节稳压电源输出电压 $U_S = 10$ V，改变滑线电阻器 R_P 的值，使电路中的电流分别为 20mA、30mA、40mA、50mA、60mA，测量对应的直流电压源端电压 U，记入表 3-2 中。

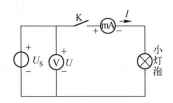

图 3.23　非线性电阻元件的实训电路

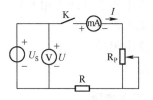

图 3.24　电压源实训电路

② 实际电压源伏安特性的测定。

a. 按图 3.25 接线，将直流稳压电源 U_S 与电阻 R_S（取 30Ω）相串联来模拟实际直流电压源，如图中中心线框内所示，取 $R = 100\Omega$，滑线电阻器 R_P 置于最大电阻值位置。

b. 闭合开关 K，调节稳压电源输出电压 $U_S = 10$V，改变滑线电阻器 R_P 的值，使电路中的电流分别为 20mA、30mA、40mA、50mA、60mA，测量对应的直流电压源端电压 U，记入表 3-3 中。

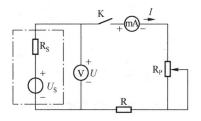

图 3.25　实际电压源实训电路

表 3-3

电源＼电流	I					
电压源	U					
实际电压源	U					

4. 实训报告

(1) 在直角坐标系上，描出线性电阻和非线性电阻的伏安特性曲线。
(2) 利用本次实训中实际电压源和实际电流的伏安特性曲线，分别求出电源的内阻值。
(3) 根据表 3-3 的数据，绘制电压源和实际电压源的伏安特性曲线。
(4) 直流电压表和直流电流表在使用中要注意些什么？

项目实训 4　电路中电位的测量

1. 实训目的

(1) 通过实训加深理解电位、电压及其相互关系。

(2) 通过对不同参考点电位及电压的测量和计算，加深对电位的相对性及电压与参考点选择无关性质的认识。

(3) 深入理解电路中等电位点的概念。

2. 实训内容

(1) 实训仪器设备。

直流稳压电源	0~30V	1台
直流电压表（或万用表）	0~15~30V	1只
直流电流表	0~2A	1只
可变电阻器	200Ω，1A	1只
电阻	30Ω、100Ω，均为3W	各1只

3. 实训步骤

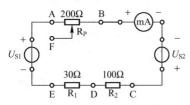

图3.26 电位测量线路

(1) 按图3.26接线，D与F点间暂不连接，电源电压 $U_{S1}=12V$，$U_{S2}=7V$，R_P 为可变电阻器，电阻 $R_1=30Ω$，$R_2=100Ω$。

(2) 测电流：开启直流电源，从电流表读取回路电流 I 的值，记入表3-4中。

(3) 选择C点为参考点，即电位 $V_C=0$，测量表3-4中所列各点电位和各段电压，并记入该表中（测量时注意电位和电压的正负）。

(4) 选择D点为参考点，即电位 $V_D=0$，重复上述测量，数据记入表3-4。

表3-4

参考点	电流( )	电位					电压			
	V	V_A	V_B	V_C	V_D	V_E	U_{AB}	U_{BC}	U_{CD}	U_{DE}	U_{EA}
以C点为参考点											
以D点为参考点											
以E点为参考点											
E点为参考点，且 $V_F=V_D$，D与F相连											

(5) 选择E点为参考点，即电位 $V_E=0$，重复上述测量，数据记入表3-4。

(6) 测定等电位点：把电压表接至D与F之间，调节可变电阻器的滑动触点F，使电压表指示为零值（或D与F间接入电流表，使电流为零值），D与F两点即为等电位点。再用导线连接D与F两点，然后选择E点为参考点，分别测量表3-4中所列各点电位和各段电压值，并记入该表中。

4. 注意事项

测量电压和电位时，要注意电压表的极性，并根据电压的参考极性与测定的实际极性是否一致，确定电压和电位的正负号。

5. 实训报告

（1）用表 3-4 数据说明在电路中选择不同的参考点，对各点的电位有无影响？对各点的电压有无影响？

（2）根据表 3-4 的实训结果，说明电路中等电位点的特征。

习 题 3

1. 填空题

3.1 电路由_____、_____、_____和_____组成。

3.2 电路通常有_____、_____和_____三种状态。其中_____状态要避免。

3.3 电荷的定向移动形成了电流，我们把电流的方向规定为_____定向移动的方向，在外电路中电流总是从电源的_____极流向_____极。

3.4 如图 3.27 所示，电压 U 与电流 I 的参考方向称为_____参考方向，此时功率公式为 $P =$ _____，欧姆定律公式为_____。

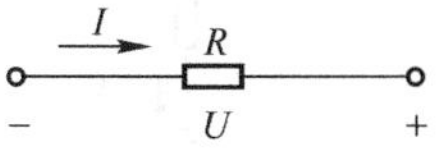

3.5 在一个电路中，参考点是可以任意选定的，但各点的电位将随_____的变化而变化，而任意二点间的_____是不变的。

3.6 电流的_____和_____都不随时间而改变的电流叫直流电。

3.7 当计算出电路中某元件功率为正值，则可知该元件_____功率，起_____作用；当计算出某元件功率为负值，则可知该元件_____功率，起_____作用。

3.8 电容元件在直流电路中相当于_____，电感元件在直流电路中相当于_____。

2. 计算题

3.9 试说明图 3.28（a）、（b）、（c）所示各电路中电流的实际方向。

3.10 试指出图 3.29（a）、（b）、（c）所示各电路中哪端电位高。

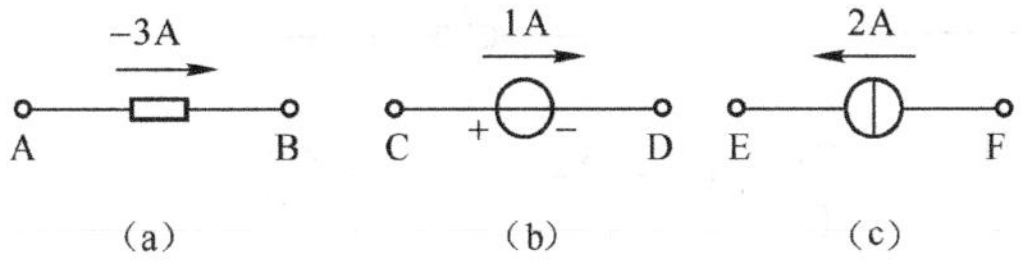

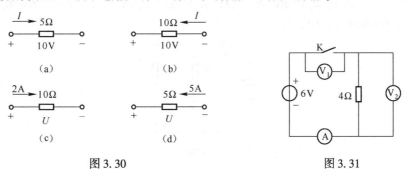

图 3.28 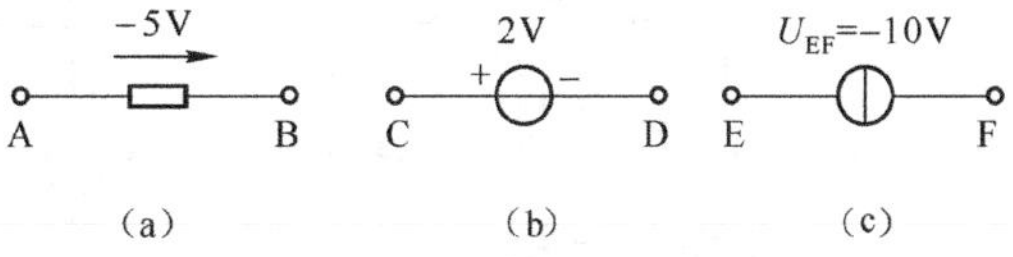　　　　　　　　　图 3.29

3.11 试求图 3.30（a）、（b）、（c）、（d）所示各电路中电流 I 或电压 U。

3.12 试分别求图 3.31 所示电路在开关 K 打开与闭合情况下各表的读数。

图 3.30　　　　　　　　　图 3.31

3.13 试分别求出图 3.32（a）、（b）、（c）所示各元件的功率，并判断其是供能元件还是耗能元件。

3.14 已知电源的外特性曲线如图 3.33 所示，试求该电源的电路模型。

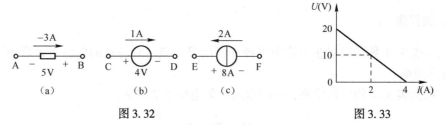

图 3.32   图 3.33

3.15 试求图 3.34（a）、（b）所示各电路中的电流 I。

3.16 试求图 3.35（a）、（b）所示电路中的电压 U。

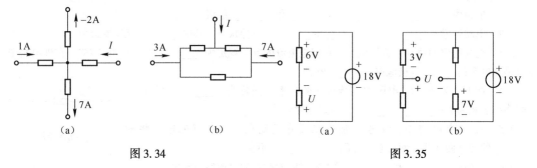

图 3.34   图 3.35

3.17 求图 3.36 所示电路中各支路电流 I_1、I_2 与 I_3。

3.18 某直流电源的额定功率 $P_N = 200W$，额定电压 $U_N = 50V$，内阻 $r = 0.5\Omega$，负载电阻 R 可调，试求：

（1）当电源处于额定工作状态下时的电路电流及负载电阻；

（2）电源开路时的端电压；

（3）负载电阻被短路时的电流。

3.19 试分别求图 3.37（a）、（b）所示电路中各元件的功率，并校验整个电路的功率是否平衡。

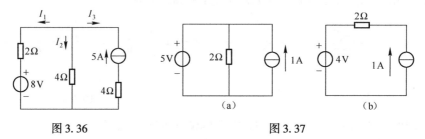

图 3.36   图 3.37

3.20 如图 3.38 电路中，$R_1 = 10\Omega$，$R_2 = 20\Omega$，$R_3 = 30\Omega$，$U_S = 12V$，$L = 20mH$，$C = 50\mu F$，电路处于稳态。试求 L 中的电流和 C 上的电压。

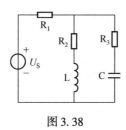

图 3.38

3.21 有一个灯泡，接在电压为 220V 的电路中，通过灯泡的电流是 0.5A，通电时间为 1h，它消耗了多少电能？合多少度电？

第 4 章　电路的分析方法

本章知识点

- 电阻串、并联电路及混联电路
- 实际电压源和实际电流源模型等效变换
- 支路电流法
- 叠加定理
- 戴维南定理

电路分析方法是指已知电路结构和元件参数，求解电路中的电压、电流和元件功率的方法。实际电路的结构形式多种多样，对于一些结构形式比较简单的电路，仅用欧姆定律和基尔霍夫定律就可以解决。但对于复杂电路，则应根据电路的结构特点采用合适的分析方法。本章着重讨论几种常见的电路分析方法和定理。如：电阻串联、并联和混联，两种电源模型的等效变换，支路电流法，叠加定理，戴维南定理等。

4.1　电阻的串联、并联及混联

4.1.1　等效的概念

等效电路在电路分析中是一个十分重要的概念，在分析电路的时候经常要用到。很多结构较为复杂的电路都可以用一个结构简单的电路去替换，使得电路分析与计算简便，这就是电路的等效化简。

图 4.1 所示电路中，只有两个端钮 a 和 b 与外电路相连接，且进出两个端钮的电流是同一个电流，这样的电路称之为二端网络。二端网络的一对端钮也称为一个端口，因此，二端网络又称为单口网路。根据二端网络内部是否含有电源，可将二端网络分为无源二端网络和有源二端网络。

图 4.1　二端网络图

当一个二端网络与另一个二端网络的端口电压、端口电流关系完全相同时，这两个网络对外部称为等效网络。即使二端网络内部结构和参数完全不同，两个相互等效的电路对外电路的影响力还是完全相同的。所以，当把电路中的某一部分用其等效电路代替后，那些未被代替的部分（包括被代替部分端钮）上的电压和电流均应保持不变。"等效"是指"对外部等效"。

等效电路的内部结构虽然不同，但对外部电路而言，电路影响完全相同，因此，在电路分析中，可以用一个结构简单的等效电路代替较复杂的电路，以简化电路的计算。

4.1.2 电阻的串联

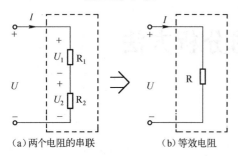

图 4.2 电阻的串联

在电路中，两个或两个以上电阻首尾依次相接，中间无任何分支的连接方式，称为电阻的串联。串联时，流过这些电阻的是同一电流。图 4.2 所示为两个电阻的串联电路。

如图 4.2 所示，根据基尔霍夫电压定律（KVL）和欧姆定律可得

$$U = U_1 + U_2 = IR_1 + IR_2 = I(R_1 + R_2) = IR$$
$$R = R_1 + R_2$$

式中，R 称为串联等效电阻

n 个电阻串联等效电阻的一般关系式为

$$R = R_1 + R_2 + \cdots + R_n = \sum_{i=1}^{n} R_i \tag{4-1}$$

式（4-1）表明：串联电阻的等效电阻等于各个串联电阻之和。

电阻串联可以分压，R_1、R_2 电阻上的电压分别为

$$\begin{cases} U_1 = IR_1 = \dfrac{U}{R_1 + R_2} R_1 = \dfrac{R_1}{R_1 + R_2} U \\ U_2 = IR_2 = \dfrac{U}{R_1 + R_2} R_2 = \dfrac{R_2}{R_1 + R_2} U \end{cases}$$

可见串联电阻上电压的分配和电阻成正比，各电阻端电压的大小与其阻值成正比关系，即电阻阻值越大，其两端电压越高。

电阻的串联应用很广泛。例如，利用串联电阻构成分压器，可以使得一个电源提供多种不同的电压；有时也利用串联电阻来达到限流目的；另外，在电工测量中，还利用串联电阻来扩大电压表的量程等。

4.1.3 电阻的并联

在电路中，两个或两个以上电阻并列连接在两个公共端点之间，这样的连接方式，称为电阻的并联。并联时，加在各个电阻上的是同一电压。图 4.3 所示为两个电阻的并联电路。

如图 4.3 所示，根据基尔霍夫电流定律（KCL）和欧姆定律可得

$$I = I_1 + I_2 = \frac{U}{R_1} + \frac{U}{R_2} = U\left(\frac{1}{R_1} + \frac{1}{R_2}\right) = U \cdot \frac{1}{R}$$

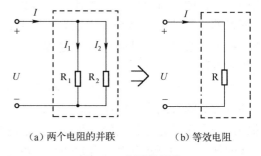

图 4.3 电阻的并联

式中，$\dfrac{1}{R} = \dfrac{1}{R_1} + \dfrac{1}{R_2}$

也就是说等效电阻的倒数等于两个串联电阻的倒数之和。推广到 n 个电阻并联，则并联等效电阻的一般关系式为

$$\frac{1}{R} = \frac{1}{R_1} + \frac{1}{R_2} + \cdots + \frac{1}{R_n} = \sum_{i=1}^{n} \frac{1}{R_i}$$

若用电导表示，则有

$$G = G_1 + G_2 + \cdots + G_n = \sum_{i=1}^{n} G_i$$

说明：n 个电导并联时，其等效电导等于各电导之和。

电阻并联可以分流，R_1、R_2 电阻上的电流分别为

$$I_1 = \frac{U}{R_1} = \frac{R_1 R_2}{R_1 + R_2} I \frac{1}{R_1} = \frac{R_2}{R_1 + R_2} I$$

$$I_2 = \frac{U}{R_2} = \frac{R_1 R_2}{R_1 + R_2} I \frac{1}{R_2} = \frac{R_1}{R_1 + R_2} I$$

可见并联电阻上电流的分配和电阻成反比，阻值越大的电阻分配到的电流越小，阻值越小的电阻分配到的电流越大，这就是并联电阻的分流原理。

电阻的并联应用很广泛。例如：在日常生活中的家庭照明电路就是采用并联的连接方式，这样灯与灯之间互不影响；另外，在电工测量中，还利用并联电阻来扩大电流表的量程等。

4.1.4 电阻的混联

电路中既有串联电阻又有并联电阻，这种电阻的连接方法称为电阻的混联。对于这类电路，可以逐步利用电阻的串联、并联等效化简的办法进行分析，得到混联电路的等效电阻。

下面举例说明电阻混联电路的等效方法。

【例 4-1】 如图 4.4 所示电路，已知电路中的 $R_1 = R_2 = 8\Omega$，$R_3 = 2\Omega$，$R_4 = 10\Omega$，求 ab 两端的的等效电阻 R_{ab}。

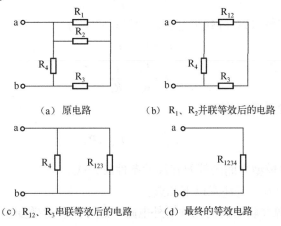

（a）原电路　　（b）R_1、R_2 并联等效后的电路

（c）R_{12}、R_3 串联等效后的电路　　（d）最终的等效电路

图 4.4

解：由图可知，假设电流从 a 点流进，一支路经 R_4 到 b 点，另一支路经 R_1 与 R_2 汇集后再经 R_3 到 b 点。因此 4 个电阻之间的关系为 R_1 与 R_2 并联后与 R_3 串联，再与 R_4 并联。

$$R_{12} = R_1 // R_2 = \frac{8 \times 8}{8 + 8} = 4(\Omega)$$

$$R_{123} = R_{12} + R_3 = 10(\Omega)$$
$$R_{ab} = R_{1234} = R_4 // R_{123} = \frac{10 \times 10}{10 + 10} = 5(\Omega)$$

4.2 实际电压源与实际电流源的等效变换

在含有多个电源（电压源或电流源）的复杂电路中，常常将电源进行合并，串、并联电源等效为一个电源，从而将复杂的电路简化，这种分析电路的方法称之为电源等效变换法。

一个实际的电源可以用电压源模型等效，也可以用电流源模型等效，如图4.5所示。即两电源模型在满足一定条件时，可以等效互换，对负载和外电路效果是一样的。

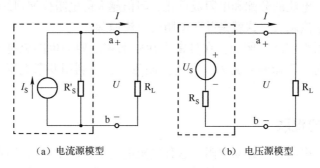

（a）电流源模型　　　　　　　（b）电压源模型

图4.5　两种电源的等效变换

由图4.5（a），根据KCL可列出电流源的伏安关系为

$$I = I_S - \frac{U}{R'_S}$$

由图4.5（b），根据KVL可列出电压源的伏安关系为

$$U = U_S - IR_S$$
$$I = \frac{U_S}{R_S} - \frac{U}{R_S}$$

若电压源与电流源完全等效，则有

$$I_S = \frac{U_S}{R_S}, \qquad R'_S = R_S \tag{4-2}$$

式（4-2）为两种电源模型之间的等效互换的条件及公式。

两种电源等效变换时，应注意以下几点：

（1）与理想电压源并联的任何元件对外电路不起作用，等效变换时这些元件可以去掉。

（2）与理想电流源串联的任何元件对外电路不起作用，等效变换时这些元件可以去掉。

（3）等效变换仅仅是对外电路而言，对于电源内部并不等效。

（4）在等效变换过程中，电压源的方向和电流源的电流 I_S 的方向必须保持一致，即电压源的正极与电流源的输出电流的一端对应。

（5）理想电压源的内阻等于零，理想电流源的内阻等于无穷大，所以理想电压源和理想电流源之间不能进行等效变换。

4.3 支路电流法

支路电流法是以各支路电流为未知量列写电路方程分析电路的方法。其基本思路是：对于有 n 个节点、b 条支路的电路，只要列出 b 独立的电路方程，便可以求解出 b 个支路的电流变量。本节的重点是如何列出 b 个独立的电路方程。

应用支路电流法解题的一般步骤是：
(1) 判断电路支路数 b 及节点数 n，标出各支路电流的参考方向；
(2) 选定 $(n-1)$ 个节点，依据 KCL 定律，列出独立的节点电流方程；
(3) 选定 $b-(n-1)$ 个独立回路，指定回路绕行方向，依据 KVL 和元件伏安特性列出独立的回路电压方程。
(4) 求解上述方程，得到 b 个支路电流。
(5) 进一步计算支路电压和其他待求量。

现以图 4.6 所示电路为例，说明如何运用支路电流法列方程。

电路中，支路数 $b=3$，节点数 $n=2$，需列出 3 个独立方程。

对节点 a 列出 KCL 方程：
$$I_3 - I_1 - I_2 = 0$$

所谓独立回路，就是前面所介绍的网孔。网孔是成组描述的，一组独立回路数为 $m=b-(n-1)$ 个，每个回路彼此至少有一条支路是该组回路中其他回路所没有的，即独有支路，符合此特性的一组回路即独立回路。

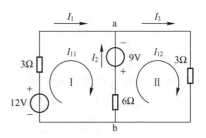

图 4.6 支路电流法图示

对回路 I 列 KVL 方程：
$$-12 + 3I_1 - 9 - 6I_2 = 0$$

对回路 II 列 KVL 方程：
$$6I_2 + 9 + 3I_3 = 0$$

联立以上三个式子，求解得：
$$I_1 = 3A, \quad I_2 = -2A, \quad I_3 = 1A$$

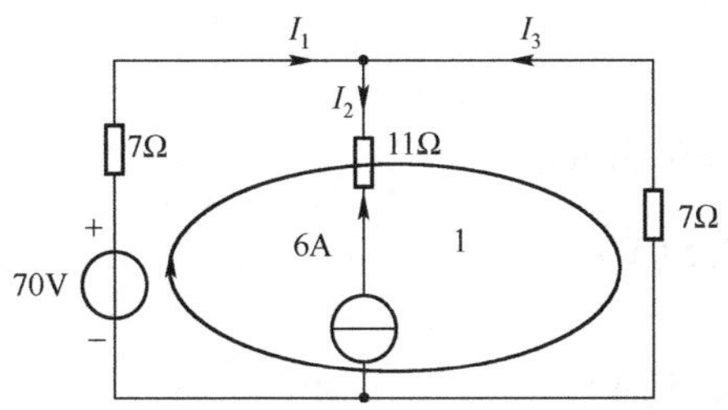

【例 4-2】求图 4.7 所示电路的各支路电流。

解：图示电路含有一条恒流源支路，故该支路电流已知，故可少列一个方程。列方程如下：
$$I_1 + I_3 = I_2$$
$$7I_1 - 7I_3 = 70(V)$$
$$I_2 = -6A$$

图 4.7

解得：
$$I_1 = 2A, \quad I_3 = -8A$$

支路电流法的优点是简洁直观，但方程较多。若手工求解方程只适宜支路数较少的电路，支路较多的电路则需通过计算机编程求解。

4.4 叠加定理

叠加定理是线性电路的重要定理之一，反映了线性电路的叠加性和比例性。叠加定理是指：在多个电源同时作用的线性电路中，各支路的电流（或电压）等于电路中各个电源单独作用时，在该支路产生的电流（或电压）的代数和。

电源单独作用是指当这个电源单独作用于电路时，其他电源都作用为零，即电压源用短路替代，电流源用开路替代。

运用叠加定理可以将一个多电源的复杂电路分解为几个单电源的简单电路，从而使分析得到简化。叠加定理解题的基本思路是分解法，步骤如下：

（1）作出各独立电源单独作用时的分电路图，标出各支路电流（或电压）的参考方向。不作用的独立电压源视为短路，不作用的独立电流源视为开路。

（2）应用欧姆定律和基尔霍夫定律求出各分电路图中的各支路电流（或电压）。

（3）对各分电路图中同一支路电流（或电压）进行叠加求代数和，参考方向与原图中参考方向相同的为正，反之为负。

【例4-3】如图4.8（a）所示，已知 $U_S=10V$，$I_S=1A$，$R_1=10\Omega$，$R_2=R_3=5\Omega$，试求流过 R_2 的电流 I_2 和理想电流源 I_S 两端的电压 U。

解：将图4.8分解为电源单独作用的分电路图，如图4.8（b）和图4.8（c）所示。

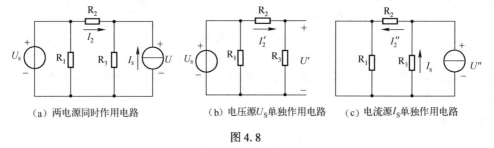

（a）两电源同时作用电路　　（b）电压源U_S单独作用电路　　（c）电流源I_S单独作用电路

图4.8

（1）当电压源单独作用时，由图4.8（b）所示，可得：

$$I_2' = \frac{U_S}{R_2+R_3} = \frac{10}{5+5} = 1(A)$$

$$U' = I_2'R_2 = 1 \times 5 = 5(V)$$

（2）当电流源单独作用时，由图4.8（c）可得：

$$I_2'' = \frac{R_3}{R_2+R_3}I_S = \frac{5}{5+5} \times 1 = 0.5(A)$$

$$U'' = I_2''R_2 = 0.5 \times 5 = 2.5(V)$$

根据叠加定理得：

$$I_2 = I_2' - I_2'' = 1 - 0.5 = 0.5(A)$$

$$U = U' + U'' = 5 + 2.5 = 7.5(V)$$

运用叠加定理时，应注意以下几点：

（1）叠加定理只适用于线性电路，而不适用于非线性电路。

（2）电源单独作用时，其他电源应做置零处理，即凡是恒压源，将其短路；凡是恒流源,将其开路;并保持电路其他元件不变。

(3) 叠加时注意各分电路的电压和电流的参考方向与原电路电压和电流的参考方向是否一致,求其代数和。

(4) 叠加定理不能用于计算功率。

4.5 戴维南定理

戴维南定理指出:任何一个线性有源二端网络,对外电路来说,总可以用一个等效的电压源模型来替代,其中电压源的大小等于该有源二端网络端口的开路电压 U_{OC},等效电源的内阻 R_0 等于有源二端网络中所有电源都不起作用(即电压源用短路代替,电流源用开路代替,所有电阻不变)时的等效电阻(称输入端电阻 R_{eq})。

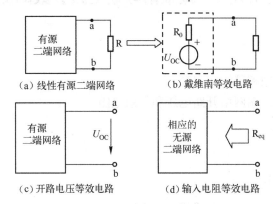

图 4.9 戴维南定理

在分析电路时,如果只需分析网络中某一条支路或某一部分电路,可应用戴维南定理。其方法是将待求支路从原电路中移开,支路以外的部分就是一个有源二端网络,用戴维南定理求出其等效电路,然后再把支路还原,继而根据要求计算待求量。

根据戴维南定理可对任意一个有源二端网络进行简化,简化的关键在于正确理解和求出有源二端网络的开路电压和等效电阻。其步骤如下:

(1) 把电路分为待求支路和有源二端网络两部分。
(2) 把待求支路移开,求出有源二端网络的开路电压 U_{OC}。
(3) 将网络内各电源除去,仅保留电源内阻,求出网络两端的等效电阻 R_{eq}。
(4) 画出有源二端网络的等效电路,等效电路中电源的电动势 U_{OC},电源的内阻 R_0,然后在等效电路两端接入待求支路,如图 4.9 (b) 所示。

【例 4-4】如图 4.10 所示电路中,$U_{S1}=12V$,$U_{S2}=9V$,$R_1=6\Omega$,$R_2=3\Omega$,求其戴维南等效电路。

解:根据戴维南定理,图 4.10 (a) 有源二端网络总可以等效为图 4.10 (b) 所示电路。

(1) 求 A、B 两端的开路电压 U_{OC},如图 4.10 (c),其中流入端口 A、B 的电流为 0。

$$U_{OC}=\frac{U_{S1}+U_{S2}}{R_1+R_2}\times R_2 - U_{S2}=\left(\frac{12+9}{3+6}\times 3 - 9\right)=-2(V)$$

(2) 求输入电阻 R_0。

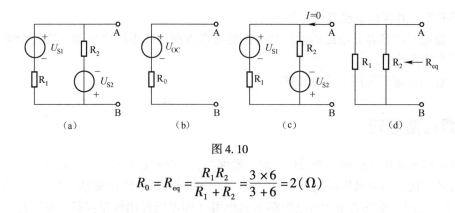

图 4.10

$$R_0 = R_{eq} = \frac{R_1 R_2}{R_1 + R_2} = \frac{3 \times 6}{3 + 6} = 2(\Omega)$$

项目实训 5　戴维南等效电路参数的测量

1. 实训目的

（1）通过实训加深理解戴维南定理。
（2）学习测量有源二端网络开路电压和等效电阻。

2. 实训设备和器件

（1）直流稳压电源　　　　　　　　　　　　　　　　　　　2 台
（2）万用表（或电压表）　　　　　　　　　　　　　　　　1 只
（3）直流电流表　　　　0～200mA～2A　　　　　　　　　1 只
（4）可变电阻器　　　　200Ω，1A　　　　　　　　　　　1 只
（5）电阻器　　　　　　50Ω，3W　　　　　　　　　　　1 只
（6）电位器　　　　　　100Ω，2W　　　　　　　　　　　2 只
（7）电阻器　　　　　　30Ω，3W；100Ω，3W；300Ω，3W　各 1 只

以上设备和器件的技术参数可按实训室的要求进行选取。

3. 实训内容和步骤

（1）测量有源二端网络的开路电压 U_{OC} 和等效内阻 R_0。按图 2-10 的有源二端网络接线，取 $U_S = 15V$，$R_1 = 30\Omega$，$R_2 = 100\Omega$，$R_3 = 300\Omega$。按照下列测量开路电压和等效内阻的方法，将测量结果记录下来。

开路电压 U_{OC} 测量：将二端网络端口开路，用电压表直接测量二端网络端口开路电压即为 U_{OC}。

等效内阻 R_0 测量：用电流表测量网络的短路电流 I_{SC}，再测量有源二端网络的开路电压 U_{OC} 则
$$R_o = U_{OC}/I_{SC}$$

（2）测定有源二端网络的外特性。在图 4.14（a）有源二端网络的 A、B 端钮上，接上电阻作为负载电阻 R_L，分别取表 4-1 所列各 R_L 的值，测量相应的端电压 U 和电流 I，记入表 4-1 中。

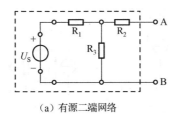 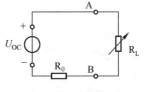

(a) 有源二端网络　　　　　　　　(b) 戴维南等效电路

图 4.11　戴维南等效电路线路

表 4-1　$U_{OC} = $ _____（　　），$R_0 = $ _____（　　）

负载电阻 $R_L(\Omega)$		0	50	100	150	200	250	300	开路
有源二端网络	U（　）								
	I（　）								
	$P = I^2 R_L$（　）								
戴维南等效电源	U（　）								
	I（　）								
	$P = I^2 R_L$（　）								

（3）测定戴维南等效电源的外特性。按图 4.11（b）接线，图中 U_{OC} 和 R_0 为图 4.11（a）中有源二端网络的开路电压和等效电阻，U_{OC} 从直流稳压电源取得，R_0 由 0～100Ω 可变电阻器及 50Ω 电阻串联得到。在 A、B 端钮接上另一可变电阻作为负载电阻 R_L，R_L 分别取表 4-1 所列的各值，测量相应的端电压 U 和电流 I，记入表 4-1 中。

二端网络外特性及戴维南等效电源外特性测定电路中的 R_L 均由实验台上 6 只串联 50Ω 电阻得到。

习　题　4

4.1　试求图 4.12（a）、(b)、(c) 中各无源二端网络的等效电阻 R_{AB}。

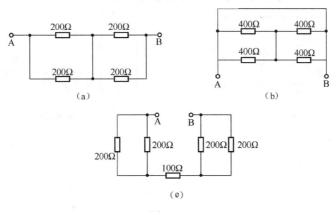

图 4.12

4.2　如图 4.13 所示无源二端网络，试分别求出开关 K 打开与闭合时的等效电阻。

4.3　试用实际电源等效变换的方法化简图 4.14 a、b 各有源二端网络。

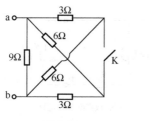
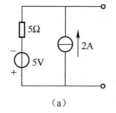
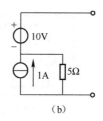

图 4.13   图 4.14

4.4 电路如图 4.15 所示,求各支路电流。

4.5 如图 4.16 所示电路,求电流 I 与电压 U。

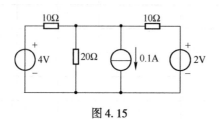
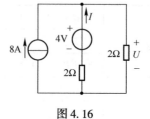

图 4.15   图 4.16

4.6 试用叠加定理求图 4.17 所示电路中的电流 I。

4.7 利用戴维南定理求图 4.18(a)(b)电路所示二端网络的等效电路。

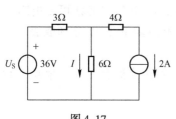
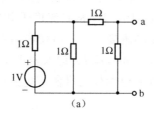

图 4.17   图 4.18

4.8 电路如图 4.19 所示,试利用戴维南定理求电压 U。

4.9 在图 4.20 所示电路中,N 为有源二端网络,当开关 K 断开时,电流表读数为 $I=1.8A$,当开关 K 闭合时,电流表读数为 1A。试求有源二端网络的等值电压源参数。

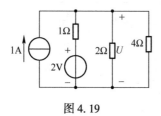
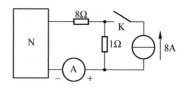

图 4.19   图 4.20

第 5 章　正弦交流电路

本章知识点

- 正弦量、向量、向量图等概念
- 运用电路基本定律的向量形式，分析 RLC 串联电路
- 正弦电路的平均功率、无功功率和视在功率
- 提高功率因数的意义和基本方法
- 串联谐振的特点

5.1　正弦交流电路的基本概念

交流电路是电工学的重点内容之一，是学习电机、电器和电子技术的理论基础。现代工农业生产、国防以及人们日常生活中广泛应用交流电。所谓交流电是指大小和方向随时间作周期性交替变化的电动势、电压和电流。按正弦规律变化的交流电称为正弦交流电。

5.1.1　正弦量的三要素

正弦电压、电流及电动势常统称为正弦量。正弦量在任意时刻的值称为瞬时值，用小写字母 e、u、i 分别表示正弦电动势、电压、电流的瞬时值。所谓正弦规律即用时间的正弦函数表示，由于 $\sin(\omega t + \pi/2) = \cos(\omega t)$，所以有的书中也用时间的余弦函数表示。现以电压为例说明正弦量的数学表达式，并列出三要素。

图 5.1 给出了在规定的参考方向下电压 u 与时间 t 的关系曲线，即波形图。图中当 $t=0$ 时刻电压为零值，故 $u = U_m \sin\omega t$。一般地，正弦量的零值不一定如图 5.1 所示那样正好与 $t=0$ 相重合，所以正弦量瞬时值的一般表达式为：

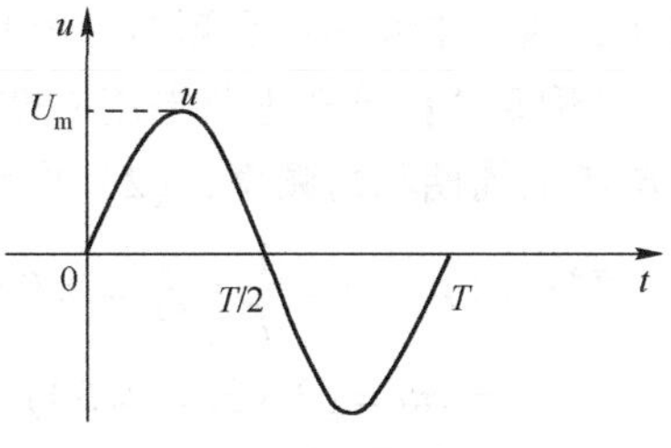

$$u = U_m \sin(\omega t + \varphi_u) \tag{5-1}$$

图 5.1　某电压波形图

从式（5-1）可以看出，描述一个正弦量需包含三个基本的要素：角频率 ω，幅值（或称最大值）U_m 和初相位（或称初相角）φ_u，称为三要素，现分述如下：

1. 角频率

图 5.1 中，正弦量变化一次所需的时间称为周期 T，其单位为秒（s），每秒钟内变化的次数称为频率 f，单位为赫［兹］（Hz），二者关系是：

$$f = \frac{1}{T}$$

将单位时间内变化的角度定义为角频率 ω，单位是弧度/秒（rad/s），由于正弦量在时间上经过一个周期时，刚好在角度上变化了 2π 弧度（rad），所以

$$\omega = \frac{2\pi}{T} = 2\pi f$$

角频率 ω 与频率 f 同样反映了正弦量变化的快慢，频率越高，角频率越大，正弦量变化得越快。直流量可以看作频率为零。画正弦波形时，横轴既可以用时间 t 为横坐标，也可以用电角度 ωt 为横坐标。

2. 幅值（最大值）

正弦量瞬时值的最大值称为振幅值（又称峰值），用带下标 m 的大写字母表示，如 E_m、U_m 和 I_m 等。振幅值反映了正弦量变化的幅度的大小，幅值越大，说明正弦量变化的幅度越大。

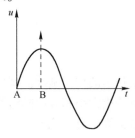

图 5.2 正弦电压的初相位

3. 初相位

式 5-1 中，$(\omega t + \varphi_u)$ 称为正弦量的相位，由于其单位是角度，所以又称为相位角（或相角），不同的相位对应着不同的瞬时值。$t=0$ 时的相位为 φ_u，称为初相位，它决定了正弦量在计时起点（$t=0$）的大小。初相位与计时起点有关，如图 5.2 所示。计时起点取在 A 处，电压的初相位 $\varphi_u = 0°$；计时起点取在 B 处，电压的初相位 $\varphi_u = 90°$。

计时的起点可以是任意的，所以初相位是一个任意数，但习惯上常取初相位的绝对值小于 π。初相位的单位是"弧度"（rad），但为了方便有时也用"度"（°）表示。

对某一正弦量，当其幅值、角频率和初相位确定以后，该正弦量的函数表达式及波形图就能确定下来，因此，分析正弦交流电的问题实质上就是计算这三个要素的问题。在实际问题中，通常角频率是已知的，因此只要计算幅值和初相位即可。

【例 5-1】已知正弦电流 i 的幅值 $I_m = 5A$，频率 $f = 50Hz$，初相位 $\varphi_i = -60°$，求：（1）该电流的周期和角频率；（2）电流 i 的函数表达式，并画出波形图。

解：（1） $T = \dfrac{1}{f} = \dfrac{1}{50} = 0.02(s)$

$\omega = 2\pi f = (2 \times 3.14 \times 50) = 314(rad/s)$

（2） $i = I_m \sin(\omega t + \varphi_i) = 5\sin(314t - 60°)A$，波形图如图 5.3 所示。

我国的工业标准频率（简称工频）是 50Hz，其周期是 0.02s，角频率是 314rad/s。有些国家的工频是 60Hz。除工频外，不同的技术领域还使用其他的频率，例如无线电通信的频率为 30kHz ~ 30 × 10^4MHz 等。

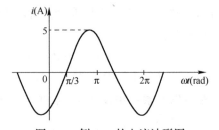

图 5.3 例 5-1 的电流波形图

5.1.2 有效值

正弦量的大小随时间变化，因而正弦量瞬时值不能反映出在电路中的真实效果（如做

功能力、发热的效果等)。在实际中通常用有效值来表示正弦量的大小，其定义是：交流电流 i 通过电阻 R 在一个周期 T 内产生的热量如与某一直流电流 I 通过同一电阻在相同时间内所产生的热量相等时，则称此直流电流 I 的数值是该交流电流 i 的有效值。

例如，在图 5.4 中，图 (a) 中的电阻 R 在一个周期内产生的热量与图 (b) 中的电阻 R 在相同时间内产生的热量相等，即

$$\int_0^T Ri^2 \mathrm{d}t = RI^2 T$$

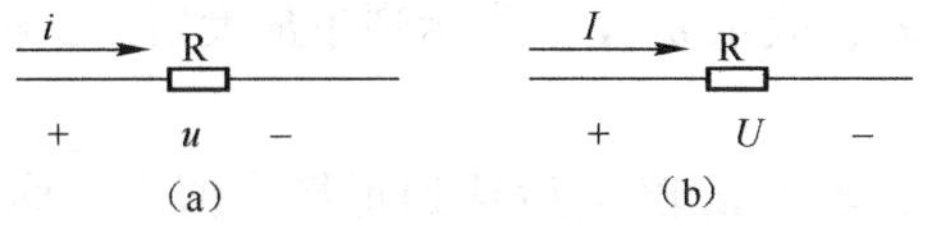

图 5.4 交流电流的有效值

由此可得电流 i 的有效值为：

$$I = \sqrt{\frac{1}{T}\int_0^T i^2 \mathrm{d}t}$$

根据上式，有效值又称为均方根值。当 $i = I_\mathrm{m}\sin\omega t$ 时，其有效值为

$$I = \sqrt{\frac{1}{T}\int_0^T I_\mathrm{m}^2 \sin^2\omega t \mathrm{d}t} = \sqrt{\frac{I_\mathrm{m}^2}{T}\int_0^T \frac{1-\cos 2\omega t}{2}\mathrm{d}t} = \sqrt{\frac{I_\mathrm{m}^2}{T}\cdot\frac{T}{2}} = \frac{I_\mathrm{m}}{\sqrt{2}}$$

即：

$$I = \frac{I_\mathrm{m}}{\sqrt{2}}$$

可见，当电流 i 按正弦规律变化时，有效值是幅值的 $1/\sqrt{2}$ 倍。同理也可以得到正弦电压的有效值公式，即

$$U = \frac{U_\mathrm{m}}{\sqrt{2}}$$

按照规定，有效值都用大写字母表示，应特别注意不同的大小写字母代表不同的含义，如 u、U_m、U 分别表示正弦电压的瞬时值、幅值和有效值。

在交流电路中所说的电压或电流的大小一般是指有效值而言，例如平常所说的交流电源电压 220V，就是指有效值为 220V，那么其幅值为 $U_\mathrm{m} = \sqrt{2}\times 220\mathrm{V} \approx 310\mathrm{V}$。一般交流电压表和电流表的读数，如无特殊说明，也是指有效值。

【例 5-2】现有耐压分别是 400V、500V 和 600V 的三个电容器，问选用哪种电容器接在 380V 电源上？

解：电源电压的最大值 $U_\mathrm{m} = \sqrt{2}U = \sqrt{2}\times 380\mathrm{V} \approx 536\mathrm{V}$，所以应当选用耐压为 600V 的电容器。电容器等元器件工作时都有一个使用电压限（即耐压值），超过此值会损坏设备。当这些元器件在交流电路下工作时，其耐压值需按交流电压的最大值进行考虑。

5.1.3 相位差

在分析交流电路时，对于频率相同的正弦量除了对它们之间的大小关系进行比较之外，

还讨论它们之间的相位关系。

两个同频率正弦量的相位之差称为相位差，用符号 φ 表示。如两个正弦交流电压

$$u_1 = U_{m1}\sin(\omega t + \varphi_1)$$
$$u_2 = U_{m2}\sin(\omega t + \varphi_2)$$

其相位差为：

$$\varphi_{12} = (\omega t + \varphi_1) - (\omega t + \varphi_2) = \varphi_1 - \varphi_2$$

可见同频率正弦量的相位差就是它们的初相位之差，与时间无关。

若 $\varphi_{12} > 0°$ 时，即 $\varphi_1 > \varphi_2$，表示 u_1 较 u_2 先达到正最大值点，称 u_1 超前 u_2，如图 5.5（a）所示。

若 $\varphi_{12} < 0°$，即 $\varphi_1 < \varphi_2$，表示 u_1 较 u_2 后达到正最大值点，称 u_1 滞后 u_2，如图 5.5（b）所示。

若 $\varphi_{12} = 0°$ 时，即 $\varphi_1 = \varphi_2$，表示 u_1 和 u_2 同时达到正最大值点，称 u_1 和 u_2 同相，如图 5.5（c）所示。

若 $\varphi_{12} = \pm\pi$ 时，称 u_1 和 u_2 反相，如图 5.5（d）所示。

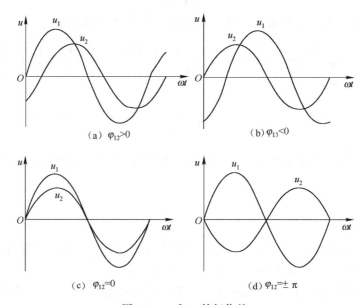

图 5.5 u_1 和 u_2 的相位差

上述是对两电压之间或两电流之间相位关系的比较，实际上电压和电流两种正弦量进行相位比较的方法完全相同。

一般进行多个正弦量相位比较时，常任选一个正弦量为参考正弦量，即令其初相位为零，这时该电路中的其他正弦量的初相位也就确定下来，然后再根据相位差确定各正弦量之间的相位关系。

5.1.4 正弦量的向量表示法

一个正弦量可以用三角函数式和波形图表示，这两种表示法都能够反映正弦量的三要素。这两种方法虽然比较直观，但是用它们来分析和计算正弦交流电路时，将会非常繁琐。

所以人们试图寻找一种既能进行准确计算，同时又能简化计算过程的实用方法，即下面介绍的向量法。

向量表示法的基础是复数，所以这里先扼要介绍复数及其运算特点。

1. 复数

数学中常用 $A = a + bi$ 表示复数。其中 a 为实部，b 为虚部，i 称为虚单位。

在电工技术中，为区别于电流的符号，虚单位常用 j 表示。所以，在一个直角坐标系中，设横坐标为实轴，单位用 +j 表示；纵轴为虚轴，用单位 +j 表示，则构成复数平面（又称复平面）。复数 A 可以在复平面上用有向线段 OA 向量来表示，如图 5.6 所示。设复数表示式为：

$$A = a + jb$$

由图可知

$$\begin{cases} a = r\cos\theta \\ b = r\sin\theta \end{cases}$$

其中

$$r = |A| = \sqrt{a^2 + b^2}$$

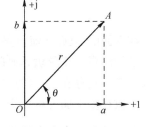

图 5.6　复数表示

为复数的大小，称为复数的模。

$$\theta = \arctan\frac{b}{a}(\theta \leqslant 2\pi)$$

为复数与实轴正方向间的夹角，称为复数的辐角。

复数有以下四种表达形式：

（1）代数形式：$\qquad A = a + jb$

（2）三角形式：$\qquad A = r\cos\theta + jr\sin\theta$

（3）指数形式：$\qquad A = re^{j\theta}$

（4）极坐标形式：$\qquad A = r\angle\theta$

复数的四种表示形式可以相互转换，复数的加减运算可用代数式，复数的乘除运算可用指数形式或极坐标式。

设有两个复数为

$$A_1 = a_1 + jb_1 = r_1\angle\theta_1$$
$$A_2 = a_2 + jb_2 = r_2\angle\theta_2$$

这两个复数的加减运算为：

$$A_1 \pm A_2 = (a_1 \pm a_2) + j(b_1 \pm b_2)$$

这两个复数的乘除运算为：

$$A \times B = r_1\angle\theta_1 \times r_2\angle\theta_2 = r_1r_2\angle(\theta_1 + \theta_2)$$

$$\frac{A}{B} = \frac{r_1\angle\theta_1}{r_2\angle\theta_2} = \frac{r_1}{r_2}\angle(\theta_1 - \theta_2)$$

2. 正弦量的向量与向量图

求解一个正弦量实质就是计算三要素的问题，由于同一电源作用下的正弦交流电路中所有电压、电流的频率都是相同的，而且一般是已知的。因此，只要计算出正弦量的另外两个要素——大小（幅值或有效值）及初相位就可以了；另一方面，复数的极坐标表示式中模和辐角分别代表一个有向线段的长度（大小）和角度。不难发现，二者之间存在着对应关系，即复数的模可以与正弦量的大小相对应，复数的辐角可以与正弦量的初相位对应。为了与一般的复数相区别，在电工技术中，将表示正弦量的复数定义为向量，并且用大写字母上打点这种特殊符号表示。由于正弦量的大小有幅值和有效值两种表示方式，所以与正弦量对应的向量也就有两种形式：幅值向量（又称最大值向量）和有效值向量。例如，对于正弦电压 $u = U_m \sin(\omega t + \varphi_u)$，其幅值向量为：

$$\dot{U}_m = U_m \angle \varphi_u$$

其有效值向量为：

$$\dot{U} = \frac{U_m}{\sqrt{2}} \angle \varphi_u = U \angle \varphi_u$$

在后面的 RLC 交流电路的分析计算中，所提到的向量没有特别说明都是有效值向量。

必须注意，正弦量是时间的正弦函数，而向量是一种复数，二者并非具有数值上的等价关系，二者只存在一一对应的关系。

复数在复平面上可以用有向线段表示，向量也是一种复数，所以，向量也可以在复平面上几何表示为一个有向线段，这种表示向量的图称为向量图。例如，与向量 $\dot{U} = U \angle \varphi_u$ 所对应的向量图如图 5.7 所示。

有时为简便起见，实轴与虚轴可省去不画。

向量图可以直观地看出各正弦量之间的大小和相位关系。例如，图 5.8 所示的向量图形象地描述了电压超前电流的相位关系。

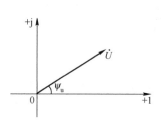
图 5.7　电压的向量图

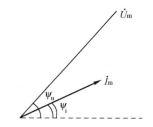
图 5.8　两正弦量的向量表示

【例 5-3】已知电流 $i_1 = 10\sqrt{2}\sin(314t - 30°)$ A，$i_2 = 5\sin(314t + 45°)$ A，求总电流 $i = i_1 + i_2$。

解：i_1 和 i_2 分别用向量表示为：

$$\dot{I}_1 = 10 \angle -30° \text{A}, \quad \dot{I}_2 = \frac{5}{\sqrt{2}} \angle 45° \text{A}$$

则

$$\dot{I} = \dot{I}_1 + \dot{I}_2 = (11.16 - \text{j}2.5) = 11.4 \angle -12.6° \text{(A)}$$

其对应正弦量解析式为：

$$i = 11.4\sqrt{2}\sin(314t - 12.6°) \text{A}$$

其向量图如图 5.9 所示，两向量的求和可以用平行四边形法则的方法进行。

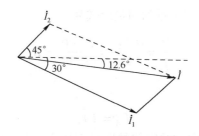

图 5.9　向量的求和

5.2　交流电路中的电路元件

在交流电路中，除交流电源和电阻元件外，还常常包括电感和电容元件。除电源外，只含有单个元件的电路，称为单一参数电路，如电阻电路、电感电路和电容电路等，掌握单一参数电路中的伏安关系和功率计算是分析复杂交流电路的基础。

5.2.1　电阻电路

1. 电压电流关系

在线性电阻 R 两端接上正弦电压 u，则有正弦电流 i 流过，二者的参考方向如图 5.10（a）所示。根据欧姆定律，电阻上电流与两端电压的关系为

$$u = Ri$$

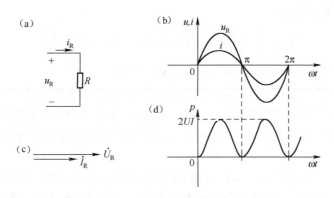

图 5.10　电阻电路

设电流 $i = \sqrt{2}I\sin\omega t$，则

$$u_R = \sqrt{2}RI\sin\omega t = \sqrt{2}U\sin\omega t$$

电阻的电压与电流对应的向量形式，即

$$\left. \begin{array}{l} \dot{I} = I\angle\varphi_i = I\angle 0° \\ \dot{U}_R = U\angle\varphi_u = RI\angle 0° \end{array} \right\}$$

这样，可以得到线性电阻 R 伏安关系的向量形式为

$$\frac{\dot{U}}{\dot{I}} = \frac{U\angle\varphi_u}{I\angle\varphi_i} = \frac{RI\angle 0°}{I\angle 0°} = R$$

即

$$\dot{U}_R = R\dot{I}_R \qquad (5-2)$$

式（5-2）就是电阻电路中欧姆定律的向量表达式。上式同时也表明对电阻元件而言，电压与电流的大小关系为

$$U_R = RI_R$$

二者之间的相位关系是同相。图 5.10（b）画出了 u_R 与 i_R 的波形图，图（c）是对应的向量图。

2. 功率

电阻元件通入正弦电流后，电阻上消耗的功率也是随时间而变化的，称为瞬时功率，用小写字母 p 表示，即

$$p = ui = \sqrt{2}U\sin\omega t \cdot \sqrt{2}I\sin\omega t = UI(1-\cos 2\omega t)$$

其波形图如图 5.10（d）所示。可见，在任一瞬间都有 $p \geq 0$，这也说明电阻元件消耗功率，是耗能元件。

在工程中，经常用到的是瞬时功率在一个周期内的平均值，即平均功率，或称为有功功率，用大写字母 P 表示，即

$$P = \frac{1}{T}\int_0^T p\,dt$$

电阻元件的平均功率为

$$P = \frac{1}{T}\int_0^T UI(1-\cos\omega t)\,dt = UI = RI^2 = \frac{U^2}{R}$$

可见，电阻元件的平均功率等于电压与电流有效值之积。

瞬时功率的实用价值不大，平时所说的功率大多数是指平均功率，所以将"平均"二字省去，简称为功率。其单位是瓦（W）。例如，功率为 100W 的白炽灯，就是指在额定工作时白炽灯消耗的平均功率是 100W。电路实际消耗的电能等于平均功率乘以通电时间。

【例 5-4】有一个额定值为 220V、1000W 的电阻炉，接在 220V 的交流电源上，求通过电阻炉的电流和它的电阻。如果连续使用 1 个小时，所消耗的电能是多少？

解：
$$I = P/U = 1000/220 = 4.55(\text{A})$$
$$R = U^2/P = 220^2/1000 = 48.4(\Omega)$$
$$W = Pt = 1000(\text{W}\cdot\text{h}) = 1\text{kW}\cdot\text{h} = 1 \text{度}$$

5.2.2 电感电路

1. 电压电流关系

空心线圈是典型的线性电感元件，当忽略线圈电阻时，线圈电路可视为纯电感电路。在

图 5.11（a）中，设电流为参考正弦量，即

$$i = \sqrt{2}I\sin\omega t$$

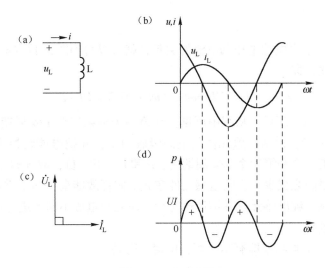

图 5.11 电感电路

则 L 两端的电压为：

$$u_L = L\frac{di_L}{dt} = \sqrt{2}\omega LI\cos\omega t = \sqrt{2}U\sin(\omega t + 90°)$$

电感元件的电压与电流是同频率的正弦量，其对应的向量形式为：

$$\left.\begin{array}{l}\dot{I} = I\angle\varphi_i = I\angle 0°\\ \dot{U} = U\angle\varphi_u = \omega LI\angle 90°\end{array}\right\}$$

据此可得到线性电感 L 伏安关系的向量表达式为：

$$\frac{\dot{U}}{\dot{I}} = \frac{U\angle\varphi_u}{I\angle\varphi_i} = \frac{\omega LI\angle 90°}{I\angle 0°} = \omega L\angle 90° = X_L\angle 90° = jX_L$$

即

$$\dot{U}_L = jX_L\dot{I}_L \tag{5-3}$$

式（5-3）是电感元件欧姆定律的向量形式，清楚地显示了电感元件的电压和电流之间的大小与相位关系。

（1）大小关系。

$$U_L = \omega LI = X_L I$$

式中，X_L 称为电感的电抗，简称感抗，单位为欧姆，表示电感对交流电流的阻碍作用。

感抗与频率有关，频率越高，感抗越大，表明电感对高频电流阻碍作用越大；对于直流而言，由于频率为零，所以感抗为零，可将电感视为短路，所以电感具有"通直隔交"的作用。

（2）相位关系。

$$\varphi_u - \varphi_i = 90°$$

电感电压超前电感电流 90°。图 5.11（b）、（c）分别画出了电感电压和电流的波形图和向量图。

2. 功率

（1）瞬时功率。根据电感电压和电流的关系，就可以得到图 5.11（a）所示的电感元件上的瞬时功率表达式，即

$$p = u \cdot i = 2UI\sin\omega t\sin(\omega t + 90°) = UI\sin2\omega t$$

其波形图如图 5-11（d）所示。从图中可见，在第一个和第三个 1/4 周期内，u 和 i 同为正值或同为负值，故 $p>0$，说明电感元件从电源吸收功率，并把电能转换为磁场能储存在线圈的磁场中。而在第二个和第四个 1/4 周期内，u 和 i 一正一负，故 $p<0$，这期间电流绝对值在减少，磁场能量随之减少，说明电感元件在此期间释放能量，即将磁场能转换为电能送还给电源。由此可见，纯电感元件并不消耗能量，而是与电源不断地进行能量转换。这是一个可逆的能量转换过程。

（2）平均功率。平均功率即有功功率，由定义得到：

$$P = \frac{1}{T}\int_0^T p dt = \frac{1}{T}\int_0^T UI\sin2\omega t dt = 0$$

电感上的平均功率为零，说明在一个周期内电感从电源取用的功率等于向电源送还的功率，因而，电感元件并不消耗功率，而是储能元件。

（3）无功功率。电感元件随着电流的交变与电源之间不断地进行着能量互换。规定以瞬时功率的幅值来衡量能量交换的规模，称为无功功率，用大写字母 Q_L 表示：

$$Q_L = UI = X_L I^2 = \frac{U^2}{X_L}$$

为了区别耗能元件 R 的有功功率与储能元件的无功功率，在国际单位制中无功功率的单位用乏（var）或千乏（kvar）来计量。

【例 5-5】 一个线圈的电感 $L=350\text{mH}$，其电阻可忽略不计，接至频率 50Hz，电压为 220V 的交流电源上。求流过线圈电流 I 是多少？画出向量图，并计算无功功率。若保持电源电压不变，电源频率为 5kHz 时，线圈中的电流与无功功率又是多少？

解：（1）　　　　　$X_L = 2\pi fL = (2\pi \times 50 \times 0.35) = 110(\Omega)$

$$I = \frac{U}{X_L} = \frac{220}{110} = 2(\text{A})$$

$$Q_L = I^2 X_L = (2^2 \times 110) = 440(\text{var})$$

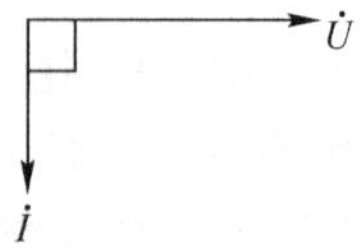

设 $\dot{U} = 220\angle 0°\text{V}$，则 $\dot{I} = 2\angle -90°\text{A}$，向量图如图 5.12 所示。

（2）　　$X_L = 2\pi fL = (2\pi \times 5000 \times 0.35) = 11(\text{k}\Omega)$

$$I = \frac{U}{X_L} = \frac{220}{11 \times 10^3} = 20(\text{mA})$$

图 5.12　例 5-5 的向量图

$$Q_L = I^2 X_L = (20 \times 10^{-3})^2 \times 11 \times 10^3 = 4.4(\text{var})$$

5.2.3 电容电路

1. 电压电流关系

常用的电容器就是典型的电容元件，电容是一个储存电场能量的元件。在图 5.13（a）中，设电容电压为：

$$u = \sqrt{2}U\sin(\omega t - 90°)$$

则

$$i_C = C\frac{du}{dt} = \sqrt{2}U\omega C\cos(\omega t - 90°) = \sqrt{2}I\sin\omega t$$

电容元件的电压与电流是同频率的正弦量，其对应的向量形式为：

$$\left.\begin{array}{l}\dot{U} = U\angle\varphi_u = U\angle -90° \\ \dot{I} = I\angle\varphi_i = U\omega C\angle 0°\end{array}\right\}$$

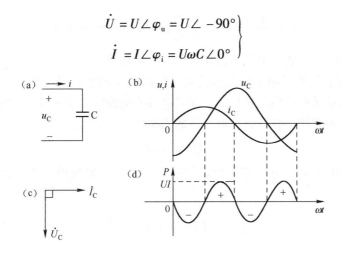

图 5.13 电容电路

据此可得到线性电容 C 伏安关系的向量表达式：

$$\dot{U}_C = -jX_C\dot{I} = -j\frac{1}{\omega C}\dot{I} = \frac{1}{j\omega C}\dot{I} \tag{5-4}$$

式（5-4）是电容电路中欧姆定律的向量形式，清楚地显示了电容元件的电压和电流之间的大小与相位关系。

（1）大小关系。

$$U = \frac{1}{\omega C}I = X_C I$$

X_C 表示了电容对交流电流的阻碍作用，称为电容的电抗，简称容抗，单位是欧姆。

与感抗一样，容抗也与频率有关，但是，频率越高，容抗越小，对高频电流有较大的传导作用；对于直流电流，频率为零，容抗 $X_C \to \infty$，可视为开路，因此电容具有"隔直通交"的作用。

（2）相位关系。

$$\varphi_u - \varphi_i = -90°$$

电容电压滞后电流 90°，这一点与电感刚好相反。其波形图和向量图分别如图 5-13

(b) 和 (c) 所示。

2. 功率

(1) 瞬时功率。电容上的瞬时功率，即

$$p = u \cdot i = 2UI\sin(\omega t - 90°)\sin\omega t = -UI\sin2\omega t$$

电容的瞬时功率与电感的瞬时功率差一个负号，其波形如图 5.13 (d) 所示。与电感一样，在电容元件与电源之间也存在着能量的转换。在第一个与第三个 1/4 周期内，u 和 i 一正一负，故 $p<0$，这期间电压绝对值在减少，电场能量随之减少，说明电容元件在此期间释放能量，即电容向电源发出功率；在第二个和第四个 1/4 周期内，u 和 i 同为正值或同为负值，故 $p>0$，说明电容从电源吸收功率，并将电能储存在电容的电场中。

(2) 平均功率。

$$P = \frac{1}{T}\int_0^T p\,dt = \frac{1}{T}\int_0^T (-UI\sin2\omega t)\,dt = 0$$

其物理意义与电感一样，表明电容不消耗功率，而是储能元件。

(3) 无功功率。从瞬时功率的表达式和波形图的比较中可以看出，当电容与电感流过相同电流时，二者的功率流向是相反的，即当电感从电源吸收功率时，电容刚好向电源发出功率。为了说明这种差别，我们将电容元件的无功功率定义为：

$$Q_C = -UI$$

电容上的无功功率表明电容与电源之间进行能量转换的规模大小，其单位是乏（var）或千乏（kvar）。

$$Q_C = -UI = -X_C I^2 = -\frac{U^2}{X_C}$$

【例 5-6】 设有一个电容量 $C = 50\mu F$ 的电容器，接在 $f = 50Hz$，$U = 10V$ 的交流电源上，求电流与无功功率各是多少？并画出向量图。当电源频率变为 2500Hz，而 C 和 U 不变时，电路中的电流和无功功率分别是多少？

解：(1) 当 $f = 50Hz$ 时：

$$X_C = \frac{1}{2\pi fC} = \frac{1}{2\pi \times 50 \times 50 \times 10^{-6}} = 63.7(\Omega)$$

$$I = \frac{U}{X_C} = \frac{10}{63.7} = 0.157(A)$$

$$Q_C = -UI = -10 \times 0.157 = -1.57(var)$$

设 $\dot{U} = 10\angle 0°V$，则 $\dot{I} = 0.157\angle 90°A$，向量图如图 5.14 所示。

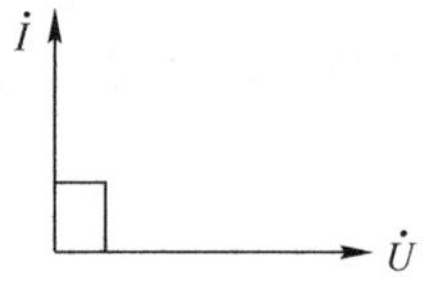

(2) 当 $f = 2500Hz$ 时：

$$X_C = \frac{1}{2\pi fC} = \frac{1}{2\pi \times 2500 \times 50 \times 10^{-6}} = 1.273(\Omega)$$

$$I = \frac{U}{X_C} = \frac{10}{1.273} = 7.85(A)$$

$$Q_C = -UI = -10 \times 7.85 = -78.5(var)$$

图 5.14 例 5-6 的向量图

5.3 RLC 串联电路

实际的电路不可能只是单一参数的电路,大多数都是由几种理想元件组合而成。本节将在上一节的基础上,利用向量法讨论电阻、电感、电容元件串联电路的伏安关系(大小和相位关系)以及功率计算。

5.3.1 电压电流关系

RLC 串联电路的典型电路如图 5.15(a)所示,其相应的向量电路模型如图 5.15(b)所示。所谓向量电路模型,就是将电路参数 L、C 分别用 jX_L、$-jX_C$ 代替,将瞬时值 u、i 用向量 $\dot{U}$、$\dot{I}$ 表示,采用向量法来计算的电路模型。

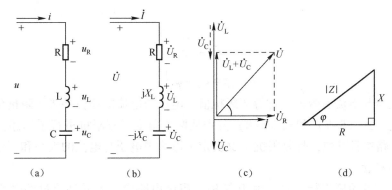

图 5.15 RLC 串联电路

各电压和电流都是同频率的正弦量,参考方向如图所示。由 KVL 可得:

$$u = u_R + u_L + u_C$$

其对应的向量形式为:

$$\dot{U} = \dot{U}_R + \dot{U}_L + \dot{U}_C$$

在正弦交流电路中采用向量法之后,电路定律仍然适用,根据上节的内容,可直接列出

$$\left.\begin{array}{l} \dot{U}_R = R\dot{I} \\ \dot{U}_L = j\omega L \dot{I} = jX_L \dot{I} \\ \dot{U}_C = -j\dfrac{1}{\omega C}\dot{I} = -jX_C \dot{I} \end{array}\right\}$$

将上式代入 $\dot{U} = \dot{U}_R + \dot{U}_L + \dot{U}_C$ 中,则有

$$\dot{U} = R\dot{I} + jX_L\dot{I} - jX_C\dot{I} = [R + j(X_L - X_C)]\dot{I} = Z\dot{I} \quad (5-5)$$

式(5-5)反映了交流电路中的电压和电流关系,并且具有欧姆定律的形式,称为向量形式的欧姆定律。式中

$$Z = R + j(X_L - X_C) = R + jX \quad (5-6)$$

由上式可见,Z 是一个复数,其实部为电阻 R,虚部为电抗 X,称 Z 为复阻抗,单位为

欧姆。将式（5-6）写成复数的极坐标式，即

$$\left.\begin{array}{l} Z = R + jX = |Z| \angle \varphi \\ |Z| = \sqrt{R^2 + X^2} = \sqrt{R^2 + (X_L - X_C)^2} \\ \varphi = \arctan\dfrac{X}{R} = \arctan\dfrac{X_L - X_C}{R} \end{array}\right\} \quad (5\text{-}7)$$

式中，$|Z|$ 为复阻抗的模简称阻抗；

φ 称为阻抗角。

式（5-7）说明，当电路参数一定（R、L、C 一定）、电源频率一定时，阻抗值和阻抗角就一定，即电路的复阻抗就唯一确定，电路中的电压和电流关系也就随之而确定，即

$$Z = \frac{\dot{U}}{\dot{I}} = \frac{U \angle \varphi_u}{I \angle \varphi_i} = \frac{U}{I} \angle (\varphi_u - \varphi_i) = |Z| \angle \varphi$$

或

$$\left.\begin{array}{l} |Z| = \dfrac{U}{I} \\ \varphi = \varphi_u - \varphi_i \end{array}\right\} \quad (5\text{-}8)$$

上式表明，电压与电流有效值之比等于阻抗值，电压与电流的相位差等于阻抗角。

综上所述，式（5-7）和式（5-8）分别从两个角度对复阻抗进行了描述，说明复阻抗 Z 只决定于电路本身参数，且复阻抗 Z 又决定了电路中电压与电流的大小和相位关系，因而是非常重要的概念。

下面从作图的角度进行讨论。由于在 RLC 串联电路中，各元件流过的电流是同一个电流，作向量图时可选电流为参考向量，即设 $\varphi_i = 0$，这时电流向量画在水平位置，向量图如图 5.15（c）所示。电源电压向量 $\dot{U}$ 与其他电压向量 $\dot{U}_R$、$(\dot{U}_L + \dot{U}_C)$ 构成了直角三角形，称为电压三角形。从电压三角形也可看出，电源电压与其他几个电压有效值之间的大小关系为

$$U = \sqrt{U_R^2 + (U_L - U_C)^2}$$

而不能写成 $U = U_R + U_L + U_C$，这是由于电路中各电压的相位不同，故不可以直接相加减，而只能进行几何上的加减，这是交流电路与直流电路的区别。因而，计算交流电路，必须时时注意相位的概念。

电压三角形的各边除以电流 I 得到阻抗三角形，如图 5.15（d）所示。复阻抗是一个复数，因而，阻抗三角形实质是在复平面上几何图示复阻抗。比较图 5.15（c）和（d）可以看出，阻抗三角形与电压三角形是相似三角形，复阻抗既可以在（d）图中求得，也可以在（c）图中求取，这与式（5-7）和式（5-8）是对应的。但应注意：复阻抗并不是向量，因为 Z 并不对应任何正弦量，它仅是计算电压、电流向量时出现的一个符号，所以在电工中复阻抗 Z 的符号上不打点，阻抗三角形的三边不用箭头。

由式（5-7）可知，当 $X_L > X_C$ 时，阻抗角 $\varphi > 0$，即 $\varphi_u - \varphi_i > 0$，表现为电压超前电流，这种电路称为感性电路；当 $X_L < X_C$ 时，$\varphi < 0$，即 $\varphi_u - \varphi_i < 0$，电压滞后电流，这种电路称为容性电路；当 $X_L = X_C$ 时，$\varphi = 0$，即 $\varphi_u - \varphi_i = 0$，电压与电流同相，这种电路称为阻性电路。

5.3.2 功率

1. 瞬时功率

在图 5.15（a）所示的参考方向下，设

$$i = \sqrt{2}I\sin\omega t$$

$$u = \sqrt{2}U\sin(\omega t + \varphi)$$

则电路的瞬时功率为：

$$p = ui = 2UI\sin(\omega t + \varphi)\sin\omega t = UI\cos\varphi - UI\cos(2\omega t + \varphi)$$

2. 平均功率

即有功功率，根据定义有

$$P = \frac{1}{T}\int_0^T p\,dt = \frac{1}{T}\int_0^T [UI\cos\varphi - UI\cos(2\omega t + \varphi)]\,dt = UI\cos\varphi \tag{5-9}$$

式中，φ 为 u，i 的相位差，即为电路的阻抗角；

$\cos\varphi$ 定义为功率因数。

当电路参数和频率一定时，则电路的复阻抗一定，阻抗角就唯一确定，该电路的功率因数也就被确定下来。

交流电路的功率因数一般都小于 1，所以交流电路中的有功功率的数值总是比电压与电流有效值的乘积小。

3. 无功功率

前面已经介绍过，电感和电容元件作为储能元件，都不消耗功率，但都与电源之间存在着能量转换，并且用无功功率对此进行描述；同时流经电感与电容的无功功率相差一个负号，表示二者性质相反。在 RLC 串联电路中，总的无功功率为：

$$Q = Q_L + Q_C = U_L I - U_C I = (U_L - U_C)I$$

在电压三角形中，$U_L - U_C = U\sin\varphi$，所以

$$Q = Q_L + Q_C = U_L I - U_C I = (X_L - X_C)I^2 = UI\sin\varphi \tag{5-10}$$

式（5-9）和式（5-10）是计算交流电路中有功功率（平均功率）和无功功率的一般公式。

4. 视在功率

在交流电路中，把电压有效值与电流有效值的乘积定义为视在功率，并用 S 表示，即

$$S = UI \tag{5-11}$$

视在功率虽然具有功率的量纲，但不是平均功率，故视在功率的单位不用瓦，而是伏安（V·A）。

比较式（5-9）、式（5-10）和式（5-11），可以看出，三个功率之间也构成直角三角

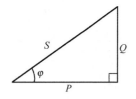

图 5.16 功率三角形

形,如图 5.16 所示,称为功率三角形。故三者关系为:

$$\left.\begin{array}{l}S = \sqrt{P^2 + Q^2}\\ P = S\cos\varphi\\ Q = S\sin\varphi\end{array}\right\}$$

式中,φ 是电压电流的相位差,即电路的阻抗角。

视在功率 S 通常用于表示某些电气设备的容量,例如说 560kV·A 的变压器指的是这台变压器的额定视在功率是 560kV·A。所以要用视在功率表示容量,这是由于对于发电机或变压器这类供电设备,其输出的有功功率不仅取决于视在功率大小,还决定于负载的功率因数的大小,即

$$P = U_N I_N \cos\varphi = S_N \cos\varphi$$

不同的负载,其功率因数各不相同,故输出的有功功率也就不同,所以容量只能用视在功率来衡量。例如,560kV·A 的变压器供电给 $\cos\varphi = 1$ 的负载时,它能传输的功率为 560kW,若供电给 $\cos\varphi = 0.5$ 的负载,则只能传输 280kw 的功率。

应当注意,P、Q 和 S 都不是正弦量,所以不能用向量表示,功率三角形三个边不用箭头。

【例 5-7】一台有铁芯的工频感应炉,其额定功率 P_N 为 100kW,额定电压为 380V,功率因数为 0.707,求:(1)当电炉在额定条件运行时,其额定视在功率 S_N 和无功功率 Q_N 是多少?(2)设该电炉可等效为 R 与 L 串联,求其参数。

解:(1)
$$S_N = \frac{P_N}{\cos\varphi} = \frac{100}{0.707} = 141.4(kV \cdot A)$$

$$\varphi = \arccos 0.707 = 45°$$

因为电炉可等效为 RL 串联电路,所以电炉为感性负载,故阻抗角大于零。

$$Q_N = S_N \sin\varphi = 141.4 \times 0.707 = 100(kvar)$$

(2)
$$I_N = \frac{P_N}{U_N \cos\varphi} = \frac{100 \times 10^3}{380 \times 0.707} = 372(A)$$

$$R = \frac{P_N}{I_N^2} = \frac{100 \times 10^3}{372^2} = 0.72(\Omega)$$

$$X_L = \frac{Q_N}{I_N^2} = \frac{100 \times 10^3}{372^2} = 0.72(\Omega)$$

$$L = \frac{X_L}{2\pi f} = \frac{0.72}{2\pi \times 50}H = 2.3(mH)$$

5.4 功率因数的提高

5.4.1 提高功率因数的意义

在交流电路中,有功功率(平均功率)的公式为:

$$P = UI\cos\varphi$$

上式中的 $\cos\varphi$ 就是电路的功率因数。在工业和生活用电负载中,大多数都是感性负载,即

电路模型可以由 RL 串联电路组成，如图 5.17（a）所示，因而其功率因数 $\cos\varphi<1$。不同的负载，其功率因数也是不同的。功率因数的大小取决于负载自身，而与电源无关。

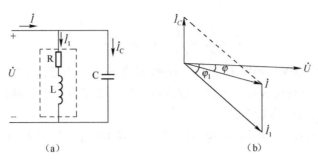

图 5.17 感性负载并联电容提高功率因数

负载功率因数过低，将带来如下问题：

（1）电源设备的容量不能充分利用。电源设备的容量是用额定视在功率 $S_N = U_N I_N$ 来表示的。容量一定的电源设备，其输出的有功功率为 $P=S_N\cos\varphi$，$\cos\varphi$ 越低，P 越小。当负载 $\cos\varphi$ 过低时，电源容量不能充分利用，从而使电源的经济性能下降。例如，容量为 1000kV·A 的变压器，当负载的 $\cos\varphi=1$ 时，则变压器可输出 1000kw 的有功功率，而当 $\cos\varphi=0.5$ 时，则只能传输 500kW 的有功功率。

（2）增大了输电线路的功率损耗。当负载的功率 P 和电压 U 一定时，$\cos\varphi$ 越低，其工作电流 I 就越大；由于输电线路本身有一定的阻抗，因而线路上的损耗就越大，从而降低了电源的供电效率。因而，提高负载的功率因数，具有很大的经济意义。

电力系统供用电规则指出，高压供电的工业企业的平均功率因数应不低于 0.95，其他单位不低于 0.9。

实际中的负载的功率因数都较低。如工厂中大量使用的异步电动机，满载时（$I=I_N$）功率因数为 0.7~0.85，轻载时则更低，这就有必要采取措施提高功率因数。

5.4.2 提高功率因数的方法

提高功率因数常用的方法就是在感性负载两端并联电容器，如图 5.17 所示。利用向量图 5.17（b）对其补偿原理进行分析。并联电容之前，电路的功率因数为 $\cos\varphi_1$；并联电容之后，感性负载的功率因数虽然未变，但总的电流与电压相位差由原来的 φ_1 减少到 φ，从而使电路的功率因数提高。从功率的角度来看，电感需要的无功功率由电容就近补偿，这就减少了负载与电源间进行无功功率交换的数值，从而使功率因数提高。

应当注意，由于 $P_C=0$，所以并联电容器后，电路总的有功功率并不变。

对于一定的负载（U、P、$\cos\varphi_1$ 一定），为了将功率因数从 $\cos\varphi_1$ 提高到 $\cos\varphi$，应并联的电容量可根据图 5.17（b），利用向量法得到。

$$I_C = \omega C U = I_1 \sin\varphi_1 - I\sin\varphi$$

由于

$$I_1 = \frac{P}{U\cos\varphi_1}, \quad I = \frac{P}{U\cos\varphi}$$

所以

$$I_C = \frac{P}{U}\left(\frac{\sin\varphi_1}{\cos\varphi_1} - \frac{\sin\varphi}{\cos\varphi}\right) = \frac{P}{U}(\tan\varphi_1 - \tan\varphi)$$

故

$$C = \frac{I_C}{\omega U} = \frac{P}{\omega U^2}(\tan\varphi_1 - \tan\varphi) \tag{5-12}$$

【例5-8】 一个220V，40W日光灯，功率因数 $\cos\varphi_1 = 0.5$，电源电压 2 = 220V，$f = 50$Hz，如果将 $\cos\varphi_1$ 提高到 $\cos\varphi = 0.95$，试计算：(1) 需要并联电容器的电容量 C；(2) 比较并联电容前后供电线路的电流。

解：(1) 因为 $\cos\varphi_1 = 0.5$，$\cos\varphi = 0.95$，所以 $\tan\varphi_1 = 1.732$，$\tan\varphi = 0.329$。由公式（5-12）得：

$$C = \frac{P}{\omega U^2}(\tan\varphi_1 - \tan\varphi) = \frac{40}{2\pi \times 50 \times 220^2} \times (1.732 - 0.329) = 3.69(\mu F)$$

(2) 并联电容前，供电线路的电流为 I_1，

$$I_1 = \frac{P}{U\cos\varphi_1} = \frac{40}{220 \times 0.5} = 0.364(A)$$

并联电容后，供电线路的电流为 I，

$$I = \frac{P}{U\cos\varphi} = \frac{40}{220 \times 0.95} = 0.191(A)$$

可见，并联电容后，电路的功率因数提高，供电线路上的电流降低。

5.5 谐振电路

在交流电路中，由于电感和电容元件的存在，一般情况下电路两端的电压与电流是不同相的。但是在某些情况下，调节电路的参数或者改变电源的频率就能使电压与电流同相，此时电路呈现电阻电路的特性，这时的电路称为谐振电路。当电路发生谐振时，会发生某些特殊的现象，在无线电工程、测量技术中得到广泛的应用，但另一方面，谐振时又可能影响电力系统的正常工作，所以对于谐振的研究具有实际的意义。

按照发生谐振的电路不同，可分为串联谐振和并联谐振。

5.5.1 串联谐振的条件

在图5.18所示的RLC串联电路中，阻抗为：

$$Z = R + jX = R + j(X_L - X_C)$$

当使 $X_L = X_C$ 时，电压与电流同相，这时的电路状态称为串联谐振。所以，当电源频率一定时，若使电路发生串联谐振，电路参数应满足下述条件：

$$\omega L = \frac{1}{\omega C}$$

即当电路参数一定时，若使电路发生串联谐振，则电源频率应满足：

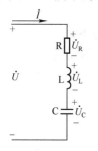

图5.18 串联谐振电路

$$\left.\begin{array}{l}f=f_0=\dfrac{1}{2\pi\sqrt{LC}}\\[2mm] \omega_0=\dfrac{1}{\sqrt{LC}}\end{array}\right\} \qquad (5\text{-}13)$$

式中，f_0 为谐振频率；

ω_0 为谐振角频率。

由式（5-13）可以看出，调整 ω、L、C 三个数值中的任何一个，都能使电路发生串联谐振。

5.5.2 串联谐振的特征

串联谐振时，电路具有以下特征：

（1）电路呈电阻性，其阻抗模值最小。即

$$|Z|=\sqrt{R^2+(X_L-X_C)^2}=R$$

（2）电路中的电流数值达到最大值。即

$$I=I_0=\frac{U}{|Z|}=\frac{U}{R}$$

（3）电感电压与电容电压互相抵消，电源电压 $U=U_R$，此时的 U 与 I 同相，电路呈电阻性。向量图如图 5.19 所示。

（4）若 $X_L=X_C\gg R$，则 $U_L=U_C\gg U$，即电感和电容上的电压将远远大于电源电压 U，因此将串联谐振又称为电压谐振。通常用 Q 表示谐振时 U_L（或 U_C）与 U 的比值，即

$$Q=\frac{U_L}{U}=\frac{X_L I_0}{R I_0}=\frac{X_L}{R}=\frac{\omega_0 L}{R}$$

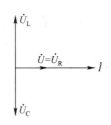

图 5.19　串联谐振时的向量图

或

$$Q=\frac{U_C}{U}=\frac{X_C I_0}{R I_0}=\frac{X_C}{R}=\frac{1}{\omega_0 CR} \qquad (5\text{-}14)$$

Q 称为电路的品质因数，表示谐振时电感或电容元件上的电压是电源电压的 Q 倍。一般地，Q 远大于 1，在高频电路中 Q 值可达到几百。

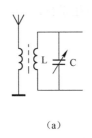　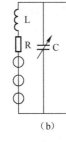

(a)　　(b)

图 5.20　调谐回路及其等效电路图

串联谐振在无线电工程中应用较多，例如在收音机中选择电台信号的调谐电路，就是利用串联谐振的原理，如图 5.20 所示。电台发射不同频率的信号，通过收音机的互感作用产生各自频率的感应电动势，进而在 LC 串联电路中产生不同频率的电压信号。通过调节可变电容器 C 值的大小，可使 RLC 串联电路对某一频率 f_1 的信号发生谐振，则在电容两端将产生幅值远远较 e_1 幅值高得多的频率为 f_1 的电压信号；而对于其他频率的信号，由于电路对这些频率不满足谐振条件，电路呈现较大的阻抗，电流很小，故电容两端非谐振频率的电压分量很小，与 f_1 的电压分量相比可以忽略。这样，通过调节 C 的数值，调谐电路就会得到某频率的

电容电压的信号,再经过功放电路就能播放该波段频率的电台节目。

在电力系统中,应避免发生串联谐振。这是由于谐振时在电容或电感上产生幅值远大于电源电压的过电压,这将导致绝缘的击穿,从而使线圈和电容器烧损。在实际中对串联谐振的使用应趋利避害。

【例5-9】 某收音机的调谐电路如图5.20所示,设线圈的等效电感 $L=0.3\text{mH}$,电阻 $R=16\Omega$,欲收听640kHz的广播节目,应将电容值 C 调至多少?此时 Q 值是多少?如果该频率的感应电压 $U=2\mu\text{V}$,问这时电容两端电压是多少?信号电流有多大?

解:根据式(5-13),得到:

$$640 \times 10^3 = 2\pi \frac{1}{\sqrt{0.3 \times 10^{-3} \times C}}$$

所以,

$$C = 204\text{pF} \quad (1\text{pF} = 10^{-12}\text{F})$$

由式(5-14)知

$$Q = \frac{X_L}{R} = \frac{2\pi f_0 L}{R} = \frac{2\pi \times 640 \times 10^3 \times 0.3 \times 10^{-3}}{16} = 75(\text{var})$$

所以谐振时电容两端电压为:

$$U_C = QU = 75 \times 2 \times 10^{-6}(\text{V}) = 150\mu\text{V}$$

谐振时的电流为:

$$I_0 = \frac{U}{R} = \frac{2 \times 10^{-6}}{16}(\text{A}) = 0.13\mu\text{A}$$

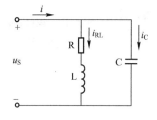

图5.21 线圈与电容并联谐振电路

5.5.3 并联谐振

实际的并联谐振回路常常由电感线圈 L 与电容器 C 并联而成。由于电容器损耗很小,可忽略,其电路模型如图5.21所示,图中 R 是线圈本身的电阻。

对并联电路,应用导纳分析较为方便。图5.21所示电路的复导纳为:

$$Y = \frac{1}{R + j\omega L} + j\omega C = \frac{R}{R^2 + (\omega L)^2} + j\left[-\frac{\omega L}{R^2 + (\omega L)^2} + \omega C\right]$$

当导纳的虚部为零,端口电压 $\dot{U}$ 与总电流 $\dot{I}$ 同相,电路呈纯电阻,这时电路发生谐振。

并联谐振的条件是:

$$-\frac{\omega L}{R^2 + (\omega L)^2} + \omega C = 0$$

此时对应的

$$\omega_0 = \sqrt{\frac{1}{LC} - \frac{R^2}{L^2}}$$

实际应用的并联谐振电路,线圈本身的电阻很小,在高频电路中,一般都能满足 $\frac{R^2}{L^2} \ll \frac{1}{LC}$,则

$$\omega_0 \approx \frac{1}{\sqrt{LC}}$$

与串联谐振频率近似相等。

并联谐振电路的基本特征如下：

（1）并联谐振时，电路中的电流最小，且与外加电源电压同相。

（2）并联谐振时，电路的等效阻抗最大，其值由电路参数决定而与外加电源频率无关，其大小为：

$$Z_0 = \frac{L}{RC}$$

（3）并联谐振时，电路的特性阻抗 ρ 与串联谐振电路的特性阻抗一样，均为：

$$\rho = \sqrt{\frac{L}{C}}$$

（4）并联谐振时，电感支路电流与电容支路电流近似相等并为总电流的 Q 倍。并联谐振的品质因数 Q 定义为谐振时的容纳（或感纳）与输入电导 G 的比值，即：

$$Q = \frac{\omega_0 C}{G} = \frac{\omega_0 C}{RC/L} = \frac{1}{R}\sqrt{\frac{L}{C}} = \frac{\rho}{R}$$

（5）若电源为电流源，并联谐振时，由于谐振阻抗最大，故回路端电压为最高。

项目实训 6　日光灯电路接线与测量

1. 实训目的

（1）了解日光灯电路的工作原理，学会日光灯接线。

（2）了解提高功率因数的意义和方法。

*（3）学会使用功率表。

2. 日光灯工作原理

日光灯是应用较为普遍的一种照明灯具，其照明线路由电源、灯管、启辉器、镇流器、开关等组成。

（1）日光灯照明线路的结构。日光灯是由灯管、启辉器、镇流器、灯架和灯座等组成。

① 灯管：由玻璃管、灯丝和灯丝引出脚组成，玻璃管内抽成真空后充入少量汞以及氩等惰性气体，管壁涂有荧光粉，在灯丝上涂有电子粉。

② 启辉器：由氖管、纸介质电容、出线脚和外壳等组成，氖管内装有 U 形动触片和静触片。

③ 镇流器：主要由铁芯和线圈等级成。使用时注意镇流器功率必须与灯管功率相符。

④ 灯架：有木制和铁制两种，规格应配合灯管长度。

⑤ 灯座：灯座有开启式和弹簧式两种。

（2）日光灯的工作原理。日光灯的原理接线图如图 5.22 所示。当日光灯接入电路后，电源电压经过镇流器、灯丝，加在启辉器的 U 形金属片和静触头之间，引起辉光放电。放电时产生的热量使双金属片膨胀并向外伸张，与静触头接触，接通电路，使灯丝受热并发射出电子。与此同时，由于双金属片与静触头相接触而停止辉光放电，使双金属片逐渐冷却并向里弯曲，脱离静触头。在触头断开的瞬间，在镇流器两端会产生一个比电源电压高得多的感应电动势。这个感应电动势加在灯管两端，使大量电子在灯管中流过。电子在运动中冲击管内的气体，发出紫外线。紫外线激发灯管内壁的荧光粉后，发出近似日光的可见光。

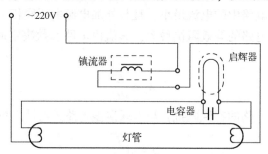

图 5.22　日光灯的原理接线图

镇流器另外还有两个作用：一个是在灯丝加热时，限制灯丝所需的加热电流值，防止灯丝因加热过高而烧断，并保证灯丝的电子发射能力；二是在灯管启辉后，维持灯管的工作电压并使灯管的工作电流限制在额定值，以保证灯管能稳定工作。

（3）由于镇流器的感抗较大，日光灯的功率因数较低，一般为 0.5 左右。过低的功率因数不利于电能的充分利用和负载的稳定运行，通常可并联合适的电容器来提高电路的功率因数（工程上，一般由总配电间并联电容器，提高单位电网的功率因数）。

*（4）用功率表测量电路的有功功率，应注意正确选用功率表的电压、电流和功率量程，正确接线和读数。由于日光灯电路的功率因数较低，宜选用低功率因数功率表来进行测量。

3. 实训仪器设备

单相调压器	1 台
交流电流表	1 只
万用表	1 只
单相功率表	1 只
电容箱	1 只
日光灯实验板	1 块
单刀开关	2 只
测量电流用插头	1 只

4. 实训内容

（1）日光灯的接线。

① 检查日光灯组件。用万用表欧姆档检查镇流器、灯管是否开路，启辉器、镇流器是否短路。更换不合格的配件。

② 接线。断开调压器的输入电源。按图 5.23 日光灯实验电路接线。接线前插上灯管，检查灯座接触是否良好，排除灯座接触不良的故障。将调压器手柄置于零位，合上开关 S_1（日光灯启辉电流较大，启辉时用单刀开关将功率表的电流线圈短路，防止仪表损坏），断开电容器支路开关 S_2。

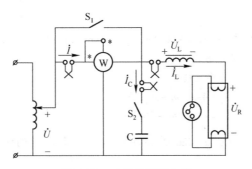

图 5.23 日光灯实训电路

③ 试通电。经同学及老师检查，确认接线无误后，合上调压器输入电源，转动调压器手轮，逐步升高其输出电压，观察启辉器的启辉和灯管的点亮过程。如出现故障，断电进行故障检查，排除故障。

(2) 数据测量。日光灯点亮后，将调压器的输出电压调到日光灯的额定电压220V，使日光灯正常工作，断开 S_1，测量电压 U、U_L、U_R，电流 I_L 及功率 P，记入实验表5-1。测量电流时，先选择好电流量程，再接好测量电流用插头，将该插头插入相应的插孔，即将电流表串入该支路。

(3) 功率因数的提高。维持电源电压 U 为 220V。合上电容支路开关 S_2，逐渐增加电容量 C，使电路由感性变到容性。每改变电容一次，测出日光灯电路 U、U_L、U_R 各电压，各电流 I_L、I_C、I 及电路的功率 P，记入表5-1。

表 5-1

项目	测量数据								计算数据
	U	C	U_L	U_R	I	I_L	I_C	P	$\cos\varphi$
不接电容器		—							
C 较小，电路呈感性									
C 较大，电路呈感性									
C 较大，电路呈容性									

5. 问题讨论

(1) 根据实训数据说明，对感性电路并联电容提高功率因数而言，是否并联的电容越大越好？

(2) 并联电容提高功率因数后，日光灯灯管支路的电压、电流与功率是否改变？为什么？电路的总电流如何变化？电路的功率有否变化？

(3) 在增加并联电容的过程中，如何判断电路的性质已由电感性转变为电容性？

(4) 当遇到日光灯的启辉器损坏而一时手边又无备用启辉器时，如何点亮日光灯？采用该法时要特别注意什么问题？

习 题 5

5.1 一个频率为50Hz 的正弦电压，其有效值为220V，初相位为90°，试写出此电压的三角函数表达式。

5.2 已知正弦电流 $i_1 = 10\sqrt{2}\sin(314t + 60°)\text{A}$，$i_2 = 10\sin(314t - 90°)\text{A}$，问（1）若用电流表测量 i_1 和 i_2，读数各为多少？（2）比较二者的相位关系。

5.3 试计算下列各正弦量间的相位差：

(1) $i_1 = 5\sin(\omega t + 30°)\text{A}$ $\quad i_2 = 4\sin(\omega t - 30°)\text{A}$

(2) $u = 30\sin(\omega t + 45°)\text{V}$ $\quad i = 40\sin(\omega t - 30°)\text{A}$

5.4 已知 $i = 10\sin(\omega t - 30°)\text{A}$，$u = 220\sqrt{2}\sin(\omega t + 60°)\text{V}$，写出对应的有效值向量 $\dot{I}$、$\dot{U}$，并画出向量图，比较二者的相位关系。

5.5 图 5.24 所示电路中，已知 $U = 100\text{V}$，$R = 10\Omega$，$X_C = 10\Omega$，电流表的读数是多少？

5.6 电阻 R 接在 $u = \sqrt{2}U\sin\omega t$ 的交流电源上，用电压表和电流表分别测得数为 220V 和 20A，试计算 R 的阻值和消耗的功率。

5.7 计算下列各题，并说明电路性质。

(1) $\dot{U} = 10\angle 30°\text{V}$，$Z = 5 + \text{j}5\Omega$，求 $\dot{I}$，P。

(2) $\dot{U} = -100\angle 30°\text{V}$，$\dot{I} = 5\angle -60°\text{A}$，求 R，X，P。

5.8 有一个电感线圈接在 $U = 120\text{V}$ 的直流电源上，电流为 20A。若接在 $f = 50\text{Hz}$，$U = 220\text{V}$ 的交流电源上，则电流为 28.2A，求该线圈的电阻和电感。

5.9 在 RC 串联电路中，电源频率一定时，U 和 R 不变，问当电容的值增加时，该支路消耗的功率将如何变化？

5.10 有一 RLC 串联电路，它在电源频率 $f = 500\text{Hz}$ 时发生谐振。谐振时电流 I 为 0.2A，容抗 X_C 为 314Ω，并测得电容电压 U_C 为电源电压 U 的 20 倍。试求该电路的电阻 R 和电感 L？

5-11 在图 5.25 所示电路中，已知 $\dot{U} = 100\angle 0°\text{V}$，$Z_1 = (-\text{j}5)\Omega$，$Z_2 = (5\sqrt{3} + \text{j}10)\Omega$，试求：$I$、$U_1$、$U_2$、$P$、$Q$、$S$、$\cos\varphi$。

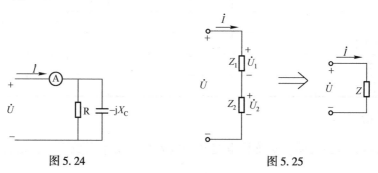

图 5.24 　　　　　　　　图 5.25

5.12 感性负载为什么不用串联电容来提高功率因数？此时负载两端的电压是否仍能保持其额定值不变？

5.13 一只 40W 日光灯，镇流器电感为 1.85H，接到 50Hz、220V 的交流电源上。已知功率因数为 0.6，求灯管的电流和电阻。要使 $\cos\varphi = 0.9$，需并联多大电容？

5.14 某收音机的输入回路（调谐回路）可以用 RLC 串联组合电路为其模型，其 $L = 0.233\text{mH}$，可调电容的变化范围从 $C_1 = 42.5\text{pF}$ 至 $C_2 = 360\text{pF}$，试求此串联电路谐振频率的范围。

第6章 三相电路

本章知识点

- 三相交流电源线电压、相电压
- 三相负载的星形连接、三角形连接
- 三相电路功率的计算

6.1 三相电源

现代应用的交流电，绝大多数都采用三相发电机产生和三相输电线输送。工业用的交流电动机大多都是三相交流电动机。日常生活中用的单相交流电其实是三相交流电的一部分。

6.1.1 三相电动势的产生

三相交流电压是三相交流发电机产生的，三相交流发电机的原理如图6.1所示，在磁极 N、S 间，放置一圆柱形铁芯，圆柱表面上对称安置了三个完全相同的线圈，叫做三相绕组。绕组 AX、BY、CZ 分别称为 A 相绕组、B 相绕组和 C 相绕组，铁芯和绕组合称为电枢。

每相绕组的端钮 A、B、C 为绕组的始端，称为"相头"；X、Y、Z 为绕组的末端，称为"相尾"。三个相头之间（或三个相尾之间）在空间上彼此相隔120°。电枢表面的磁感应强度沿圆周作正弦分布，其方向与圆柱表面垂直。

发电机的三个电枢绕组产生的正弦交流电动势为 e_A、e_B、e_C，参考方向选定为由末端指向始端（如图6.2）。三个电动势的特点是幅值相等、频率相同、相位上彼此相差120°，这样的三个电动势称为三相对称电动势。

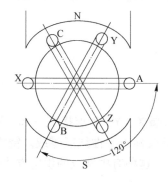

图6.1 三相交流发电机的原理

图6.2 电枢绕组产生的电动势

若以 e_A 为参考正弦量，则三个电动势的表达式为

$$\begin{cases} e_A = E_m \sin\omega t \\ e_B = E_m \sin(\omega t - 120°) \\ e_C = E_m \sin(\omega t + 120°) \end{cases}$$

e_A、e_B、e_C 的波形及向量如图 6.3 所示。

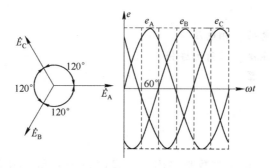

图 6.3 三相电动势的正弦波形及向量图

用向量表示为：

$$\begin{cases} \dot{E}_A = E \angle 0° \\ \dot{E}_B = E \angle -120° \\ \dot{E}_C = E \angle 120° \end{cases}$$

由于对称，它们的瞬时值或向量和为零，即

$$\begin{cases} e_A + e_B + e_C = 0 \\ \dot{E}_A + \dot{E}_B + \dot{E}_C = 0 \end{cases}$$

在三相电源中，各绕组电动势在时间上达到正的最大值的先后顺序称为相序。相序为 A→B→C 称为正序，相序为 A→C→B（任意改变其中两个）称为逆序。通常无特殊说明，三相电源为正序。

三相电源包括了三个电源，它们之间是以一定的方式连接后向用户供电的，三相电源的连接方式有两种，即星形连接和三角形连接。

6.1.2 三相电源的星形连接（Y 连接）

1. 电路的连接

电源的星形连接如图 6.4 所示，将三相绕组的末端 X、Y、Z 连接在一起，这一点称为中性点或零点，用字母 N 表示，从中性点 N 引出的导线称为中性线或零线。绕组的始端 A、B、C 分别引出三根导线，称为相线或端线，俗称火线。这种有中性线的供电方式称为三相四线制，没有中性线的供电方式称为三相三线制。

2. 线电压、相电压及参考方向

在三相电源中每相绕组始端与末端之间的电压（三相四线制中火线与中性线的电压）称为相电压（图6.5中u_A、u_B、u_C），其有效值用U_P表示。任意两根火线之间的电压称为线电压，分别为u_{AB}、u_{BC}、u_{CA}，其有效值用U_L表示。各电压的参考方向规定如图中所示，相电压的参考方向为绕组的始端指向末端（中性点），线电压的参考方向是用双下标来表示的。

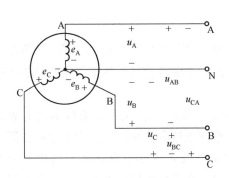

图6.4 三相电源的星形连接

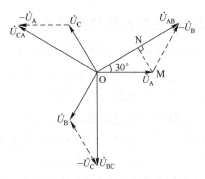

图6.5 线电压与相电压的向量图

3. 线电压与相电压的关系

三相电源星形连接时，设$\dot{U}_A = U_A \angle 0°$，根据KVL，向量图如图6.5所示，用向量表示为：

$$\begin{cases} \dot{U}_{AB} = \dot{U}_A - \dot{U}_B = \sqrt{3}\,U_A \angle 30° \\ \dot{U}_{BC} = \dot{U}_B - \dot{U}_C = \sqrt{3}\,U_B \angle 30° \\ \dot{U}_{CA} = \dot{U}_C - \dot{U}_A = \sqrt{3}\,U_C \angle 30° \end{cases}$$

由图6.5可见，由于三相电动势对称，相电压对称，线电压在相位上比相应的相电压超前30°，则线电压也是对称的。由此可得线电压与相电压的关系如下：

（1）线电压的大小是相电压大小的$\sqrt{3}$倍。即

$$U_L = \sqrt{3}\,U_P$$

（2）线电压的相位超前对应的相电压30°。

需要指出的是，低压配电系统通常采用三相四线制供电方式，它能提供两种电压，即相电压220V、线电压380V，以满足不同用户的需要。

6.1.3 三相电源的三角形连接（Δ连接）

三相电源的三角形连接是将一相的始端与另一相的末端依次相连成三角形，并由三角形的三个顶点引出三条相线给用户供电，如图6.6所示。因此，三角形接法的电源只能采用三相三线制供电方式，并且$U_L = U_P$。三角形接

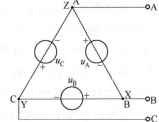

图6.6 电源的三角形连接

法的三相绕组形成闭合回路。三个相电压的向量和为零。

6.2 三相负载

三相电路中负载的连接方式有星形连接和三角形连接两种，负载的连接方式由负载的额定电压而定。

6.2.1 三相负载的星形连接

负载星形连接的三相四线制电路用图 6.7 表示。图中 $|Z_A|$、$|Z_B|$、$|Z_C|$ 分别为每相的阻抗，电压电流的参考方向如图 6.7 中标出。从图 6.7 中可看出，各相负载的相电压就等于电源的相电压，所以是一组对称电压。

三相电路中，流过每根端线的电流称为线电流，即 i_A、i_B、i_C，其有效值用 I_L 表示，其参考方向规定为由电源流向负载；而流过每相负载的电流称为相电流，用 I_P 表示，其参考方向与线电流一致；流过中性线的电流称为中线电流，以 i_N 表示，其参考方向规定为由负载中性点流向电源中性点。显然，由图 6.7 可以看出，在星形连接的电路中，线电流等于相电流，即

$$I_L = I_P$$

若三相负载对称，即 $Z_{AB} = Z_{BC} = Z_{CA} = Z$，由于各相电压对称，因此各相负载中的相电流大小相等，三个相电流的相位差也互为 120°，向量图如图 6.8 所示，即三个相电流的向量和为零。

$$\dot{I}_A + \dot{I}_B + \dot{I}_C = 0$$
$$\dot{I}_N = \dot{I}_A + \dot{I}_B + \dot{I}_C = 0$$

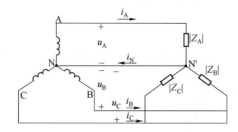
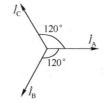

图 6.7　负载星形连接的三相四线制电路　　图 6.8　对称负载星形连接时电流向量图

三相对称负载星形连接时中性线电流为零，由于中性线上无电流流过，故可省去中性线，三相四线制就变成了三相三线制，此时并不影响三相电路的正常工作，各相负载的相电压仍为对称的电源相电压。这样的三相电路称为三相对称电路。

当三相负载不对称时，各相电流的大小不相等，相位差也不一定是 120°，中性线电流就不为零，此时中性线绝不可断开。因为当有中性线存在时，它能使星形连接的各相负载，即使在不对称的情况下，也均有对称的电源相电压，从而保证了各相负载能正常工作；如果中性线断开，各相负载的电压就不再等于电源的相电压，这时阻抗较小的负载的相电压可能

低于其额定电压，阻抗较大的负载的相电压可能高于其额定电压，使负载不能正常工作，甚至会造成严重事故。所以在三相四线中，规定中线上不准安装熔丝和开关，有时中线还采用钢芯导线来加强其机械强度，以免断开。

【例6-1】 如图6.7所示三相四线制电路，电源线电压为380V，三相负载均为220V、40W的白炽灯。试求：（1）每相均接30只白炽灯时的线电流和中性线电流；（2）A相、B相灯数不变，C相关闭10只灯后的线电流和中性线电流。

解：（1）每相均接30只白炽灯时为对称三相电阻负载，电路为对称三相四线制电路，线电流（负载相电流）对称，中性线电流为零。此时，负载相电压为：

$$U_\mathrm{P} = \frac{1}{\sqrt{3}} U_\mathrm{L} = \frac{1}{\sqrt{3}} \times 380 = 220 (\mathrm{V})$$

每相负载等效电阻为：

$$R = \frac{U_\mathrm{N}^2}{P_\mathrm{N}} = \frac{220^2}{40 \times 30} = 40.3 (\Omega)$$

线电流为：

$$I_\mathrm{L} = I_\mathrm{P} = \frac{U_\mathrm{P}}{R} = \frac{220}{40.3} = 5.46 (\mathrm{A})$$

（2）A相、B相灯数不变，C相关闭10只灯时，各相负载等效电阻为：

$$R_\mathrm{A} = R_\mathrm{B} = 40.3 (\Omega)$$

$$R_\mathrm{C} = \frac{U_\mathrm{N}^2}{P_\mathrm{N}} = \frac{220^2}{40 \times 20} = 60.5 (\Omega)$$

取A相电压为参考，则 $\dot{U}_\mathrm{A} = 220\underline{/0°}$ V，$\dot{U}_\mathrm{B} = 220\underline{/-120°}$ V，$\dot{U}_\mathrm{C} = 220\underline{/120°}$ V，所以各线电流为：

$$\dot{I}_\mathrm{A} = \frac{\dot{U}_\mathrm{A}}{R_\mathrm{A}} = \frac{220\underline{/0°}}{40.3} = 5.46\underline{/0°} (\mathrm{A})$$

$$\dot{I}_\mathrm{B} = \frac{\dot{U}_\mathrm{B}}{R_\mathrm{B}} = \frac{220\underline{/-120°}}{40.3} = 5.46\underline{/-120°} (\mathrm{A})$$

$$\dot{I}_\mathrm{C} = \frac{\dot{U}_\mathrm{C}}{R_\mathrm{C}} = \frac{220\underline{/120°}}{60.5} = 3.64\underline{/120°} (\mathrm{A})$$

中性线电流为：

$$\dot{I}_\mathrm{N} = \dot{I}_\mathrm{A} + \dot{I}_\mathrm{B} + \dot{I}_\mathrm{C} = 5.46\underline{/0°} + 5.46\underline{/-120°} + 3.64\underline{/120°}$$
$$= 5.46 - 2.73 - \mathrm{j}4.73 - 1.82 + \mathrm{j}3.15 = 0.91 - \mathrm{j}1.58 = 1.82\underline{/-60.1°} (\mathrm{A})$$

6.2.2 负载的三角形（△形）连接

将三相负载依次接在电源的端线之间，如图6.9所示，这时不论负载是否对称，各相负载所承受的电压均为对称的电源线电压。

负载对称时的线电流和相电流的关系从图6.10所示的向量图中可以看出：

（1）负载对称时相电流对称，线电流也对称。

(2) 线电流在相位上滞后相应的相电流30°。

(3) 在大小上，线电流是相电流的$\sqrt{3}$倍，即$I_L = \sqrt{3}I_P$。

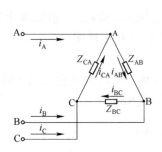 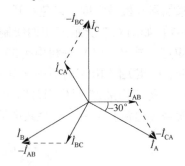

图6.9 负载采用三角形连接的三相电路　　图6.10 对称负载三角形连接时的电流向量图

【例6-2】某三相交流异步电动机绕组额定电压为380V，每相绕组的电阻$R = 12\Omega$，感抗$X_L = 16\Omega$，接在线电压为380V的三相电源上工作。试求：(1) 电动机的三相绕组应怎样连接？(2) 电动机工作时的线电流为多大？

解：(1) 因为负载额定电压为380V，电源线电压为380V，所以电动机的绕组应采用三角形连接，此时

$$U_P = U_L = 380V$$

(2) 该电动机为对称三角形负载，其每相阻抗为：

$$|Z| = \sqrt{R^2 + X_L^2} = \sqrt{12^2 + 16^2} = 20(\Omega)$$

由于电动机电路为对称三相交流电路，其线电流和相电流均对称，所以电动机工作时的线电流为：

$$I_L = \sqrt{3}I_P = \sqrt{3}\frac{U_P}{|Z|} = \sqrt{3} \times \frac{380}{20} = 32.9(A)$$

6.3 三相功率

不论三相电路电源或负载是何种连接形式（星形连接或三角形连接），电路总的有功功率必定等于各相有功功率的和。

(1) 负载不对称的电路。负载不对称时，各相功率不相等，则总功率是各相功率之和。

$$\begin{cases} P = P_A + P_B + P_C \\ Q = Q_A + Q_B + Q_C \\ S = S_A + S_B + S_C \end{cases}$$

(2) 负载对称的电路。负载对称时，各相功率相等，则总功率是一相功率的三倍。即

$$\begin{cases} P = 3P_P = 3U_PI_P\cos\varphi_P \\ Q = 3Q_P = 3U_PI_P\sin\varphi_P \\ S = 3S_P = 3U_PI_P \end{cases}$$

由于在三相电路中，线电压或线电流的测量往往比较方便，故功率公式常用线电压和线

电流来表示。对称负载星形连接时，$U_P = U_L/\sqrt{3}$，$I_P = I_L$；对称负载三角形连接时，$U_P = U_L$，$I_P = I_L/\sqrt{3}$，于是有：

$$P = \sqrt{3} U_L I_L \cos\varphi \quad (6-1)$$

可见，无论对称负载是星形连接还是三角形连接，三相负载的总功率均可由式（6-1）来表达。应注意式中的 φ 角是相电压与相电流的相位差。

同理，三相对称负载的无功功率为：

$$Q = \sqrt{3} U_L I_L \sin\varphi$$

三相对称负载的视在功率为：

$$S = \sqrt{3} U_L I_L = \sqrt{P^2 + Q^2}$$

【例6-3】某三相交流异步电动机绕组额定电压为380V，每相绕组的电阻 $R = 12\Omega$，感抗 $X_L = 16\Omega$，接在线电压为380V的三相电源上工作。试求：（1）用星形连接时电动机的功率；（2）用三角形连接时电动机的功率。

解：该电动机每相阻抗为：

$$|Z| = \sqrt{R^2 + X_L^2} = \sqrt{12^2 + 16^2} = 20(\Omega)$$

（1）用星形连接时电动机的线电流为：

$$I_L = I_P = \frac{U_L}{\sqrt{3}|Z|} = \frac{380}{\sqrt{3} \times 20} = 11(A)$$

星形连接时电动机的功率为：

$$P = \sqrt{3} U_L I_L \cos\varphi = \sqrt{3} \times 380 \times 11 \times 12/20 = 4.34(kW)$$

（2）三角形连接时电动机的线电流为：

$$I_L = \sqrt{3} I_P = \sqrt{3}\frac{U_P}{|Z|} = \sqrt{3} \times \frac{380}{20} = 32.9(A)$$

三角形连接时电动机的功率为：

$$P = \sqrt{3} U_L I_L \cos\varphi = (\sqrt{3} \times 380 \times 32.9 \times 12/20) = 13.0(kW)$$

计算表明，在电源电压不变时，同一负载由星形连接改为三角形连接时，功率增加到原来的3倍。换句话说，要使负载正常工作，其接法必须正确。若正常工作是星形连接的负载，误接成三角形时，将因功率过大而烧毁；若正常工作是三角形连接的负载，误接成星形时，则因功率过小而不能正常工作。

项目实训7　三相负载星形连接

1. 实训目的

（1）熟悉三相负载星形连接的正确接线方法，掌握星形负载相电压与线电压的关系。
（2）熟练掌握交流电流表、交流电压表的正确使用方法。
（3）观察、分析三相四线制电路中在负载不对称情况下相电压与线电压的关系。
（4）比较三相供电方式中三线制与四线制的特点，充分理解三相四线制供电系统中的中性线的作用。

2. 实训内容

（1）原理及依据。用三组相同的白炽灯作为三相负载构成三相负载星形连接，连接时可将每组的3个灯泡并联，然后接入电路，如图6.11所示。

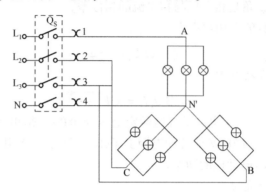

图6.11 三相负载星形连接

① 三相负载星形（Y）对称连接时，相电流恒等于线电流，即 $I_P = I_1$。

a. 有中线时，负载的线电压 U_1 是相电压 U_P 的 $\sqrt{3}$ 倍，负载相电压就是电源相电压，中性线电流等于零，即 $U_1 = \sqrt{3}U_P$，$I_1 = I_P$，$I_N = 0$。

b. 由于三相负载对称，流过中性线的电流 $I_N = 0$，所以可以省去中性线，变为三相三线制供电，上述关系仍然成立。

② 三相负载不对称，星形（Y）连接时，若采用三相三线制，相电流仍等于线电流，即 $I_1 = I_P$，但负载上的相电压随着负载不对称而产生偏移，$U_1 \neq \sqrt{3}U_P$。为了保证三相不对称负载的每相电压维持对称不变，必须采用三相四线制接法，而且中性线必须牢固连接。

（2）操作步骤。负载星形连接，按图6.11所示接好电路，并接至三相电源上（380V），在电路中接入电流测试插孔1、2、3、4，便于测量电流，经指导教师检查后通电。

① 对称负载三相四线制（中性线接通）供电，分别测量线电压 U_{AB}、U_{BC}、U_{CA}，相电压 U_A、U_B、U_C，线电流 I_A、I_B、I_C，中性线电压 $U_{NN'}$ 及中性线电流 I_N 的数据，并做好记录。

② 对称负载，三相三线制（中性线断开）供电，分别测量线电压 U_{AB}、U_{BC}、U_{CA}，相电压 U_A、U_B、U_C，线电流 I_A、I_B、I_C，中性线电压 $U_{NN'}$ 及中性线电流 I_N 的数据（注意在测量无中线时中线电压的测量位置和方法），并做好记录。

③ 在负载不对称的情况下，测量有中性线（中性线接通）时的线电压 U_{AB}、U_{BC}、U_{CA}，相电压 U_A、U_B、U_C，线电流 I_A、I_B、I_C，中性线电压 $U_{NN'}$ 及中性线电流 I_N 的数据，并做好记录，测量过程中注意观察各相灯泡亮暗的变化程度，特别注意观察中线的作用。

④ 在负载不对称的情况下，测量无中性线（中性线断开）时的线电压 U_{AB}、U_{BC}、U_{CA}，相电压 U_A、U_B、U_C，线电流 I_A、I_B、I_C，中性线电压 $U_{NN'}$ 及中性线电流 I_N 的数据，并做好记录。测量过程中注意观察各相灯泡亮暗的变化程度，特别注意观察与有中线时的区别。

3. 实训报告

（1）实训报告内容齐全，书写整齐，实训步骤有条理，结论正确，误差分析准确。

（2）用实训测得的数据，验证三相电路中星形连接时线电压和相电压的$\sqrt{3}$倍关系。

（3）用实训中所测得的数据和观察到的现象，总结三相四线制供电系统中线的作用。

（4）在实际星形供电系统中，能否使用三相三线制供电？为什么？

习 题 6

6.1 简述三相电源星形连接和三角形连接时线电压和相电压的关系。

6.2 试判断下列结论是否正确：

(1) 当负载星形连接时，必须有中线。

(2) 当负载星形连接时，线电流必等于相电流。

(3) 当负载星形连接时，线电压必为相电压的$\sqrt{3}$倍。

(4) 当负载三角形连接时，线电流必为相电流的$\sqrt{3}$倍。

(5) 当负载三角形连接时，如果测出三个相电流相等，则三个线电流也必然相等。

6.3 在三相四线制供电系统中，为什么中线不能接开关和熔断器？

6.4 已知三相电源的线电压为380V，每相负载的电阻$R=40\Omega$，感抗$X_L=30\Omega$，负载星形连接时，求每相负载的电压及相电流和线电流。

6.5 一台三相电动机，每个绕组的额定电压均是220V，现有两种电源：一种是线电压380V的电源；另一种是线电压220V的电源。问在这两种电源下，三相电动机的绕组应分别如何连接？

6.6 已知三相四线制电源线电压$\dot{U}_{AB}=380\underline{/0°}$ V，三相负载分别为电阻、电感和电容，并且$R=X_L=X_C=10\Omega$，求各线电流及中线电流，并画出各相电压、线电压和线电流的向量图。

6.7 有一台三相感应电动机三角形连接于线电压为380V的电源上，电动机功率$P=11.43$kW，功率因数$\cos\varphi=0.87$，求电动机的相电流、线电流和每相绕组的等效阻抗。

6.8 电阻加热炉，每相电阻为10Ω，接在线电压380V的三相四线制电源上，试分别求电阻炉接为星形和三角形的线电流和消耗的功率。

第 7 章　铁芯线圈与变压器

本章知识点

- 磁路基本概念和基本定律
- 铁芯线圈结构与特性
- 变压器的工作原理

在前面几章中已讨论过分析与计算各种电路的基本定律和基本方法。但是在很多电工设备（如电机、变压器、电磁铁、电工测量仪表以及其他铁磁元件）中．不仅有电路的问题，同时还有磁路的问题。本章将介绍磁路的基本知识，磁性材料的磁性能；直流铁芯线圈与直流电磁铁；交流铁芯线圈与交流电磁铁；然后讲述变压器的结构、原理、作用和额定值。

7.1　磁路的基本概念和基本定律

7.1.1　磁路的基本物理量

1. 磁感应强度

磁场是由电流产生的。磁感应强度 B 是表示磁场内某点的磁场强弱和方向的物理量。它是一矢量。为了形象地描述磁场，采用磁力线表示，磁力线是无头无尾的闭合曲线，磁力线的方向与电流方向符合右手螺旋定则。磁感应强度的单位是特斯拉（T）。

2. 磁通

磁感应强度 B（如果是不均匀磁场，则取 B 的平均值）与垂直于磁场方向面积 S 的乘积，称为通过该面积的磁通 Φ，有：

$$\Phi = B \cdot S$$

磁通的单位是韦伯（Wb）简称韦。

3. 磁场强度

磁场强度 H 是计算磁介质的磁场时所引用的一个物理量，也是矢量。任何磁介质中，磁场中某点的磁感应强度 B 与同一点的磁导率 μ 的比值就是该点的磁场强度 H，即：

$$H = \frac{B}{\mu}$$

磁场强度的单位是安/米（A/m）。

4. 磁导率

磁导率是一个用来表示磁介质磁性的量，通常用 μ 表示，对于不同的物质有不同的 μ。

磁导率的单位为亨利/米（H/m），真空的磁导率用 μ_0 表示：

$$\mu_0 = 4\pi \times 10^{-7} (\text{H/m})$$

任意一种磁介质的磁导率（μ）与真空磁导率（μ_0）的比值叫做相对磁导率，用 μ_r 表示，即

$$\mu_r = \frac{\mu}{\mu_0}$$

物质根据其磁性的不同，可分为两类，一类叫做非铁磁性物质如空气、铝、铬、铂、氢、铜等，其相对磁导率 μ_r 约等于1左右，上下相差很小，工程计算中近似为1。另一类叫铁磁性物质，如铁、钴、镍、钇、镝、坡莫合金、铁氧体等，其相对磁导率 μ_r 很大，可达几百甚至几千以上。

7.1.2 磁路的基本定律

1. 磁路

在电机、变压器等电气设备中，常采用磁性材料做成各种形状的铁芯。这是因为铁芯的磁导率比非磁性材料的磁导率要高得多。铁芯线圈中电流产生的磁通绝大部分经过铁芯而闭合。这种磁通经过特制铁芯而闭合的路径，称为磁路，如图7.1所示。

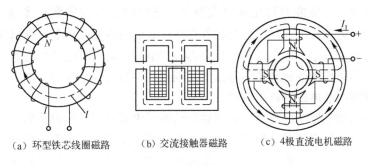

(a) 环型铁芯线圈磁路　　(b) 交流接触器磁路　　(c) 4极直流电机磁路

图7.1　典型磁路

2. 磁路欧姆定律

若以图7.1（a）所示环形铁芯磁路为例，环绕着载流导体取磁力线作为闭合回线，且以顺时针方向为回线的绕行方向。磁路中的磁通由线圈电流所产生。设铁芯截面处处相同，平均磁路长度为 l（即铁芯几何中心线长度），且 l 远比横截面的直径大得多，则可认为磁通在横截面上是均匀分布的。铁芯内任一点的磁感应强度 $B = \Phi/A$，各点磁场强度的大小相等，则有

$$Hl = \frac{B}{\mu} \cdot l = \frac{\Phi}{A\mu} \cdot l$$

由此可得：

$$\Phi = \frac{Hl}{\frac{l}{\mu A}} = \frac{F}{R_m} \tag{7-1}$$

式中，$F = Hl$ 为某段磁路长度与其磁场强度的乘积，称为磁通势，磁通就是由它产生的，其单位为安（A）。而 $R_m = l/(\mu A)$ 称为该段磁路的磁阻。显然，磁阻与磁路尺寸及磁路材料有关。

式（7-1）与电路的欧姆定律相似，其中磁通 Φ 与电路中的电流相对应，磁通势与电动势对应，磁阻公式又与电阻公式 $R = l/(\gamma A)$ 对应，磁导率 μ 与电导率 γ 相对应。式（7-1）又称为磁路欧姆定律。

应该指出，磁路与电路虽然有许多相似之处，但它们的实质是不同的。由于铁磁材料的磁导率 μ 不是常数，因此一般不宜直接用磁路欧姆定律和磁阻公式进行定量计算，但在很多场合可以用来进行定性分析。例如我们知道空气的磁导率 μ_0 比铁芯的磁导率 μ 小许多，就可以解释为什么铁芯磁路中只要存在很小的一点气隙，其总磁阻就增加很多，在同样的磁通势作用下，磁通就会显著减小，若要保持原来的磁通，则必须大大增加磁通势。

7.1.3 磁性材料及特性

磁性材料主要是指铁、镍、钴及其合金而言。它们具有高导磁性、磁饱和性、磁滞性等基本特性。

1. 高导磁性

所有磁性材料的导磁能力都比真空大得多，它们的相对磁导率 μ_r 多在几百甚至上万，也就是说在相同励磁条件下，用磁性材料做铁芯建立的磁场要比用非磁性材料做铁芯建立的磁场大几百倍甚至上万倍。由于这种特性使得各种电器、电机和电磁仪表等一切需要获取强磁场的设备，无不采用磁性材料作为导磁体。利用这种材料在同样的电能下可以大大减轻设备体积和重量并能提高电磁器件的效率。

物质的磁性来源于原子的磁性，强磁物质的原子内部存在自发磁化的小区称为磁畴。一块磁性材料可以分为许多磁畴，磁畴的方向各不相同，排列杂乱无章，对外界的作用相互抵消，不呈现宏观的磁性。若将磁性材料置于外磁场中，则已经高度自发磁化的许多磁畴在外磁场的作用下，将由不同的方向改变到与外磁场接近或一致的方向上去，于是对外呈现出很强的磁性。图 7.2 表示磁畴在无磁场及有外磁场作用下的情况。

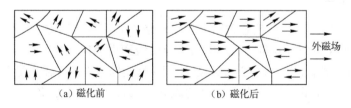

图 7.2 铁磁材料的磁化

2. 饱和性

铁磁性材料内的磁畴在外磁场 H 作用下，只发生了转向，铁磁材料中的磁场 B 随 H 的增加而增强。当磁畴已全部沿外磁场 H 方向排列整齐以后，即使外磁场再增加，铁磁材料中的磁场也不会再增强了，即进入了饱和阶段。

通电线圈中放入铁芯后，磁场会大大增强，这时的磁场是线圈产生的磁场和铁芯被磁化后产生的附加磁场之叠加。变压器、电机和各种电器的线圈中都放有铁芯，在这种具有铁芯的线圈中通入不大的励磁电流，便可产生足够大的磁感应强度和磁通。

3. 磁滞性

实际工作时，铁磁材料常常处于交变磁场中，H 的大小和方向都要变化。如图7.3（a）所示，如果将磁场强度 H 由零增至 H_m 时（对应的工作点不超过饱和点），则 B 也由零增至 B_m。当 H 由 H_m 逐渐减小时，B 不从原路返回，而是沿着比起始磁化曲线稍高的曲线下降。当 $H=0$ 时，$B \neq 0$，而遗留一个数值 B_r（$B_r = Od$），叫做剩余磁感应强度，简称剩磁（这说明铁磁材料内部已经排齐的磁畴没有完全回复到磁化前杂乱无章的状态）。当施加反向磁场，直到 $-H_c$（$H_c = Oe$）时，B 才等于零，这时反向磁场强度 H_c 称为矫顽磁力，它表示铁磁材料反抗退磁的能力。当磁场强度达到 $-H_m$ 时，磁感应强度达到 $-B_m$。然后将 H 减小到零时，$B = -B_r$。这样重复多次，便可获得一个对称于坐标原点的闭合曲线。可见，磁感应强度 B 的变化总是落后于磁场强度 H 的变化，这种现象称为磁滞，所得的封闭曲线称为铁磁性材料的磁滞回线。

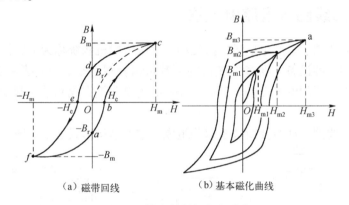

（a）磁带回线　　　（b）基本磁化曲线

图7.3　铁磁材料的交变磁化

如果改变磁场强度的最大值，重复上述实验，就可得到另一条磁滞回线。把这些磁滞回线的正顶点连成的曲线称为铁磁性物质的基本磁化曲线，如图7.3（b）所示。对每一种铁磁性物质来说，基本磁化曲线是完全确定的，它与起始磁化曲线相差很小。基本磁化曲线所表示的 B 与 H 的关系具有平均的意义。当磁滞回线较窄时，一般就用基本磁化曲线来表示铁磁物质的磁性能，因此工程上计算时常常用到它。常用铁磁材料的基本磁化曲线可查阅有关手册。

4. 铁磁性材料的分类

不同的磁性材料其磁滞回线形状也不相同，如图7.4所示给出了三种不同磁性材料的磁滞回线。

（1）永磁材料。多称为硬磁材料，具有较大的剩磁 B_r、较高的矫顽力 H_c 和较大的磁滞回线面积，属于这类的材料有铝镍钴、硬磁铁氧体、稀土钴及碳钢铁等合金的永磁钢。主要用来制造各种用途的永磁铁。

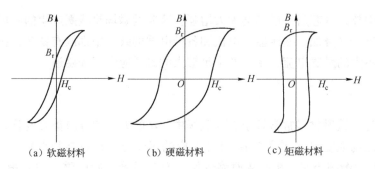

(a)软磁材料　　　　(b)硬磁材料　　　　(c)矩磁材料

图 7.4　不同类型的磁滞回线

(2) 软磁材料。其磁滞回线窄而长，回线范围面积小，剩磁和矫顽力值都很小，属于这种材料有铸铁硅钢片、铁镍合金及软磁铁氧体等。主要用来制作电磁设备的铁芯。

(3) 矩磁材料。其磁滞回线接近矩形，剩磁大，矫顽力小，属于这类材料的有镁锰铁氧体和某些铁镍合金等。在计算机和自动控制中广泛用来制做记忆元件、开关元件和逻辑元件。

7.2　直流铁芯线圈与直流电磁铁

利用通电线圈在铁芯里产生磁场，由磁场产生吸力的机构统称为电磁铁。电磁铁是把电能转换为机械能的一种设备，通过电磁铁的衔铁可以获得直线运动和某一定角度的回转运动。电磁铁是一种重要的电气设备。工业上经常利用电磁铁完成起重、制动力、吸持及开闭等机械动作。

电磁铁主要由线圈、铁芯及衔铁三部分组成。它的结构形式通常有图 7.5 所示的几种。

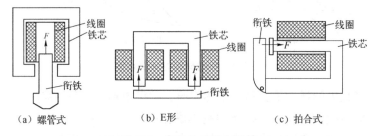

(a)螺管式　　　　(b)E形　　　　(c)拍合式

图 7.5　常见的几种电磁铁

线圈通入电流，产生磁场，故线圈常被称为励磁线圈，通入的电流称为励磁电流。铁芯通常是固定的，衔铁是活动的，衔铁在线圈通电后被吸向铁芯。

线圈可分为空心线圈和铁芯线圈，由于空气的磁导率较小，所以空心线圈是一种电感量不大的线性电感元件。在电气工程上，为了获得较大的电感量，常在线圈中插入铁芯，这种线圈称为铁芯线圈。铁芯线圈可分为直流铁芯线圈和交流铁芯线圈。

首先，我们来介绍直流铁芯线圈和直流电磁铁。

1. 直流铁芯线圈

当线圈中插入铁磁性材料的铁芯并用直流电来励磁，便制成了直流铁芯线圈。此时在铁芯中产生的磁通是恒定的，称恒定磁通磁路。线圈中的磁通与电流的关系，可由磁路分析加以估算，此处从略。

2. 直流电磁铁

直流电磁铁由直流铁芯线圈和衔铁组成，其铁芯由整块的铸钢或工程纯铁制成，铁芯对衔铁吸引力的大小是电磁铁的主要技术参数。

经数学推导，作用在衔铁上的电磁吸引力 F 为：

$$F = \frac{10^7}{8\pi} B^2 A \qquad (7-2)$$

式中，B 的单位为 T，磁极面积 A 的单位为 m^2，F 的单位为 N。

直流电磁铁的吸力 F 与空气的间隙 δ 的关系，即 $F = f(\delta)$，称为直流电磁铁的工作特性，可由实验得出，如图 7.6 所示。由图可见，直流电磁铁的特点如下：

(1) 铁芯中的磁通恒定，没有铁损，铁芯用整块材料制成。

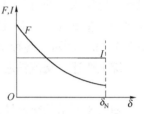

图 7.6 直流电磁铁的工作特性

(2) 励磁电流 $I = U/R$，与衔铁的位置无关，外加电压全部降在线圈电阻 R 上，R 的电阻值较大。

(3) 当衔铁吸合时，由于磁路气隙减小，磁阻随之减小，磁通 Φ 增大，因而衔铁被牢牢吸住。

直流电磁铁主要技术数据有：

(1) 额定行程 δ_N 是指刚启动时衔铁与铁芯之间的距离。

(2) 额定吸引力 F_N 是指衔铁处在额定行程时受到的吸引力。

(3) 额定电压 U_N 是指励磁线圈所加的额定电压值。

【例 7-1】 某直流电磁铁铁芯中的磁感应强度 $B = 0.9T$，铁芯截面的长度为 40mm，宽度为 25mm，求其电磁吸力 F 为多少？

解：由式 (7-2) 有

$$F = \frac{10^7}{8\pi} B^2 A = \frac{10^7}{8\pi} \times 0.9^2 \times \frac{40}{1000} \times \frac{25}{1000} = 322(N)$$

7.3 交流铁芯线圈与交流电磁铁

7.3.1 交流铁芯线圈

交流铁芯线圈是通过交流电来励磁的，由于磁通是交变的，除了在线圈电阻上有功率损耗外，铁芯中也会有功率损耗。线圈上损耗的功率 I^2R 称为铜损，用 ΔP_{Cu} 表示；铁芯中损耗的功率称为铁损，用 ΔP_{Fe} 表示，铁损包括磁滞损耗和涡流损耗两部分。

1. 磁滞损耗

铁磁材料交变磁化的磁滞现象（见图 7.4）所产生的损耗称为磁滞损耗。它是由铁磁材料内部磁畴反复转向，磁畴间相互摩擦引起铁芯发热而造成的损耗，与磁滞回线所包围的面积成正比。为了减小磁滞损耗，交流铁芯均由软磁材料制成。

2. 涡流损耗

铁磁材料不仅有导磁能力，同时也有导电能力，因而在交变磁通的作用下铁芯内将产生感应电动势和感应电流，感应电流在垂直于磁通的铁芯平面内围绕磁力线呈旋涡状，如图7.7（a）所示，故称为涡流。涡流使铁芯发热，其功率损耗称为涡流损耗。

为了减小涡流，可采用硅钢片叠成的铁芯，硅钢片不仅有较高的磁导率，还有较大的电阻率，可使铁芯的电阻增大，涡流减小，同时硅钢片的两面均有氧化膜或涂有绝缘漆，使各片之间互相绝缘，可以把涡流限制在一些狭长的截面内流动，从而减小了涡流损耗，如图7.7（b）所示。各种交流电机、电器和变压器的铁芯普遍用硅钢片叠成。

综上所述，交流铁芯线圈电路的功率损耗为：

$$\Delta P = \Delta P_{Cu} + \Delta P_{Fe}$$

图7.8所示是交流铁芯线圈电路，线圈的匝数为 N，当在线圈两端加上正弦交流电压 u 时，就有交变励磁电流 i 流过，在交变磁通势 iN 的作用下产生交变的磁通，其绝大部分通过铁芯，称为主磁通 Φ。若忽略由空气形成闭合路径的漏磁通 Φ_S 和线圈电阻，设线圈外加正弦电压，由电磁感应定律有

$$u = N\frac{\mathrm{d}\Phi}{\mathrm{d}t}$$

可知 Φ 也是按正弦规律变化的，设 $\Phi = \Phi_m \sin(\omega t)$，则有

$$U = 4.44 f N \Phi_m \tag{7-3}$$

式中，Φ_m 的单位是韦伯（Wb），f 的单位是赫兹（Hz），U 的单位是伏特（V）。

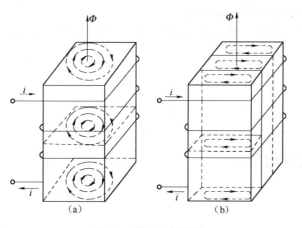
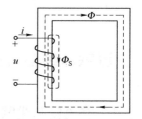

图7.7　铁芯中的涡流　　　　　图7.8　交流铁芯线圈电路

由上可知，铁芯线圈加上正弦电压后，在线圈匝数 N、外加电压 U 及频率 f 固定时，铁芯中的磁通最大值将保持基本不变。这个结论对于分析交流电机、变压器和电器的工作原理是十分重要的。

7.3.2　交流电磁铁

当交流电通过线圈时，在铁芯中产生交变磁通，因为电磁力与磁通的平方成正比，所以当电流改变方向时，电磁力的方向并不变，而是朝一个方向将衔铁吸向铁芯，正如永久磁铁

无论 N 极或 S 极都因磁感应会吸引衔铁一样。

1. 交流电磁铁的电磁吸力

当交流电磁铁线圈外加正弦电压时,铁芯中的磁通为正弦交变磁通,电磁吸力为交变量。设主磁通为:

$$\Phi = \Phi_m \sin\omega t$$

它的磁感应强度也为正弦量:

$$B = B_m \sin\omega t$$

由式(7-2)得交流电磁铁的电磁力为:

$$F = \frac{1}{2}F_m - \frac{1}{2}F_m \cos2\omega t \tag{7-4}$$

式中,

$$F_m = \left(\frac{10^7}{8\pi}\right)B_m^2 A$$

是电磁吸力的最大值。在计算时,所考虑的是电磁吸力的平均值,即

$$F_{av} = \frac{1}{2}F_m = \frac{10^7}{16\pi}B_m^2 A \tag{7-5}$$

由式(7-5)和图 7.10 可见,吸力平均值等于最大值的一半,这说明在最大电流值及结构相同的情况下,直流电磁铁的吸力比交流电磁铁的吸力大一倍。如在交流励磁磁感应强度的有效值等于直流励磁磁感应强度的值时,则交流电磁吸力平均值等于直流电磁吸力,且交流电磁铁的电磁吸力在零与最大值之间呈脉动变化。

2. 交流电磁铁的短路环

由式(7-4)可知,虽然交流电磁铁的吸力方向不变,但它的大小是变动的,如图 7.9 所示。当磁通经过零值时,电磁吸力为零,往复脉动 100 次,即以两倍的频率在零与最大值 F_m 之间脉动,因而衔铁以两倍电源频率在颤动,引起噪声,同时触点容易损坏。因此,为使线圈在电流变小和过零时电磁铁仍有一定的吸力,消除衔铁的振动变得十分重要。为了消除上述这种现象,可在磁极的部分端面上套一个短路环,如图 7.10 所示,在短路环中产生感应电流,以阻碍磁通的变化,使在磁极两部分中的磁通 Φ_1 与 Φ_2 间产生一相位差,因而磁极各部分的吸力也就不会同时降为零,这就消除了衔铁的颤动,当然也就消除了噪声。

3. 交流电磁铁工作特性

交流电磁铁的特点如下:

(1)由于励磁电流 I 是交变的,铁芯中产生交变磁通,一方面使铁芯中产生磁滞损失和涡流损失,为减少这种损失,交流电磁铁的铁芯一般用硅钢片叠成。另一方面使线圈中产生感应电动势,外加电压主要用于平衡线圈中的感应电动势,线圈电阻 R 较小。

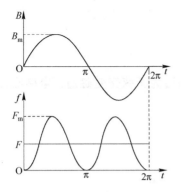

图7.9 交流电磁铁的电磁吸力

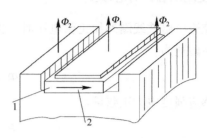

1—短路环；2—感应电流

图7.10 交流电磁铁的短路环

（2）励磁电流 I 与气隙 δ 大小有关。在吸合过程中，随着气隙的减小，磁阻减小，因磁通最大值 Φ_m 基本不变，故磁动势 IN 下降，即励磁电流 I 下降。

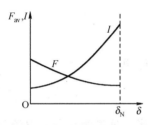

图7.11 交流电磁铁的工作特性

（3）因磁通最大值 Φ_m 基本不变，所以平均电磁吸力 F_{av} 在吸合过程中基本不变。励磁电流 I、平均电磁吸力 F_{av} 和气隙 δ 的关系如图7.11所示。

在外加电压一定的情况下，交流磁路的磁通的最大值基本不变，即 $\Phi_m = U/4.44fN$。刚启动时，气隙最大为 δ_N，由于气隙中磁力线向外扩张形成的边缘效应，此时气隙中的磁感应强度最小，吸力最小。当衔铁完全吸合后，气隙中磁力线向外扩散的边缘效应减至最小，磁感应强度最大，吸力最大。

如果在衔铁吸合时，由于机械可动部分被卡住等故障使得电磁铁通电后衔铁吸合不上，此时线圈中的电流会很大，时间一长将使线圈严重发热，甚至烧坏，这点必须注意。

【例7-2】如图7.5（c）所示交流电磁铁励磁线圈的额定电压 $U_N=380V$，$f=50Hz$，匝数 $N=8650$ 匝，铁芯截面积 $A=250mm^2$。试估算电磁吸力的最大值和平均值。

解：忽略其漏感，交流铁芯线圈的电压 U 与主磁通 Φ_m 的关系为：
$$U \approx 4.44fN\Phi_m$$
所以，主磁通的最大值 Φ_m 为：
$$\Phi_m \approx \frac{U}{4.44fN} = \frac{380}{4.44 \times 50 \times 8650} = 0.20 \times 10^{-3}(Wb)$$
气隙中最大的磁感应强度 B_m 为：
$$B_m = \frac{\Phi_m}{A} = \frac{0.0002}{250 \times 10^{-6}} = 0.8(T)$$
电磁吸力的最大值为：
$$F_m = \frac{10^7}{8\pi}B_m^2 A = \frac{10^7}{8\pi} \times 0.8^2 \times 250 \times 10^{-6} = 63.7(N)$$
由式（7-5），电磁吸力的平均值为：
$$F_{av} = \frac{1}{2}F_m = \frac{1}{2} \times 63.7 = 31.9(N)$$

7.4 变压器

为了把发电厂发出的电科学合理地传输到各个用户并安全使用,我们必须使用变压器。变压器是利用电磁感应原理制成的电气设备,它的基本作用是变换交流电压,即把电压从某一数值的交流电变为频率相同电压为另一数值的交流电。

变压器的种类很多,根据其用途不同有:远距离输配电用的电力变压器;机床控制用的控制变压器;电子设备和仪器供电电源用的电源变压器;焊接用的焊接变压器;平滑调压用的自耦变压器;测量仪表用的互感器以及用于传递信号的耦合变压器等。

虽然不同类型的变压器在结构上各有特点,但它们的基本结构和工作原理却大致相同。下面介绍单相变压器的结构和工作原理。

7.4.1 变压器的结构

变压器有升压和降压变压器,主要由铁芯和绕组两部分组成。

1. 铁芯

铁芯是变压器中的磁路部分,分为铁芯柱和铁轭两部分,铁芯柱上绕有绕组,连接各铁芯柱形成闭合磁路的部分叫铁轭。变压器按铁芯结构分为两种:心式和壳式。如图 7.12 所示。

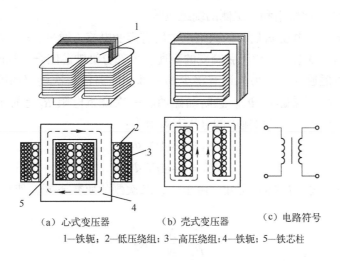

(a) 心式变压器　　(b) 壳式变压器　　(c) 电路符号
1—铁轭;2—低压绕组;3—高压绕组;4—铁轭;5—铁芯柱

图 7.12　变压器的结构与电路符号

(1) 心式变压器的绕组环绕铁芯柱,它的结构简单,绝缘也较容易,多用于容量大的变压器中。壳式变压器则是铁芯包围着绕组,多用于小容量变压器中。

(2) 为了减少铁芯中的涡流损耗,铁芯通常用含硅量较高、厚度为 0.35~0.5mm 的硅钢片交叠而成,为了隔绝硅钢片相互之间的电联系,每一硅钢片的两面都涂有绝缘清漆。

2. 绕组

绕组（也称线圈）是变压器的电路部分，用绝缘铜导线或铝导线绕制，绕制时多采用圆柱形绕组。电压高的绕组称为高压绕组，电压低的绕组称为低压绕组，低压绕组一般靠近铁芯放置，而高压绕组则置于外层。为了防止变压器内部短路，在绕组和绕组之间，绕组和铁芯之间，以及每绕组的各层之间，都必须绝缘良好。

与电源相连接的绕组称为一次侧（又称一次绕组），与负载相连接的绕组称为二次侧（又称二次绕组），通常一次侧和二次侧的匝数是不同的。

一、二次侧之间虽然是绝缘的，但二者共用同一磁路。

7.4.2 变压器的工作原理

现以具有两个绕组的单相变压器为例讨论变压器的工作原理。

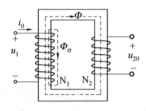

图 7.13 变压器的空载运行

1. 变压器的电压变换（变压器空载运行）

变压器的一次绕组接在额定电压的交流电源上，二次侧开路（不接负载），这种运行方式称为空载运行。其工作原理如图 7.13 所示。图中，下标 1 表示一次绕组上的物理量，下标 2 表示二次绕组上的物理量，下标 0 表示空载。图中所标 u_1 为一次绕组电压即电源电压，u_{20} 为空载时二次侧输出电压；N_1 和 N_2 分别为一次绕组和二次侧的绕组匝数。

一次绕组加上正弦电压 u_1 后，一次绕组中便有交变电流 i_0 通过，i_0 称为空载电流。空载电流通过一次绕组在铁芯中产生正弦交变的磁通，大部分沿铁芯闭合，且同时与一次侧、二次侧交链，称为主磁通 Φ，但另外还有很少的一部分磁通沿一次绕组周围的空间闭合，不与二次侧相交链，称为漏磁通 Φ_σ。忽略漏磁通和一次绕组电阻 R_1 上的压降，在理想状态下，由式（7-3）可知一、二次侧中的电压有效值为：

$$U_1 = 4.44 f N_1 \Phi_m \tag{7-6a}$$

$$U_2 = 4.44 f N_2 \Phi_m \tag{7-6b}$$

由式（7-6a）、式（7-6b）可知，由于一、二次侧的匝数不同，使得 U_1 和 U_{20} 不相等，两者之比为：

$$\frac{U_1}{U_2} = \frac{N_1}{N_2} = K_u \tag{7-7}$$

式中，K_u 为变压器的电压比，亦称一次侧、二次侧的匝数之比。

由式（7-7）可知，当 $N_1 > N_2$ 时，$K_u > 1$，这种变压器为降压变压器；当 $N_1 < N_2$ 时，$K_u < 1$，则为升压变压器，即只要改变变压器中一次侧、二次侧的匝数比，就能实现变换电压的目的。对于已制成的变压器，其电压比 K_u 为定值，此时二次侧的电压随一次绕组电压的变化而变化。

注意：加在一次绕组的电压必须为额定值，如果超过额定电压，使铁芯中的 $B-H$ 曲线进入饱和点后，Φ_m 随电压增大，将导致磁通势的剧烈增大，而引起一次绕组电流过高，损坏变压器。

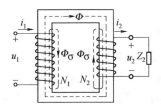

图 7.14 变压器有载运行

2. 变压器的电流变换（变压器的有载运行）

变压器一次绕组加上额定正弦交流电压 u_1，二次侧接上负载 Z_2 的运行，称为有载运行。如图 7.14 所示。

变压器负载运行时，二次侧中的电压 u_2 将在绕组中产生电流 i_2，使一次绕组中的电流由 i_0 增大到 i_1，这时 U_2 稍有下降，这是因为有了负载，i_1、i_2 增大后，一、二次侧内部的压降也要比空载时增大，二次侧中的电压 U_2 会比 U_{20} 低一些。但一般变压器内部的压降小于额定电压的 10%。

忽略变压器一、二次侧的铜电阻、铁芯损耗和漏磁通，则变压器输入、输出视在功率相等，即 $U_1 I_1 = U_2 I_2$。由此可得一、二次侧电流有效值的关系为：

$$\frac{I_1}{I_2} = \frac{U_2}{U_1} = \frac{N_2}{N_1} = \frac{1}{K_u} = K_i \tag{7-8}$$

式中，K_i 称为变压器的变流比。

可见在变压器额定运行时，一、二次侧中的电流之比等于电压比的倒数。由于高压绕组匝数多，它所通过的电流小，绕组线径可细些；低压侧的绕组匝数少，通过的电流大，线径必须粗些。

【例 7-3】 一台降压变压器，一次侧电压 $U_1 = 10 \mathrm{kV}$，二次侧电压 $U_2 = 220 \mathrm{V}$；如果二次侧接一台 $P = 25 \mathrm{kW}$ 的电阻炉，求变压器一、二次侧中的电流。

解：二次侧电流为电阻炉的工作电流：

$$I_2 = \frac{P}{U_2} = \frac{25 \times 10^3}{220} = 114 (\mathrm{A})$$

由电压比和变流比关系可得：

$$K_i = \frac{1}{K_u} = \frac{U_2}{U_1} = \frac{220}{10000} = 0.022$$

由此可得一次绕组电流 I_1 为：

$$I_1 = K_i I_2 = 0.022 \times 114 = 2.51 (\mathrm{A})$$

显然，10kV 供电回路电流较小，线路压降大大减小，因而可减小输电线线径，降低输电成本。

3. 变压器的阻抗变换

变压器除了能起变换电压和电流的作用外，它还能变换负载阻抗。在电子线路中，常常利用变压器变换阻抗的作用来实现阻抗匹配。如图 7.15 所示为阻抗变换示意图。

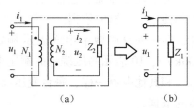

图 7.15 阻抗变换示意图

分别从变压器的一次侧、二次侧来看，阻抗 $|Z_1|$、$|Z_2|$ 为：

$$|Z_1| = \frac{U_1}{I_1}, \quad |Z_2| = \frac{U_2}{I_2}$$

综合式 (7-7)、式 (7-8) 可得：

$$\frac{|Z_1|}{|Z_2|} = \frac{U_1}{I_1} \cdot \frac{I_2}{U_2} = \left(\frac{N_1}{N_2}\right)^2 = K_u^2 \text{ 或 } |Z_1| = K_u^2 |Z_2|$$

上式表明，负载阻抗$|Z_2|$反射到一次侧应乘以K_u^2倍，这就起到了阻抗变换的作用。通过选择合适的电压比K_u，可把实际负载阻抗变换为所需的值，从而获得阻抗匹配。

上式也说明，接在二次侧的负载阻抗$|Z_2|$对一次侧的影响，可以用一个接在一次侧的等效阻抗$|Z_1| = K_u^2 |Z_2|$来代替，代替后一次侧的电流I_1保持不变。这些知识在电子学中得到应用。

7.4.3 变压器的运行特性

1. 变压器的外特性

由于变压器原、副绕组有电阻和漏抗，负载运行时必然会产生内部电压降，其副边端电压则随负载的变化而变化，这种变化用外特性来表示。在描述其外特性时，还需规定负载功率因数。在保持U_1、$\cos\varphi_2$一定时，副边端电压U_2随负载电流I_2变化的关系曲线称为变压器的外特性，即$U_2 = f(I_2)$，如图7.16所示。变压器在纯电阻和感性负载时，外特性是下降的；容性负载时，端电压变化较小，随着负载感性或容性程度增加，端电压变化会增大。

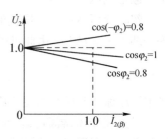

图7.16 变压器的外特性

2. 电压变化率

变压器从空载到额定负载（$I_2 = I_{2N}$）运行时，二次侧电压U_2的变化量与空载时二次侧电压U_{20}的比值，称为变压器的电压变化率。即：

$$\Delta U = \frac{U_{20} - U_2}{U_{20}} \times 100\%$$

对负载来说总希望电压越稳定越好，即电压变化率越小越好。在一般变压器中，由于其电阻和漏感抗均很小，电压变化率不大，一般在5%左右。

3. 变压器的铭牌

为了使变压器能正常运行，制造厂在变压器外壳上的铭牌上标出额定值和型号，它是选择和使用变压器的依据。一般由两部分组成：前一部分用汉语拼音字母表示，表示特性和性能，后一部分用数字组成表示额定值。如 S-200/10，S 表示三相，200 表示额定容量为 200kVA，10 表示高压绕组的额定电压为 10kV。

和其他电器一样，每台变压器在产品铭牌上都附有额定数据，这些数据是正确使用变压器的依据。

（1）一次侧的额定电压U_{1N}。指加到一次侧上的电压额定值。

（2）二次侧的额定电压U_{2N}。指一次侧电压为额定值时，二次侧两端的空载电压值。

（3）一次侧的额定电流值I_{1N}。指变压器在额定条件下一次侧中允许长期通过的最大电流值。

（4）二次侧的额定电流值I_{2N}。指变压器在额定情况下二次侧中长期允许通过的最大电流值。

(5) 额定容量 S_N。指二次侧的额定电压与额定电流的乘积，即二次侧的额定视在功率。

(6) 额定频率 f_N。我国额定工频为 50Hz。

(7) 温升。指变压器在额定工作条件下，允许超出周围环境温度的值，取决于变压器所用的绝缘材料的等级。

4. 变压器的效率

实际运行时，变压器是不能把从电网吸收的功率全部传递给负载的，因为在运行时变压器本身存在损耗，损耗分为铁耗和铜耗：铁耗是交变的主磁通在铁芯中产生的磁滞损耗和涡流损耗之和，近似地与 B_m^2 或 U_1^2 成正比，空载和负载时铁芯中的主磁通不变，故铁耗基本不变。铜耗是一、二次侧中电流通过该绕组电阻所产生的损耗，由于绕组中电流随负载变化，所以铜耗是随负载变化的。

变压器输入功率 P_1 与输出功率 P_2 之差就是其本身的总损耗 $P_{损耗}$，即

$$P_1 - P_2 = P_{损耗}$$

输出功率与输入功率之比称为变压器的效率，通常用百分比表示，即

$$\eta = \frac{P_2}{P_1} \times 100\% = \frac{P_2}{P_2 + P_{损耗}} \times 100\%$$

变压器空载时，P_2 为 0，P_1 并不为 0，所以 η 为 0，一般小型变压器满载时的效率为 80%~90%，大型变压器满载时的效率可达 98%~99%。

7.4.4 变压器绕组的极性

变压器在使用中有时需要把绕组串联以提高电压，或把绕组并联以增大电流，但必须注意绕组的正确连接。例如，一台变压器的原绕组有相同的两个绕组，如图 7.17（a）中的 1-2 和 3-4。假定每个绕组的额定电压为 110V，当接到 220V 的电源上时，应把两绕组的异极性端串联，如图 7.17（b）；接到 110V 的电源上时，应把两绕组的同极性端并联，如图 7.17（c）所示。如果连接错误，若串联时将 2 和 4 两端连在一起，将 1 和 3 两端接电源，此时两个绕组的磁动势就互相抵消，铁芯中不产生磁通，绕组中也就没有感应电动势，绕组中将流过很大的电流，把变压器烧毁。

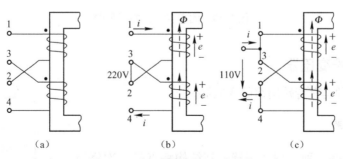

图 7.17 变压器绕组的正确连接

为了正确连接，在线圈上标以记号"·"，标有"·"号的两端称为同极性端，又称同名端。图 7.17 中的 1 和 3 是同名端，当然 2 和 4 也是同名端。当电流从两个线圈的同名

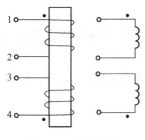

图 7.18 线圈反绕

端流入（或流出）时，产生的磁通方向相同；或者当磁通变化（增大或减小）时，在同名端感应电动势的极性也相同。在图 7.17 中，绕组中的电流是增加的，故感应电动势 e 的极性（或方向）如图 7.18 所示。

应该指出，只有额定电流相同的绕组才能串联，额定电压相同的绕组才能并联，否则，即使极性连接正确，也可能使其中某一绕组过载。如果将其中一个线圈反绕，如图 7.18 所示，则 1 和 4 两端应为同名端，串联时应将 2 和 4 两端连在一起。可见，同名端的标定，还与绕圈的绕向有关。

当一台变压器引出端未注明极性或标记脱落，或绕组经过浸漆及其他工艺处理，从外观上已看不清绕组的绕向时，通常用下述两种实验方法来测定变压器的同名端

1. 交流法

用交流法测定绕组极性的电路如图 7.19（a）所示。将两个绕组 1-2 和 3-4 的任意两端（如 2 和 4）连接在一起，在其中一个绕组（如 1-2）的两端加一个比较低的便于测量的交流电压，用伏特计分别测量 1、3 两端的电压 U_{13} 和两绕组的电压 U_{12} 及 U_{34} 的数值，如是两绕组的电压之差，即 $U_{13}=U_{12}-U_{34}$，则 1 和 3 是同极性端；若 U_{13} 是两绕组电压之和，即 $U_{13}=U_{12}+U_{34}$，则 1 和 4 是同极性端。

2. 直流法

用直流法测定绕组极性的电路如图 7.19（b）所示。当开关 K 闭合瞬间，如果电流计的指针正向偏转，则 1 和 3 是同极性端；若反向偏转，则 1 和 4 是同极性端。

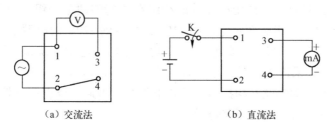

（a）交流法　　　　　　　（b）直流法

图 7.19 测定变压器的同名端

7.4.5 特殊变压器

下面介绍几种具有特殊用途的变压器。

1. 自耦变压器

图 7.20 所示是一种自耦变压器，其结构特点是二次绕组是一次绕组的一部分。

自耦变压器是将一、二次侧合成为一个绕组，此时低压绕组是高压绕组中的一部分，两个绕组之间不仅有磁的耦合，而

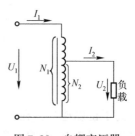

图 7.20 自耦变压器

且在电路上是直接连通的。

当在高压绕组中加上交变电压 u_1 后,铁芯中产生交变磁通,若不计绕组本身压降,两绕组上的电压关系与式 (7-8) 相同,只要选择匝数 N_2,就可在二次侧中获得所需的电压 U_2。

至于一、二次侧电压之比和电流之比为：

$$\frac{U_1}{U_2}=\frac{N_1}{N_2}=K_u, \quad \frac{I_1}{I_2}=\frac{N_2}{N_1}=K_i$$

自耦变压器具有结构简单,节省用铜量,效率比一般变压器高等优点。但其一次侧、二次侧电路有电的联系,当火线接 2 或 3 点,中性线接 1 点时,低压绕组对地有很高的电压,将造成危险事故,因此自耦变压器不能作为安全变压器使用。

小容量的自耦变压器,二次侧的抽头 5 常做成沿线圈自由滑动的触头,如图 7.21 所示。这种自耦变压器的二次电压可以平滑调节,称为调压器,常用于调节实验中所需电压。要注意使用完毕,需将手轮逆时针旋到底,使输出电压为零。

1—手轮；2—滑动触头；3—绕组

（a）结构图　　　（b）电路符号

图 7.21　自耦调压器

2. 电流互感器

电流互感器的结构如图 7.22 所示,由于二次侧仪表电流线圈阻抗很小,其运行情况相当于一台二次侧短路的升压变压器。

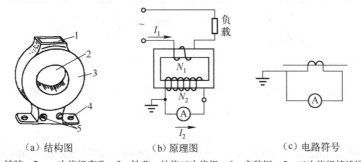

（a）结构图　　　（b）原理图　　　（c）电路符号

1—铭牌；2——次绕组穿孔；3—铁芯；外绕二次绕组；4—安装板；5—二次绕组接线端钮

图 7.22　电流互感器

在测量大电流时,也不宜用电流表直接进行测量,此时需要将电流变换后再用电流表进行测量。

测量时,电流互感器的一次侧导线粗,匝数少,与被测电路串联,二次侧导线细,匝数多,与测量仪表的电流线圈串联构成闭合回路。

根据电流变换原理，若二次侧电流表读数为 I_2，则被测电流为 $I_1 = K_i I_2$。通常电流互感器二次侧额定电流规定为 5A 或 1A。当与测量仪表配套使用时，电流表按一次侧额定值刻度，从而可直接读出被测大电流的数值。

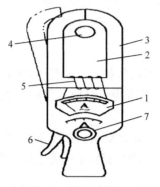

1—电流表；2—电流互感器；3—铁芯；
4—被测导线；5—二次绕组；6—手柄；
7—量程选择开关

图 7.23 钳形电流表

使用电流互感器时必须注意：电流互感器外壳与二次侧必须可靠接地，绝对不允许开路，否则铁芯中主磁通剧增，铁损增大，使铁芯严重过热，以致烧毁绕组绝缘或使高压边对地短路，还会使二次侧感应出十分高的电动势，将绝缘击穿，危及工作人员的安全。

钳形电流表是电流互感器的一种，如图 7.23 所示，它由变压器和交流电流表组成。使用时压动扳手，使铁芯张开，将被测电流的导线放入 U 形钳内，然后闭合铁芯，此时载流导线成为变压器的一次侧，经过变换后，可直接从表上读出被测电流值。

3. 电压互感器

电压互感器的结构如图 7.24 所示，其原理和普通降压变压器是完全一样的，不同的是它的变压比更准确；电压互感器的一次侧接有高电压，而二次侧接有电压表或其他仪表（如功率表、电能表等）的电压线圈，因为这些负载的阻抗都很大，电压互感器近似运行在二次侧开路的空载状态，U_2 为二次侧电压表上的读数，只要乘变比 K 就是一次侧的高压电压值。

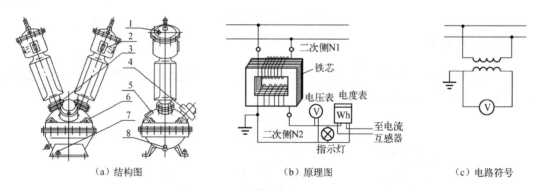

（a）结构图　　　　　　（b）原理图　　　　　　（c）电路符号

1—注油塞；2—油位计；3—放气塞；4—二次接线盒；5—命盘；6—吊攀；7—接地螺丝；8—油样活门

图 7.24 电压互感器

常见电压互感器如图图 7.25 所示。一般电压互感器二次侧额定电压都规定为 100V，一次侧额定电压为电力系统规定的电压等级，这样做的优点是二次侧所接的仪表电压线圈额定值都为 100V，可统一标准化。和电流互感器一样，电压互感器二次侧所接的仪表刻度实际上已经被放大了 K 倍，可以直接读出一次侧的被测数值。

使用时必须注意：二次侧不能短路，否则会烧坏绕组。为此，二次侧要装熔断器。铁芯和二次侧绕组的一端要可靠接地，以防绝缘破坏时，铁芯和绕组带高电压。二次侧绕组接功率表或电能表的电压线圈时，极性不能接错。三相电压互感器和三相变压器一样，要注意连

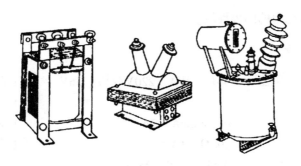

图 7.25 常见电压互感器

接法，接错会造成严重后果。电压互感器的准确度与二次侧的负载大小有关，负载越大，即接的仪表越多，误差越大。

4. 电焊变压器

交流弧焊机应用很广。电焊变压器是交流弧焊机的主要组成部分，它是一种双绕组变压器，在二次绕组电路中串联一个可变电抗器。图 7.26 是它的原理图。

对电焊变压器的要求是：空载时应有足够的引弧电压（约 60~75V），以保证电极间产

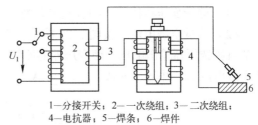

1—分接开关；2——次绕组；3—二次绕组；
4—电抗器；5—焊条；6—焊件

图 7.26 电焊变压器原理图

生电弧；有载时，二次电压应迅速下降（约为 30V），这样当焊条与焊件接触时，短路电流不致过大；而当稍微提起焊条，在焊条与焊件间产生电弧时，约有 30 V 的电弧压降。为了适应不同的焊件和不同规格的焊条，焊接电流的大小要能够调节。

二次绕组电路中串联的铁芯电抗器，其电抗可以调节，用来调节焊接电流的大小。改变电抗器空气隙的长度就可改变它的电抗，空气隙增大，电抗器的电感和感抗就随之减小，电流就随之增大。为了调节引弧电压，一次绕组配备分接出头，并用一分接开关来调节二次侧的空载电压。一次、二次绕组分装在两个铁芯柱上，使绕组有较大的漏磁通，它只与各绕组自身交链。漏磁通在绕组中产生的自感电动势起着减弱电流的作用，可用一个电抗来反映这种作用，称为漏电抗，它与绕组本身的电阻合称为漏阻抗。漏磁通愈大，漏电抗与漏阻抗也就愈大。对负载来说，二次绕组相当于电源，漏阻抗相当于电源的内部阻抗，电源的内部阻抗大，会使变压器的外特性曲线变陡，即二次侧的端电压 U_2 将随电流 I_2 的增大而迅速下降。这样，就满足了有载时二次侧电压应迅速下降的要求。

项目实训 8　单相变压器认知

1. 实训目的

（1）了解单相变压器的结构，熟悉单相变压器铭牌数据的意义。
（2）测定变压器的空载电流和变化。
（3）测定变压器的输出特性。

(4) 测定变压器绕组的同极性端。

2. 实训仪器及设备

(1) 多绕组单相变压器　　容量 50VA，220V/24V、36V　　1 台
(2) 万用表　　　　　　　　　　　　　　　　　　　　　　1 台
(3) 交流电流表　　　　　0～500mA～2A　　　　　　　　1 只
(4) 可变电阻器　　　　　200Ω，1A　　　　　　　　　　1 个
(5) 单相自耦变压器　　　0.5kVA，0～250V　　　　　　　1 台
(6) 直流稳压电源　　　　　　　　　　　　　　　　　　　1 台

3. 实训内容

(1) 记录变压器铭牌上的各额定数据。

(2) 测量空载电流。按图 7.27 接线，自耦调压器手柄置于零位。合上单相电源开关，调节自耦调压器输出电压，使变压器的原绕组加上额定电压，各副绕组均开路，测得原绕组的空载电流 I_0，并记录下来。$I_0 = $ ____ A。

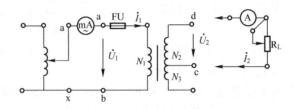

图 7.27　单相变压器实训线路

(3) 测定变比 n。选定一组变压器副绕组，按图 7.27 接线，在原绕组加上额定电压，测得副绕组的开路电压，求得原、副绕组电压之比，即为变比。

$$U_1 = \_\_\_\_V \qquad U_2 = \_\_\_\_V$$

(4) 测定额定负载时的电流和电压。线路同上，在原绕组加上额定电压，副绕组接通可变负载电阻 R_L，改变 R_L 使副绕组输出额定电流，分别测得原、副绕组的电压和电流值，并记录。

$$U_1 = \_\_\_\_V \qquad U_2 = \_\_\_\_V$$
$$I_1 = \_\_\_\_A \qquad I_2 = \_\_\_\_A$$

(5) 测定变压器的输出特性。线路同上，原绕组保持额定电压，改变负载电阻 R_L，使副绕组电流由零逐渐增加至额定值，测得六组以上副绕组电压 U_2 和电流 I_2，记入表 7-1 中。并将原绕组电压 U_1 记录下来。

表 7-1　　　　　$U_1 = $ ____V

U_2 (V)							
I_2 (A)							

(6) 测定变压器绕组的同名端。任取变压器的两个独立绕组，将绕组的端钮编号，用直流法和交流法各测一次同极性端。直流法接线见图 7.28 (a) 所示，所加的直流电压 U_S

以不超过线圈的额定电压为限,用万用表直流电压挡测定副边电压 U_2 的极性。交流法接线见图 7.28（b）所示,所加的交流电压 U_S,系采用工频,数值上不能超过线圈的额定电压,用万用表的交流电压挡测定电路中各交流电压值。测得同名性端为____端和____端。

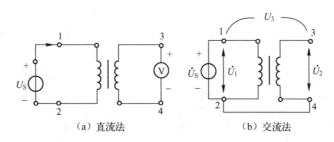

图 7.28 同名端实验法

4. 预习要求

（1）变压器的变比和阻抗变换。
（2）变压器绕组的同极性端和研究同极性端的意义,同极性端的测定方法。

项目实训 9　电流互感器应用

1. 实训目的

（1）了解电流互感器的结构,熟悉电流互感器的接线方式。
（2）掌握连接三台电流互感器与三相电度表接成星形接线电路,实现负载的电能测量。

2. 实训仪器及设备

（1）	电流互感器	LMZ-5/5,5A/3P	3 台
（2）	低压断路器	DZ47	1 台
（3）	螺旋式熔断器	RL1-15,配熔体 3A	3 只
（4）	三相四线有功电度表	DT862-4,380.220V/1.5-6A	1 个
（5）	白炽灯	220V/40W 0.5kVA	6 只

3. 实训内容

（1）电流互感器的接线方式如图 7.29 所示。
（2）三台电流互感器星形接线电路。电流互感器的星形接法如图 7.30 所示。在机电保护电路中也经常用到。

这种接线方式通过继电器的电流就是电流互感器的二次电流。三相星形连接,能测量三相电流,能保护三相短路、两相短路、单相接地短路,并具有相同的灵敏度。当三相短路时,各相都有短路电流,各电流互感器二次侧也都有短路电流,它们分别流经三相各继电器线圈,使三只继电器都动作。当 A、B 两相短路时,A、B 两相有短路电流,A、B 两相电流互感器二次侧也有短路电流,它们分别流经 A、B 两相继电器线圈,使两只继电器动作。如

A 相发生接地短路时，A 相有短路电流，A 相电流互感器二次侧也有短路电流，它流过 A 相继电器线圈使其动作。

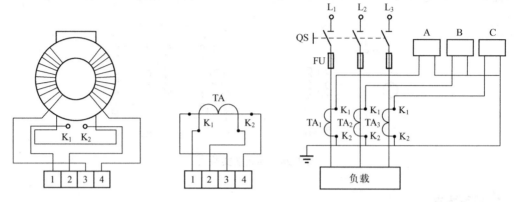

图 7.29　电流互感器的接线方式　　　　图 7.30　电流互感器的星形接法

三相星形连接比其他方式设备有投资大，接线复杂等缺点，但这种接线方式保护的灵敏度不会因故障类别不同而变化，主要用于大接地电流系统中的相间短路保护。在其他简单和经济接线方式不能满足灵敏度要求时，可采用这种方式。

（3）三台电流互感器星形接线电路典型应用。互感器典型的星形接线法如图 7.31 所示。依据线路图接线。

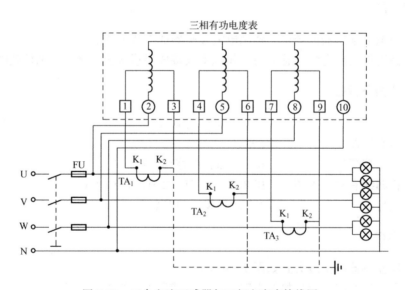

图 7.31　三台电流互感器与三相电度表接线图

经检查接线无误后，接通交流电源，此时负载照明灯正常发光，电度表的铝盘转动，计算度数的数字也相应转动。若操作中出现不正常故障，则应立即断开电源，分析故障并加以排除后，再进行通电实训。

习 题 7

7.1 电磁铁和一般的磁铁有什么异同？哪些因素会影响磁力的大小？日常生活中哪些是利用电磁铁制成的？

7.2 变压器由哪几部分组成？各部分的作用是什么？

7.3 变压器的铁芯为什么要用硅钢片叠装？

7.4 变压器能否用于直流电压的变换？

7.5 铁损与哪些因素有关？为什么直流铁芯线圈的磁路中没有铁损？用哪些方法可以减小铁损？

7.6 比较交、直流电磁铁的区别，填入表7–2中。

表7–2

铁芯结构及状态	直流电磁铁	交流电磁铁
铁芯结构		
吸合过程		
吸合后		
吸合不好时		

7.7 有一交流铁芯线圈接在220V、50Hz的正弦交流电源上，线圈的匝数为733匝，铁芯截面积为1300mm²。求：

（1）铁芯中的磁通最大值和磁感应强度最大值是多少？

（2）若在此铁芯上再套上一个匝数为60匝的线圈，则此线圈的开路电压是多少？

7.8 一个截面积为1400mm²的硅钢片铁芯，取 $B_m = 1T$，用来制作降压变压器，给一个额定功率额定电压为100W、36V的白炽灯供电，已知电源电压为220V，频率为50Hz，变压器效率为90%。试求变压器一、二次侧的匝数和电流。

7.9 直流电磁铁吸合后的电磁吸力与一交流电磁铁吸合后的平均吸力相等，问：

（1）将它们的励磁线圈的匝数减去一半，这时它们的吸力是否仍然相等？

（2）将它们的电压都降低一半，这时它们的吸力是否仍然相等？

7.10 有一额定容量 $S_N = 2kV \cdot A$ 的单相变压器，一次侧额定电压 $U_{1N} = 380V$，匝数 $N_1 = 1140$，二次侧匝数 $N_2 = 108$，试求：

（1）该变压器二次侧额定电压 U_{2N} 及一、二次侧的额定电流 I_{1N}、I_{2N} 各是多少？

（2）若在二次侧接入一个电阻性负载，消耗功率为800W，一、二次侧的电流 I_1、I_2 各是多少？

7.11 一台电源变压器，一次侧电压 $U_1 = 380V$，二次侧电压 $U_2 = 38V$，接有电阻性负载，一次侧电流 $I_1 = 0.5A$，二次侧电流 $I_2 = 4A$，试求变压器的效率 η 及损耗功率 P 损耗。

第8章 三相异步电动机及控制电路

本章知识点

- 三相异步电动机结构及工作原理
- 常用低压电器
- 三相异步电动机常用控制线路

8.1 三相异步电动机的结构及工作原理

电动机的作用是将电能转换为机械能。电动机可分为交流电动机和直流电动机两大类。交流电动机又分为异步电动机（或称感应电动机）和同步电动机。在工业生产上各种驱动装置中大多数使用的是交流电动机，特别是三相异步电动机，它被广泛地用来驱动各种金属切削机床、起重机、锻压机、传送带、铸造机械、功率不大的通风机及水泵等。

8.1.1 三相异步电动机的结构

三相异步电动机主要由固定不动的定子和旋转的转子两部分组成。

1. 定子

三相异步电动机的定子由机座、定子铁芯、定子绕组和端盖组成，如图8.1（a）所示。机座一般由铸铁制成，用于支撑电动机。定子铁芯是由冲有槽的硅钢片叠成，片与片之间涂有绝缘漆，用于产生磁场。冲片的形状如图8.1（b）所示。

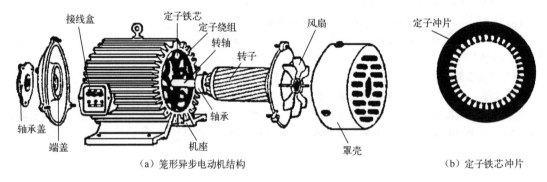

(a) 笼形异步电动机结构　　　　(b) 定子铁芯冲片

图 8.1　笼形异步电动机的各个部件

定子绕组是定子的电路部分，用于通入三相交流电流。中小型电动机一般采用绝缘铜线或铝线绕制成三相对称绕组，按一定的连接规则嵌放在定子槽中。三相定子绕组的六个接线端引出至接线盒，按国家标准，始端标以 U_1、V_1、W_1，末端标以 U_2、V_2、W_2。三相定子绕组可以连接成如图8.2所示的星形或三角形。当电源电压为380V（线电压）时，如果电动机各相绕组的额定电压是220V，则定子绕组必须连接成星形，如图8.2（a）所示；如果电动机各相绕组的额定电压为380V，则应将定子绕组连接成三角形，如图8.2（b）所示。

2. 转子

转子是由转子铁芯和转子绕组组成的。转子铁芯也是由相互绝缘的硅钢片叠压而成，用于产生磁场。转子铁芯冲片如图8.3（a）所示。铁芯外圆冲有槽，槽内安装转子绕组。根据转子绕组构造的不同可分为两种形式：笼形转子和绕线式转子。

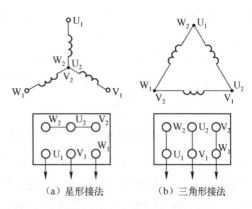

图8.2 三相绕组的连接

（1）笼形转子。笼形转子的绕组由安放在转子铁芯槽内的裸导体和两端的环形端环连接而成。制造时，在转子铁芯每个槽中穿入裸铜条，两端用短路环短接，称为铜条转子，如图8.3（b）所示；或者用离心铸铝工艺，将裸导体连同短路环和风扇叶片一次浇注成型，称为铸铝转子，如图8.3（c）所示。

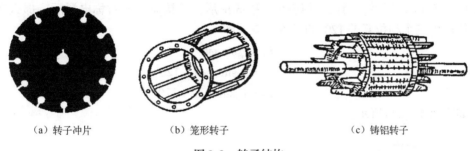

（a）转子冲片　　　　（b）笼形转子　　　　（c）铸铝转子

图8.3 转子结构

（2）绕线式转子。绕线式转子绕组同定子绕组一样，也是由导线制成三相对称绕组，放置在转子铁芯槽内。转子绕组固定连接成Y形，把三个接线端分别接到转轴上三个彼此绝缘的铜质滑环上，滑环与轴也是绝缘的，通过与滑环滑动接触的电刷，将转子绕组的三个始端接到机座的接线盒内，其结构如图8.4所示。三个接线端可以把外加的三相变阻器或电

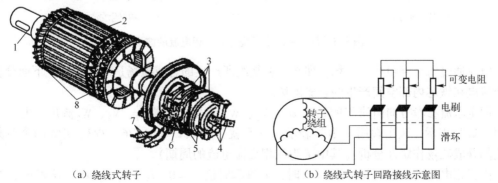

（a）绕线式转子　　　　　　　　（b）绕线式转子回路接线示意图

1—转轴；2—转子铁芯；3—滑环；4—转子绕线出线头；5—风扇；6—刷架；7—电刷引线；8—转子绕组

图8.4 绕线式转子

阻串入转子绕组中，从而改善电动机的启动和调速性能，当不接外加三相变阻器时，必须把三个接线端短接，使转子绕组形成闭合通路，否则电动机将不会转动。

上述两种类型转子的电动机只是在转子结构上有所不同，其工作原理完全一样。笼形电动机用得最多、最普遍；绕线式电动机有较好的启动和调速性能，一般用在要求频繁启动和在一定范围内调速的场合。

8.1.2 三相异步电动机的工作原理

三相异步电动机的定子绕组是一个空间位置对称的三相绕组，如果在定子绕组中通入三相对称的正弦交流电流，就会在电动机内部建立起一个恒速旋转的磁场，称为旋转磁场，它与转子绕组内的感应电流相互作用形成电磁转矩，推动转子旋转。下面首先分析旋转磁场的产生及其特点，然后再讨论异步电动机的工作原理。

1. 旋转磁场的产生及转速

（1）2极旋转磁场。如图8.5（a）所示为最简单的三相异步电动机的定子绕组，每相绕组只有一个线圈，三个相同的绕组 U_1-U_2、V_1-V_2、W_1-W_2 在空间的位置彼此互差120°，分别放在定子铁芯槽中。

如图8.5（b）所示，当把三相绕组连接成星形，并接通三相对称电源后，那么在定子绕组中便产生三个相位互差120°的对称电流，即

$$i_U = I_m \sin \omega t$$
$$i_V = I_m \sin (\omega t - 120°)$$
$$i_W = I_m \sin (\omega t + 120°)$$

其波形如图8.5（c）所示。

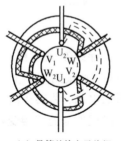
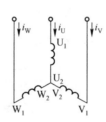
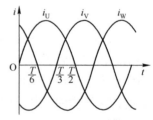

（a）最简单的定子绕组　　（b）三相绕组的星形连接　　（c）三相对称交流电流的波形

图8.5　最简单的定子绕组和三相电流的波形

电流通过每个绕组产生磁场，那么三相绕组所产生的合成磁场是怎样的呢？下面分析三相交流电在铁芯内部空间产生的合成磁场。

假定电流参考方向由线圈的始端 U_1、V_1、W_1 流入，末端 U_2、V_2、W_2 流出，电流流入端用"⊗"表示，流出端用"⊙"表示。下面就分别取 $t=0$、$T/6$、$T/3$、$T/2$ 四个时刻所产生的合成磁场作定性分析（其中 T 为三相交流电流的周期）。

由三相电流的波形可见，当 $t=0$ 时，电流瞬时值 $i_U=0$，$i_V<0$，$i_W>0$。这表示 U 相无电流，V 相电流是从绕组的末端 V_2 流向始端 V_1，W 相电流是从绕组的始端 W_1 流向末端 W_2，这一时刻由三个绕组电流所产生的合成磁场如图8.6（a）所示。它在空间形成磁力线方向

自下而上的 2 极磁场，对定子而言，上方磁力线穿入处为 S 极，下方磁力线发出处为 N 极。设此时 N、S 极的轴线（即合成磁场的轴线）为零度。

当 $t = T/6$ 时，$i_U > 0$，$i_V < 0$，$i_W = 0$，i_U 由 U_1 端流向 U_2 端，i_V 由 V_2 端流向 V_1 端，W 相无电流。其合成磁场如图 8.6（b）所示，也是一个 2 极磁场，但 N、S 极的轴线在空间顺时针方向转了 60°。

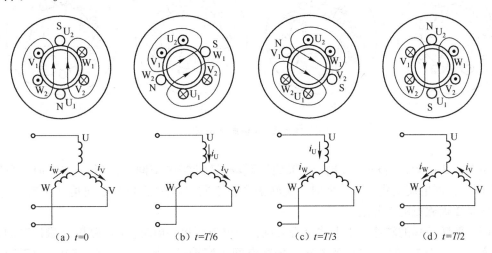

图 8.6　2 极旋转磁场

当 $t = T/3$ 时，$i_U > 0$，$i_V = 0$，$i_W < 0$，i_U 由 U_1 端流向 U_2 端，V 相无电流，i_W 由 W_2 端流向 W_1 端，其合成磁场比上一时刻又向前转过了 60°，如图 8.6（c）所示。

用同样的方法可得出当 $t = T/2$ 时，合成磁场比上一时刻又转过了 60°空间角。由此可见，图 8.6 所示产生的是一对磁极（由 N、S 二个磁极组成一对磁极）的旋转磁场。当电流经过一个周期变化时，磁场也沿着顺时针方向旋转一周，即在空间旋转的角度为 360°（一转）。

上面分析说明，这种空间互差 120°的绕组通入对称的三相交流电流时，在空间就产生一个旋转磁场。

（2）4 极旋转磁场。如果定子绕组的每相都是由两个线圈串联而成，U 相绕组由 U_1-U_2 与 $U'_1-U'_2$ 串联，V 相绕组由 V_1-V_2 与 $V'_1-V'_2$ 串联，W 相绕组由 W_1-W_2 与 $W'_1-W'_2$ 串联，定子槽数也增加一倍，各线圈在空间相隔 60°，分别嵌放在 12 个槽内，如图 8.7 所示。

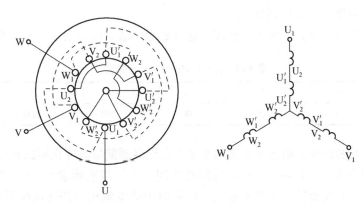

图 8.7　4 极定子绕组

按照类似于分析 2 极旋转磁场的方法，取 $t=0$、$T/6$、$T/3$、$T/2$ 四个点进行分析，其结果如图 8.8 所示。

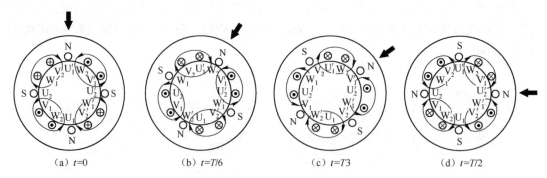

图 8.8 4 极旋转磁场

由图 8.8 可知，当 $t=T/6$ 时，4 极旋转磁场只转过 30°空间角；当 $t=T/2$ 时，只转过 90°空间角，即电流变化一个周期时，旋转磁场在空间只转过了 180°空间角（半转），其旋转速度是 2 极磁场的二分之一。

（3）旋转磁场的转速。由上述分析可见，当电流变化一周时，1 对磁极（磁极对的数量用 p 表示，1 对磁极即 $p=1$）的旋转磁场在空间正好转过一周。对于 $f_1=50\text{Hz}$ 的工频交流电来说，旋转磁场每秒钟将在空间旋转 50 周，其转速 $n_1=60f_1=60\times 50\text{r/min}=3000\text{r/min}$，若旋转磁场有 2 对磁极（$p=2$），则电流变化一周，旋转磁场只转过半周，比 $p=1$ 的情况下的转速慢了一半，即 $n_1=60f_1/2=1500\text{r/min}$，同理，在 3 对磁极（$p=3$）的情况下，电流变化一周，旋转磁场仅转了 1/3 周，即 $n_1=60f_1/3=1000\text{r/min}$。以此类推，当旋转磁场具有 p 对磁极时，旋转磁场转速为：

$$n_1=\frac{60f_1}{p} \tag{8-1}$$

式中，f_1——电源频率，单位为赫兹，符号为 Hz；

p——磁极对数，无量纲；

n_1——旋转磁场转速，单位为转/分，符号为 r/min。

旋转磁场的转速 n_1 又称为同步转速。由式（8-1）可知，它决定于定子电流频率 f_1（即电源频率）和旋转磁场的磁极对数 p。

我国的工业用电频率 $f_1=50\text{Hz}$。同步转速与磁极对数 p 的关系如表 8-1 所示。

表 8-1 $f_1=50\text{Hz}$ 时的同步转速

p	1	2	3	4	5	6
n_1（r/min）	3000	1500	1000	750	600	500

（4）旋转磁场的转向。由图 8.6 和图 8.8 中所示各瞬间磁场变化可以看出，当通入三相绕组中电流的相序为 $i_U\rightarrow i_V\rightarrow i_W$，旋转磁场在空间上是沿绕组始端 U→V→W 方向旋转的，在图中即按顺时针方向旋转。如果将通入三相绕组中的电流相序任意调换其中两相，例如，将 i_W 通入 V 相绕组，将 i_V 通入 W 相绕组，此时通入三相绕组电流的相序为 $i_U\rightarrow i_W\rightarrow i_V$，则

旋转磁场按逆时针方向旋转。由此可见旋转磁场的转向是由三相电流的相序决定的，即把通入三相绕组中的电流相序任意调换其中两相，就可改变旋转磁场的方向。

2. 转子转动原理

电动机定子绕组通入三相交流电流产生旋转磁场，在图8.9中以旋转的磁极N、S表示，转子绕组用一个闭合线圈来表示。

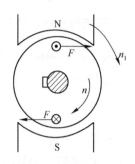

图8.9 三相异步电动机转子转动原理

旋转磁场以 n_1 速度顺时针方向旋转，磁力线切割转子绕组，在转子绕组中产生感应电动势，其方向用右手定则来确定。旋转磁场顺时针方向旋转，则转子绕组逆时针方向切割磁力线。在N极下，导体中感应电动势的方向垂直纸面向外（用⊙表示）；在S极下，导体中感应电动势方向垂直纸面向里（用⊗表示）。由于转子绕组是闭合的，因此在感应电动势的作用下会产生电流，其方向与感应电动势方向相同。转子绕组中的电流与旋转磁场相互作用产生电磁力 F，其方向用左手定则确定，如图8.9所示。电磁力产生电磁转矩，使转子以 n 速度与旋转磁场相同的方向转动起来。但转子的速度 n 不可能与旋转磁场的转速 n_1 相等，如果两者速度相等，方向又相同，则转子与旋转磁场之间就没有相对运动，那么转子绕组中就不会产生感应电动势，电磁转矩也就不会产生。因此，异步电动机的转子转速一定低于旋转磁场的转速，两者不同步，这就是异步电动机名称的由来。由于它是靠感应电动势和电流而工作，因此又叫感应电动机。而旋转磁场转速 n_1 常称为同步转速。

综上所述，三相异步电动机的工作原理是：由定子绕组通入三相交流电源而产生旋转磁场，在转子绕组上产生感应电动势和电流，转子电流与旋转磁场相互作用产生电磁力，从而形成电磁转矩，转子就转动起来。

3. 转差率

通常把旋转磁场的转速 n_1 与转子转速 n 的差值称为转差，转差与 n_1 的比值称为转差率，用 s 表示，即：

$$s = \frac{n_1 - n}{n_1} \tag{8-2}$$

转差率是分析异步电动机运行情况的一个重要参数。例如启动时，$n=0$，$s=1$，转差率最大；稳定运行时 n 接近 n_1，s 很小；额定运行时，s 约为 0.02~0.06。

【例8-1】 一台三相异步电动机的额定转速为 $n_N=1460 \text{r/min}$，电源频率 $f=50 \text{Hz}$，求该电动机的同步转速、磁极对数和额定运行时的转差率。

解： 由于电动机的额定转速小于且接近于同步转速，对照表8-1可知，与1460r/min 最接近的同步转速为 $n_1=1500 \text{r/min}$，与此对应的磁极对数为 $p=2$，是4极电动机。

根据式（8-2）可知，额定运行时的转差率为：

$$s_N = \frac{n_1 - n}{n_1} = \frac{1500 - 1460}{1500} = 0.027$$

8.1.3 三相异步电动机的电磁转矩和机械特性

1. 三相异步电动机的电磁转矩

三相异步电动机的电磁转矩 T 是由转子电流 I_2 与旋转磁场相互作用而产生的。经数学分析，电磁转矩 T 为：

$$T = CU_1^2 \frac{sR_2}{R_2^2 + (sX_{20})^2} \tag{8-3}$$

式中，C 是一常数；

R_2、X_{20} 是转子每相绕组的电阻和电抗，通常也是常数。

式（8-3）中表明，转矩 T 与定子每相电压 U_1 的平方成比例，当电源电压变动时，对转矩的影响很大。

2. 三相异步电动机的机械特性

在一定的电源电压 U_1 和转子电阻 R_2 之下，转矩与转差率的关系曲线 $T=f(s)$ 或转速与转矩的关系曲线 $n=f(T)$，称为电动机的机械特性曲线，如图 8.10 所示。这一曲线称为电动机的机械特性曲线。

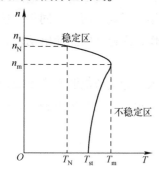

图 8.10 电动机的机械特性曲线

机械特性曲线分为稳定区和不稳定区。异步电动机的额定运行点约在稳定区的中部，如图 8.10 中的点（T_N, n_N）。当负载减小，$T>T_N$ 时，转子加速运转，工作点将沿特性曲线上移，电磁转矩自动减小，直到电磁转矩与负载阻转矩达到新的平衡，n 不再升高，电动机便稳定运行在转速比原先略高的工作点。反之，当负载增大，$T<T_N$ 时，转子将减速运转，工作点将沿特性曲线下移，电磁转矩自动增加，直到电磁转矩与负载阻转矩达到新的平衡，n 不再下降，电动机便稳定运行在转速比原先略低的工作点。

由此可见，电动机在稳定运行时，其电磁转矩和转速的大小都决定于它所拖动的机械负载。负载转矩变化时，异步电动机的转速变化不大，这种机械特性称为硬特性。

机械特性上有三个重要运行点：额定运行点、最大转矩点及启动转矩点。

（1）额定运行点。额定运行点是指异步电动机在额定运行状态下工作时的运行点。此时的电磁转矩称为额定转矩 T_N，对应的转速为额定转速 n_N。如忽略电动机本身的机械阻力转矩，可近似地认为，电动机产生的额定电磁转矩 T_N 等于轴上的额定输出转矩，可按下式计算：

$$T_N = 9550 \frac{P_N}{n_N} \tag{8-4}$$

式中，P_N 为电动机的额定功率，单位为 kW；

n_N 为电动机的额定转速，单位为 r/min。

（2）最大转矩点。最大转矩点是指异步电动机产生最大电磁转矩时的运行点，其最大转矩（或称为临界转矩）用 T_m 表示。最大转矩对应的转差率 s_m 称为临界转差率。

当负载转矩超过最大转矩时,电动机将因带不动负载而发生停车,俗称"闷车"。此时,电动机的电流立即增大到额定值的6~7倍,将引起电动机严重过热,甚至烧毁。因此,电动机在运行中一旦出现堵转过电流时应立即自动切断电源,并卸掉过重的负载。

最大转矩与额定转矩之比称为过载系数,用 λ_m 表示:

$$\lambda_m = \frac{T_m}{T_N} \tag{8-5}$$

一般异步电动机的 $\lambda_m = 1.8 \sim 2.2$,特殊用途电动机的 λ_m 可达到3或更大。

(3)启动转矩点。启动转矩点是指异步电动机刚通电且转子没有转动时所对应的运行点,即 $n=0$ 或 $s=1$ 时的运行点,此时所产生的电磁转矩称为启动转矩,用 T_{st} 表示。

为了保证电动机能启动,电动机的启动转矩必须大于电动机静止时的负载反转矩。通常用它与额定转矩的比值来衡量启动能力的大小,称启动系数,用 λ_{st} 表示:

$$\lambda_{st} = \frac{T_{st}}{T_N} \tag{8-6}$$

一般异步电动机的启动系数约为1.2~2.2。

8.1.4 三相异步电动机的铭牌及技术参数

1. 铭牌

每台电动机的铭牌上都标注了电动机的型号、额定值和在额定运行状况下的有关技术参数。在铭牌上所规定的额定值和工作条件下运行,称为额定运行。铭牌上的额定值及有关技术数据是正确设计、选型、使用和维修电动机的依据。一台Y160M-2三相异步电动机的铭牌如表8-2所示。

表8-2 三相异步电动机铭牌

三相异步电动机					
型号	Y160M-2	功率	11kW	频率	50Hz
电压	380V	电流	21.8A	接法	△
转速	2930r/min	绝缘等级	B	工作方式	连续
年 月		编号		×××制造	

1. 型号

Y160M-2是该三相异步电动机的型号,含义如下:

Y——笼形三相异步电动机。

160——此数值表示电动机的机座中心高。本例电动机的机座中心高为160mm。

M——此字母表示电动机的机座号。本例M表示中号机座(L、S分别表示长、短号机座)。

2——磁极数为2极(即1对磁极,$p=1$)。

目前,常用异步电动机的系列基本为Y系列,该系列又派生出各种特殊系列。如,具有绕线式转子的YR系列,具有高启动转矩的YQ系列,能电磁调速的YC系列,具有隔爆能力的 YB 系列等。

2. 额定电压 U_N 和接法

U_N 是指电动机额定运行状态时，定子绕组应加的线电压，单位为伏（V）。一般规定电源电压波动不应超过额定值的 5%。本例 $U_N=380V$。

若电压低于额定值将引起转速下降，电流增加。若在满载或接近满载时，电流的增加将超过额定值，使绕组过热。同时在低于额定电压下运行，最大转矩 T_m 会显著降低，这对电动机的运行是不利的。

Y 系列三相异步电动机规定额定功率在 3kW 及以下的为 Y 连接，4kW 及以上的为 △ 连接。

3. 额定电流 I_N

I_N 是指电动机在额定电压下运行，输出功率达到额定值时，流入定子绕组的线电流，单位为安（A）。本例中 $I_N=21.8A$。

4. 额定功率 P_N

P_N 是指电动机额定运行状态时，轴上输出的机械功率，单位为千瓦（kW）。本例 $P_N=11kW$。三相异步电动机额定功率 P_N 与额定电压 U_N、额定电流 I_N 的关系满足 $P_N=\sqrt{3}U_N I_N \cos\varphi_N \eta_N$，其中 $\cos\varphi_N$ 为额定功率因数，η_N 为额定机械效率。

5. 额定频率 f_N

f_N 是指加在电动机定子绕组上的允许频率。我国电网频率规定为 50Hz。

6. 额定转速 n_N

n_N 是指电动机在额定状态下运行时转子的转速，单位为转/分（r/min）。本例电动机的额定转速 $n_N=2930r/min$。

7. 绝缘等级

指电动机内部所用绝缘材料允许的最高温度等级，它决定了电动机工作时允许的温升。各种等级所对应温度关系见表 8-3。本例电动机为 B 级绝缘，定子绕组的容许温度不能超过 130℃。

表 8-3 电动机允许温升与绝缘耐热等级关系

绝缘耐热等级	A	N	B	F	H	C
允许最高温度（℃）	105	120	130	155	180	180 以上
允许最高温升（℃）	60	75	80	100	125	125 以上

在规定的温度内，绝缘材料保证电动机在一定期限内（一般为 15~20 年）可靠地工作，如果超过上述温度，绝缘材料的寿命将大大缩短。

8. 工作方式

电动机工作方式分为三种：

（1）连续工作方式用 S1 表示，这种工作方式允许电动机在额定条件下长时间连续运行。

（2）短时工作方式用 S2 表示，这种工作方式允许电动机在额定条件下只能在规定时间内运行。

（3）断续工作方式用 S3 表示，它允许电动机在额定条件下以周期性间歇方式运行。

本例电动机工作方式为连续方式。

在铭牌上除了给出以上主要数据外，有时还要了解其他一些数据，一般可从产品资料和有关手册中查到。

【例 8-2】有一台三相异步电动机，其额定数据如下：$P_N = 40\text{kW}$，$n_N = 1470\text{r/min}$，$U_N = 380\text{V}$，$\eta_N = 0.9$，$\cos\varphi_N = 0.9$，$\lambda_m = 2$，$\lambda_{st} = 1.2$。试求：（1）额定电流；（2）额定转差率；（3）额定转矩 T_N、最大转矩 T_m、启动转矩 T_{st}。

解：（1）4kW 以上的电动机通常是三角形连接。

$$I_N = \frac{P_N \times 10^3}{\sqrt{3} U_N \cos\varphi_N \eta_N} = \frac{40 \times 10^3}{\sqrt{3} \times 380 \times 0.9 \times 0.9} = 75(\text{A})$$

（2）由 $n_N = 1470\text{r/min}$ 可知，电动机是四极的，$p = 2$，$n_1 = 1500\text{r/min}$，所以

$$s_N = \frac{n_1 - n_N}{n_1} = \frac{1500 - 1470}{1500} = 0.02$$

（3）由式（8-4）可知，$T_N = 9550\dfrac{P_N}{n_N} = 9550 \times \dfrac{40}{1470} = 259.9(\text{N}\cdot\text{m})$

由式（8-5）可知，$T_m = \lambda_m T_N = 2 \times 259.9 = 519.8(\text{N}\cdot\text{m})$

由式（8-6）可知，$T_{st} = \lambda_{st} T_N = 1.2 \times 259.9 = 311.88(\text{N}\cdot\text{m})$

8.1.5 三相异步电动机的选择

三相异步电动机应用广泛，根据不同生产机械的要求，正确选择电动机的功率、种类、形式，以及正确选择它的保护电器和控制电器是极为重要的。选择电动机要从技术和经济两方面考虑，既要合理选择电动机的容量类型、结构形式和转速等技术指标，又要兼顾设备的投资、费用等经济指标。

1. 功率的选择

电动机功率选择过大，电动机未能充分利用，增加了设备的投资，不经济；电动机功率选择过小，电动机长期过载，造成电动机过早损坏。对于连续运行电动机功率的选择，所选的电动机功率应不低于生产机械的功率。

2. 种类和形式的选择

（1）种类的选样。电动机种类的选择，主要是考虑生产机械对电动机的启动、调速要求。根据生产机械负载性质来选择电动机种类，如表 8-4 所示。

表 8-4 电动机种类的选择

负 载 性 质	电动机种类
启动次数不频繁，不需电气调速	笼形异步电动机
要求调速范围较大，启动时负载转矩大	绕线式异步电动机
只要求几种速度，不要求连续调速	多速异步电动机
要求调速范围广而且功率较大	直流电动机

（2）结构形式的选择。电动机结构形式有开启式、防护式、封闭式、防爆式等，根据电动机的工作环境来选择。在干燥无尘环境，可采用开启式电动机；在正常工作环境，一般采用防护式电动机；在潮湿、粉尘较多或户外场所，应采用封闭式电动机；在有爆炸危险或有腐蚀性气体的地方，应选用防爆式电动机。

3. 电压和转速的选择

（1）电压的选择。电动机电压等级的选择，要根据电动机类型、功率以及使用地点的电源电压来决定，三相异步电动机额定电压一般为380V。大功率异步电动机采用3000V或6000V的额定电压。

（2）转速的选择。电动机额定转速是根据电动机所带生产机械负载的需要而选定的。但是，通常转速不低于500r/min。因为功率一定时，电动机转速越低，电动机的尺寸越大，价格越贵，而且效率也越低。

8.1.6 电动机的启动

电动机接通电源后转速从零开始增加到稳定转速的过程称为启动。电动机的启动性能主要是指它的启动电流和启动转矩两方面。前已述及，异步电动机启动瞬间的 $s=1$，转子电流最大，定子绕组也相应地出现很大的启动电流 I_{st}，其值约为额定电流 I_N 的 4~7 倍；而其间转子功率因数很低，启动转矩 T_{st} 并不大。

电动机的启动电流过大将会使电网电压产生波动（特别是容量较大的电动机启动时），从而影响接在电网上的其他设备的正常运行；还会使电动机绕组发热，绝缘老化，从而缩短电动机的使用寿命。所以必须根据异步电动机的不同情况，采取不同的启动方式，限制启动电流，并应尽可能地提高启动转矩，以保证电动机顺利地启动。笼型电动机的启动有直接启动和减压启动。

1. 直接启动

所谓直接启动，就是启动时直接给电动机加额定电压，故又称全压启动。直接启动的优点是启动设备与操作都比较简单，其缺点是启动电流大，启动转矩小。对于小容量笼形异步电动机，因电动机启动电流较小，且体积小，惯性小，启动快，一般来讲，对电网，对电动机本身都不会造成影响，因此可以直接启动，但必须根据电源的容量来限制直接启动电动机容量。

在工程实践中，哪些电动机能直接启动，必须根据电源的容量来限制直接启动电动机容量，可由式 8-7 的经验公式核定：

$$\frac{I_{st}}{I_N} \leq \frac{3}{4} + \frac{S_N}{4P_N}$$

式中，I_{st} 为电动机的启动电流（A）；

I_N 为电动机的额定电流（A）；

P_N 为电动机的额定功率（kW）；

S_N 为电源总容量（kV·A）

如果不能满足上式的要求，则必须采取限制启动电流的方式进行启动。

2. 降压启动

如果笼型电动机的容量较大或启动频繁，为了减小它的启动电流通常采用降压启动，即启动时在电动机的定子绕组加上一个较低的电压，当电动机的转速升高到接近额定转速时，再加额定电压运行。由于降低了启动电压，启动电流减小了，但由于启动转矩与定子每相电压的平方成正比，所以启动转矩也显著减小了。这种方法只适用空载或轻载启动。常用的降压启动方法有：定子绕组串电阻降压启动、星形－三角形（Y－Δ）降压启动和自耦变压器降压启动等。

(1) 星形－三角形（Y－Δ）降压启动。对于正常工作时定子绕组接成三角形的笼形电动机，在启动时可将定子绕组连接成星形，待电动机转速接近额定值时，再切换成三角形接法进入正常工作。采用星形－三角形降压启动时，定子绕组的电压降低为直接启动时的 $1/\sqrt{3}$，启动电流和启动转矩减小为直接启动时的 $1/3$。采用 Y－Δ 降压启动既限制了启动电流，同时也牺牲了启动转矩，因此，这种启动方法只适用于空载或轻载启动。

如图 8.11 所示为星形－三角形降压启动的原理图。在图中，当开关 QS_2 合向"Y 启动"时，电动机定子绕组接成星形，开始降压启动；待电动机转速增加到接近额定值时，再将 QS_1 合向"Δ 运行"位置，电动机定子绕组接成三角形，电动机进入全压正常运行。

采用星形－三角形降压启动方法时设备简单，操作方便，在允许轻载或空载启动的情况下，此方法得到广泛应用，但它仅适用于正常运转时定子绕组接成三角形的电动机。

(2) 自耦变压器降压启动。自耦变压器降压启动是利用三相自耦变压器将电动机在启动过程中的端电压降低，其接线如图 8.12 所示。启动时，将开关的操作手柄扳到"启动"

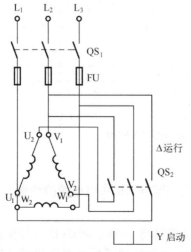

图 8.11　星形－三角形（Y－Δ）降压启动原理图

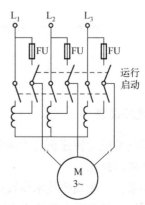

图 8.12　自耦变压器降压启动原理图

位置，这时电源电压加在三相自耦变压器的全部绕组上（即接在原边绕组上），而电动机定子绕组则接在它的部分绕组上（即接在副边绕组上），所以电动机在较低的电压下启动。当转速上升到接近额定转速时，再把手柄倒向"运行"位置，自耦变压器切除，使电动机直接与电源相接，在额定电压下正常运行。

设自耦变压器的变比为 $k = N_1/N_2$，则启动时电动机定子绕组的电压降压为直接启动时的 $1/k$，启动电流和启动转矩减小为直接启动时的 $1/k^2$，因此，采用自耦变压器降压启动，其启动电流及启动转矩会同时减小，且减小的大小取决于自耦变压器的变比。这种启动方法与星形－三角形降压启动一样，只适用于空载或轻载启动。与星形－三角形降压启动不同的是，这种方法仅适用于星形连接的电动机。

8.1.7 三相异步电动机的调速

电动机的调速就是在同一负载下得到不同的转速，以满足生产过程的要求。例如，各种切削机床的主轴运动随着工件与刀具的材料、工件直径、加工工艺的要求及走刀量的大小等的不同，要求有不同的转速，以获得最高的生产效率和保证加工质量。如果采用电气调速，就可以大大简化机械变速机构。由式（8-2）可得：

$$n = (1-s)n_1 = (1-s)60\frac{f_1}{p}$$

上式表明，改变电动机的转速有三种可能的途径，即改变极对数 p、电源频率 f_1 及转差率 s。因此三相异步电动机的调速方法有变频调速、变极调速、变转差率调速三种，前两种方法可用于笼形电动机，后一种方法只可用于绕线式电动机。

1. 变极调速

变极调速就是改变电动机旋转磁场的磁极对数 p，从而使电动机的同步转速 n_1 发生变化而实现电动机的调速，一般采用改变定子绕组的连接来实现，如图 8.13 所示。这种调速方法尽管操作设备简单，但由于磁极对数只能成倍变化，所以无法实现无级调速，在实际应用中，常将变极调速与其他调速方法配合，以改善调速的平滑性。

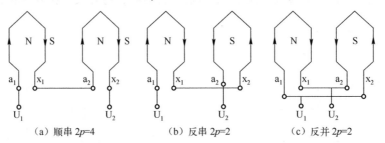

(a) 顺串 $2p=4$　　(b) 反串 $2p=2$　　(c) 反并 $2p=2$

图 8.13　三相笼型异步电动机变极原理

2. 变频调速

异步电动机的转速正比于电源的频率，若连续调节电动机供电电源的频率 f_1，即可连续调节电动机的转速。

近年来，变频调速技术发展很快，通过变频装置可将 380V、50Hz 的三相交流电变换为所需的频率 f_2 和电压有效值 U_2 可调的三相交流电，从而实现了异步电动机的无级调速，如

图 8.14 所示。

异步电动机变频调速性能很好,它的调速范围大,平滑性好,机械特性曲线硬度不变,但它需要一套专用的变频电源,设备投资较高。随着电力电子技术、大功率半导体器件和集成工艺的不断发展,现在有了专业而成熟的各种型号的变频器,大大促进了交流电动机变频调速的广泛应用,变频调速已成为三相异步电动机调速的主要发展方向。

3. 变转差率调速

在绕线式电动机的转子电路中,接入调速变阻器,改变转子回路电阻,即可实现调速,如图 8.15 所示。这种调速方法也能平滑地调节电动机的转速,但能耗较大,调速范围有限,目前主要应用在起重设备中。在转子电路中串电阻调速消耗能量较多,经济性较差。

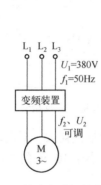
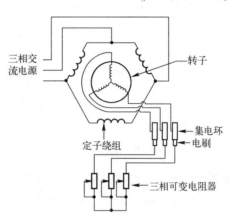

图 8.14 异步电动机的变频调速　　图8.15 绕线式电动机转子绕组串电阻调速

8.1.8 三相异步电动机的制动

电动机断开电源后,由于转子及所带负载转动惯性,不会马上停止转动,还要继续转动一段时间。这种情况对于有些工作机械是不适宜的,如起重机的吊钩需要立即减速定位,这就需要制动。

制动就是给电动机一个与转动方向相反的转矩,促使它很快地减速和停转。常用的电气制动方法有两种:反接制动与能耗制动。

1. 能耗制动

如图 8.16 所示,电动机定子切断三相电源后,立即通入直流电,在定子和转子间形成恒定磁场。根据右手定则和左手定则不难确定,此时惯性运转的转子导体切割磁力线,在转子导体上产生感应电流,该电流又与磁场相互发生电磁作用产生电磁转矩,可见这时的电磁转矩与惯性运转方向相反,所以是制动转矩。在此制动转矩作用下,电动机将迅速停转。这种制动方法把转子及拖动系统的动能转换为电能并以热能的形式迅速消耗在转子电路中,因而称为能耗制动。

能耗制动转矩的大小与通入定子绕组直流电的大小有关,可通过调节电阻 R 值来控制。电动机停转后,由控制电路自动切断直流电源。

能耗制动的优点是制动平衡，消耗电能少，但需要有直流电源。这种制动方法广泛应用于一些金属切削机床中。

2. 反接制动

若异步电动机正在稳定运行时，将其三相定子绕组工作电源的任意两相对调，即改变电动机三相电源相序，旋转磁场随之反向，转子由于惯性的作用仍在原来方向上旋转，反向的旋转磁场与转子载流导体相互作用，产生一个与转子转向相反的制动力矩对转子产生强烈的制动作用，电动机转速迅速下降为零，使被拖动的负载快速停止，电源反接制动原理如图 8.17 所示。

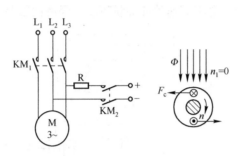
图 8.16 能耗制动原理图

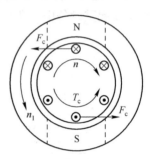
图 8.17 反接制动原理图

反接制动的优点是制动强度大，制动速度快。缺点是能量损耗大，对电动机和电源产生的冲击大，不易实现准确停转。它常用于启动不频繁、功率小于 10kW 的中小型机床及辅助性的电力拖动中。

反接制动使用中需要注意，在转子转速下降至零时，需要及时切断电源，否则电动机会反向启动运行。

8.2 常用低压电器

在电能的产生、输送、分配和应用中，起着开关、控制、调节和保护作用的电气设备称为电器。低压电器通常是指工作在交流电压 1000V、直流电压 1200V 以下电路中的电气设备。

低压电器按它的动作方式可分为：

（1）手动电器。这类电器的动作是由工作人员手动操纵的，例如刀开关、组合开关及按钮等。

（2）自动电器。这类电器是按照操作指令或参量变化信号自动动作的，例如接触器、继电器、熔断器和行程开关等。

低压电器按它在线路中所起的作用可分为：

（1）控制电器。这类电器主要用来控制电动机启动、停止、正反转或调速等。

（2）保护电器。这类电器主要用来保护受控对象和控制线路不遭受故障或事故危害，例如对电动机进行短路、过载和失压保护等。

下面介绍几种控制电路中常用的低压电器。

8.2.1 开关电器

1. 刀开关

刀开关又称闸刀开关，是结构最简单、应用最广泛的一种手动电器。刀开关在低压小功率电路中，做不频繁接通和分断电路用，或用来将电路与电源隔离。刀开关结构简单，主要由刀片（动触点）、刀座（静触点）、瓷质底板和胶木盖组成。按刀片的数目分类，可分为单极、双极和三极三种类型。图 8.18 所示是刀开关的结构图及电气符号。

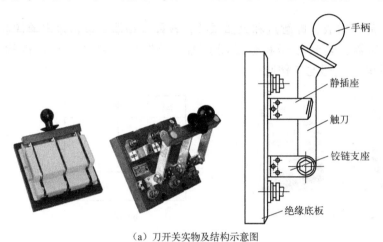

（a）刀开关实物及结构示意图　　　（b）电气符号

图 8.18　刀开关实物及结构与电气符号

在安装使用刀开关时必须注意：电源接刀座（静触点），负载接刀片（动触点）。因为当断开电源时，裸露在外面的刀片是不带电的，以保证用电安全。其次，在安装刀开关时，必须使合闸接通电源时，刀片是向上推入刀座的。如果刀开关倒装，则若长期振动或使用时间过长，会引起刀片铆钉松动，结果即使不合闸，稍有振动，刀片也会自行掉下来接通电源，造成误合闸。

2. 组合开关

组合开关为手动电器，又称转换开关，由数层动、静触片组装在绝缘盒组成。如图 8.19 （a） 所示。动触点装在转轴上，用手柄转动转轴使动触片与静触片接通与断开，可实现多条线路、不同连接方式的转换。图 8.19 （b） 为组合开关的结构示意图。手柄可向任意方向手动旋转，每旋转 90°，动触头就接通或断开电路。转换开关中由于采用了扭簧储能，弹簧可使动、静触片快速动作，与人的操作速度无关，有利于熄灭电弧。组合开关在控制电路中常作为隔离开关使用，符号如图 8.19 （c） 所示。

3. 断路器

断路器又称自动空气开关，是一种既有手动开关作用又能自动进行欠电压、失电压、过载和短路保护作用的电器。在正常情况下，也可用于不频繁地接通和断开电路及控制电动机。以下介绍应用广泛的塑料外壳式断路器的结构和工作原理。

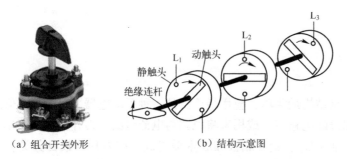

（a）组合开关外形　　　　（b）结构示意图　　　　　（c）符号

图8.19　组合开关的外形、结构和电气符号

断路器主要由三个基本部分组成，即触点和灭弧系统；各种脱扣器，包括过电流脱扣器、失电压（欠电压）脱扣器、热脱扣器和分励脱扣器；操作机构和自由脱扣机构。图8.20是断路器的外形图和电气符号与工作原理图。

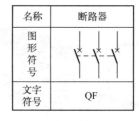

（a）断路器外形　　　　　　　　　　　（b）符号

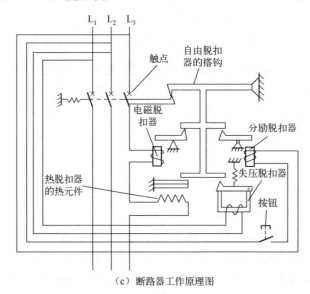

（c）断路器工作原理图

图8.20　断路器的外形、工作原理和电气符号

图8.20（c）中，开关的主触点是靠操作机构手动或电动合闸的，主触点闭合后，自由脱扣机构将主触点锁在合闸位置上。过电流脱扣器（电磁脱扣器）的线圈和热脱扣器的热元件与主电路串联，失压脱扣器的线圈与主电路并联。当电路发生短路或严重过载时，过电流脱扣器的衔铁被吸合，使自由脱扣机构动作。当电路过载时，热脱扣器的热元件产生的热量增加，加热双金属片，使之向上弯曲，推动自由脱扣机构动作。当电路失压时，失压脱扣

·120·

器的衔铁释放，也使自由脱扣机构动作。自由脱扣机构动作时自动脱扣，使开关自动跳闸，主触点断开分断电路。分励脱扣器作为远距离控制分断电路之用。

8.2.2 主令电器

主令电器属于控制电器，在自动控制系统中用于接通和分断控制线路以达到发号施令的目的。主令电器应用广泛，种类繁多，按其作用可分为：控制按钮、行程开关、接近开关及其他主令控制器等。

1. 按钮

按钮是一种结构简单、在控制电路中发出手动"指令"的主令电器。按钮通常是接在控制电路中，用于接通、断开小电流的控制电路。其结构及图形符号如图 8.21 所示，只具有常开触点的按钮称常开按钮，只具有常闭触点的按钮称常闭按钮。常开按钮未按下时，触头是断开的，按下时触头被接通；松开后，按钮在复位弹簧的作用下复位断开。常闭按钮与常开按钮相反，未按下时，触头是闭合的，按下时触头被断开；松开后，按钮在复位弹簧的作用下复位闭合。

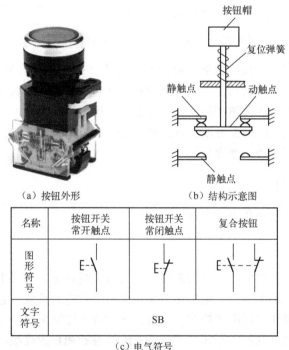

图 8.21 按钮结构与电气符号

通常将常开与常闭按钮组合为一体，称为复合按钮。

复合按钮的动作原理如下：按下按钮帽，动触点下移，常闭触点先断开，常开触点后闭合。松开按钮帽，动触点在复位弹簧作用下上移复位，常开触点先断开，常闭触点后闭合。按钮在切换过程中，总是将原先闭合的触点先断开，而后将原先断开的触点闭合，这种

"先断后合"的特点，可用来实现控制电路中的联锁要求。

我国按钮的额定电压交流为500V，直流为440V；额定电流大都为5A；按钮数有单按钮、双联按钮和三联按钮；每只按钮的触点对数有一对常开，或一对常闭，或两对常开，或两对常开和两对常闭等多种组合，有的按钮还带有信号灯，可根据需要选用。

2. 行程开关

行程开关又称限位开关，是一种利用生产机械某些运动部件的碰撞来发出控制指令的主令电器。用于控制生产机械的运动方向、行程大小或位置保护。图8.22所示为行程开关外形及电气符号。

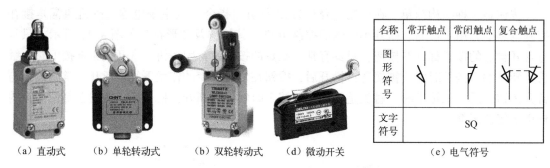

图8.22 行程开关的外形、结构和电气符号

行程开关种类很多，按其运动形式可分为直动式（按钮式）和转动式（又分单轮转动式和双轮转动式）等。其结构可分为三个部分：操作机构、触点系统和外壳。

行程开关的工作原理和按钮相似，其动作靠生产机械运动部件上的撞块来撞压。当撞块压着行程开关时，使其常闭触点分断，常开触点闭合；当撞块离开时，靠弹簧作用使触点复位（双轮转动式要靠反向撞动来复位）。

8.2.3 执行电器

执行电器包括接触器和各类继电器。

1. 接触器

接触器是一种自动控制电器，可用来频繁地接通或断开交、直流主电路及大容量控制线路。它主要的控制对象是电动机，也可用于其他大电流的电力负载。它还具有低电压释放保护功能，适用于频繁操作和远距离控制，是电力拖动自动控制系统中应用最广泛的电器。接触器按其主触点通过电流的种类不同，可分为交流接触器和直流接触器。本节主要介绍交流接触器。

（1）交流接触器的结构。图8.23所示为交流接触器的外形、结构示意图和电气符号，交流接触器主要由电磁机构、触点系统和灭弧装置三个部分组成。

电磁机构由线圈、动铁芯、静铁芯组成。铁芯用硅钢片叠压铆成，大多采用衔铁直线运动的双E形结构，其端面的一部分套有短路铜环，以减少衔铁吸合后的振动和噪声。

触点系统是接触器的执行元件，用以接通或分断所控制的电路，插接式还可以根据需要扩展辅助触点的数量。容量在10A以上的接触器都有灭弧装置，以熄灭电弧。此外，还有

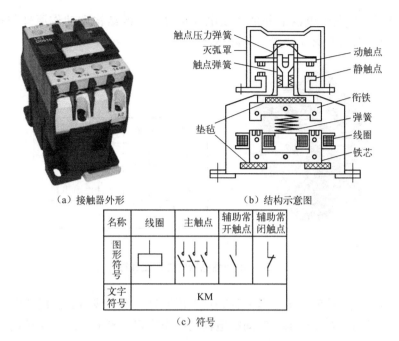

图 8.23 交流接触器的外形、结构和符号

各种弹簧、传动机构及外壳等其他部件。

（2）交流接触器的工作原理。交流接触器的工作原理是利用电磁力与弹簧弹力相配合，实现触点的接通和分断的。交流接触器有两种工作状态：失电状态（释放状态）和得电状态（动作状态）。当吸引线圈通电后，使静铁芯产生电磁吸力，衔铁被吸合，与衔铁相连的连杆带动触点动作，使常闭触点断开，使常开触点闭合，接触器处于得电状态；当吸引线圈断电时，电磁吸力消失，衔铁在复位弹簧作用下释放，所有触点随之复位，接触器处于失电状态。

选择交流接触器时应注意以下几点：

① 接触器主触点的额定电压不小于负载额定电压，额定电流不小于 1.3 倍负载额定电流。

② 当线路简单、使用电器较少时，接触器线圈额定电压可选用 220V 或 380V；当线路复杂、使用电器较多或不太安全的场所，可选用 36V、110V 或 127V。

③ 接触器的触点数量、种类应满足控制线路的要求。

④ 操作频率（每小时触点通断次数）应满足控制线路要求。

当通、断较大电流及通、断频率超过规定数值时，应选用额定电流大一级的接触器；否则会使触点严重发热，甚至熔焊在一起，造成电动机等负载缺相运行。

2. 继电器

（1）中间继电器。中间继电器的触头对数较多（8 对或更多），触头允许通过的电流较小，一般用于 5A 以下的控制电路中做信号放大或多路控制转换。例如，当控制电流太小而不能直接使容量较大的接触器动作时，可用该控制电流先控制一个中间继电器，由中间继电器再控制接触器，此时中间继电器做信号放大使用。

图 8.24 所示为中间继电器的外形图及电气符号。它的结构和动作原理与接触器相似，区别在于它没有主触头和灭弧装置，所以小巧灵敏。

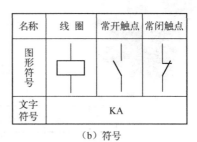

（a）外形　　　　　　　　　　　（b）符号

图 8.24　中间继电器的外形图和符号

（2）时间继电器。时间继电器是一种利用电磁原理、电子线路或机械动作原理实现触点延时接通或断开的自动控制电器。时间继电器的种类很多，有电磁式、空气式、电动式、电子式等，如图 8.25 所示。

图 8.25　各种时间继电器

① 空气阻尼式时间继电器又称为气囊式时间继电器，它是根据空气压缩产生的阻力来进行延时的，其结构简单，价格便宜，延时范围大（0.4~180s），但延时精确度低。

② 电磁式时间继电器延时时间短（0.3~1.6s），但它结构比较简单，通常用在断电延时场合和直流电路中。

③ 电动式时间继电器的原理与钟表类似，它是由内部电动机带动减速齿轮转动而获得延时的。这种继电器延时精度高，延时范围宽（0.4~72h），但结构比较复杂，价格很贵。

④ 晶体管式时间继电器又称为电子式时间继电器，它是利用延时电路来进行延时的。这种继电器精度高，体积小。

下面以空气阻尼式时间继电器说明时间继电器的工作原理。

空气阻尼式时间继电器由电磁系统、延时机构和触点三部分组成。按其功能可分为"通电延时型"和"断电延时型"两种，如图 8.26 所示。

图 8.26（a）是通电延时型时间继电器的结构原理图。当线圈 1 通电后，衔铁 3 连同推板 5 被铁芯 2 吸引向上吸合，上方微动开关 16 压下，使上方微动开关触点迅速转换。同时在空气室 10 内与橡皮膜 9 相连的活塞杆 6 在塔形弹簧 7 作用下也向上移动，橡皮膜下方气室的空气稀薄形成负压，起到空气阻尼作用，因此活塞杆只能缓慢向上移动，其

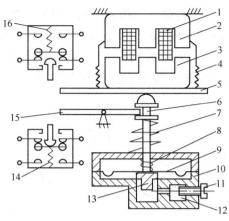
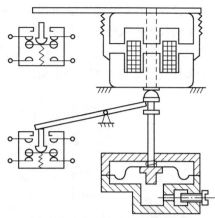

(a) 通电延时型时间继电器结构原理图　　　　(b) 断电延时型时间继电器结构原理图

1—线圈；2—铁芯；3—衔铁；4—反力弹簧；5—推板；6—活塞杆；7—塔形弹簧；8—弱弹簧；9—橡皮膜；
10—空气室壁；11—调节螺钉；12—进气孔；13—活塞；14、16—微动开关；15—杠杆

图 8.26　空气阻尼式时间继电器结构原理图

移动的速度由进气孔 12 大小而定，可通过调节螺钉 11 进行调整。经过一段延时时间，活塞 13 才能移到最上端，并带动活塞杆上移，通过杠杆 15 压动下面微动开关 14，使其常闭触点断开，常开触点闭合，起到通电延时作用。而另一个微动开关 16 是在衔铁吸合时，通过推板 5 的作用立即动作，使其常闭触点瞬时断开，常开触点瞬时闭合，微动开关 16 的触点为瞬时触点。

当线圈断电时，衔铁在反力弹簧 4 作用下，通过活塞杆将活塞推向下端，这时橡皮膜下方气室内的空气通过橡皮膜 9、弱弹簧 8 和活塞 13 肩部所形成的单向阀迅速地从橡皮膜上方的气室缝隙中排掉，使微动开关 14、16 触点瞬时复位。

空气阻尼式时间继电器的延时时间，是从线圈通电到微动开关 14 的触头动作这段时间。通过调节螺钉 11，变动进气孔的大小，调节进气的快慢，来调节延时的长短。

各种延时触点的图形符号如图 8.27 所示，是在一般（瞬时）触点的基础上，加一段圆弧，圆弧向心方向表示触点延时动作的方向，圆弧离心方向表示触点瞬时动作方向。例如，延时闭合瞬时断开常开触点，即通电延时常开触点，表示向右闭合（通电时）是延时的，而向左断开是瞬时的。

名称	线圈	延时闭合的常开触点	延时分断的常闭触点	延时断开的常开触点	延时闭合的常闭触点
图形符号					
文字符号	KT				

图 8.27　时间继电器电气符号

时间继电器的选择应注意延时性质（通电延时或断电延时）及范围，工作电压等。

（3）速度继电器。速度继电器是用来反映转速和转向变化的自动电器。主要用于笼型异步

电动机的反接制动控制。速度继电器主要由转子、定子和触点三部分组成，如图8.28所示。转子是一个圆柱形永久磁铁，它与被控制的电动机的轴连在一起，由电动机带动。定子是一个笼型空心圆环，由硅钢片叠成，并装有笼型绕组，定子上还装有胶木摆杆。两组复合触点，每组有一个簧片（动触点）和两个静触点，构成了速度继电器的常开触点和常闭触点。

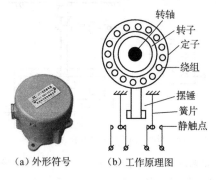

图8.28 速度继电器

速度继电器的工作原理与笼形异步电动机类似。当电动机转动时，速度继电器的转子随之一起转动（相当于异步电动机的旋转磁场），定子绕组便切割磁场产生感应电动势并形成电流，该电流与磁场作用产生转矩，使定子和转子同方向转动，带动胶木摆锤转动，推动簧片动作，使常开触点闭合，常闭触点分断。当电动机转速低于某一值时定子产生的转矩减小，触点复位。

一般速度继电器的动作转速为120r/min，触点的复位速度在100r/min以下，在转速3000r/min以下时能可靠工作。

8.2.4 保护电器

1. 熔断器

熔断器是在照明电路和电动机控制线路中用做短路保护的电器。由于结构简单、价格便宜、使用维护方便、体积小，熔断器广泛用于配电系统和机床电气控制系统中。

熔断器起保护作用的部分是熔丝或熔片（又称熔体），将熔体装入盒内或绝缘管内就成为熔断器。熔断器的种类有瓷插式熔断器、螺旋式熔断器以及快速熔断器等，可根据不同的用途选用。熔断器的外形及符号如图8.29所示。

图8.29 熔断器的外形和符号

使用时，将熔断器串联在线路中，当线路或电气设备发生短路故障或严重过载时，熔断器中的熔体首先熔断，使线路或电气设备脱离电源，起到保护电气设备的作用。

2. 热继电器

热继电器基本工作原理是利用电流的热效应原理来切断电路以保护电动机，常作为电动机的过载保护，使之免受长期过载的危害。电动机过载时间过长，绕组温升超过允许值时，将会加剧绕组绝缘的老化，缩短电动机的使用年限。图8.30（a）为热继电器的外形图，图8.30（b）为其内部结构图，图8.30（c）为热继电器的电气符号。

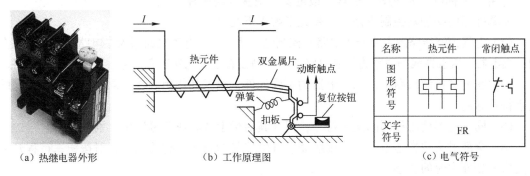

（a）热继电器外形　　　（b）工作原理图　　　（c）电气符号

图8.30　热继电器

热继电器主要由热元件、常闭触点及动作机构组成。热继电器的发热元件是一段阻值不大的电阻丝，它绕在双金属片上。双金属片是由两种热膨胀系数不同的金属片轧制而成，其中下层金属的热膨胀系数大，上层的小。双金属片一端是固定的，另一端为自由端。当电动机过载时，流过热元件的电流增大，热元件产生的热量使双金属片中的下层金属的膨胀速度大于上层金属的膨胀速度，从而使双金属片向上弯曲，经过一段时间后，弯曲位移增大，使双金属片与扣板分离脱扣，扣板在弹簧的拉力作用下，将常闭触点断开。

热继电器的发热元件串接在电动机的主电路中，常闭触点串接在电动机的控制电路中，控制电路断开使接触器的线圈断电，从而断开电动机的主电路。正常情况，双金属片变形不大，但当电动机过载到一定程度时，热继电器将在规定时间内动作，切断电动机的供电电路，使电动机断电停车，受到保护。双金属片冷却后恢复常态；若常闭触点不能自动复原时，需手动按下复位按钮使其复原。

应当指出，热继电器具有热惯性，当电路短路时，热继电器不能立即动作使电路立即断开。因此在继电器接触器控制系统主电路中，热继电器只能用做电动机的过载保护，而不能起到短路保护的作用。同理，在电动机启动或短时过载时，热继电器也不会动作，这可避免电动机启动时的短时过流造成不必要的停车。

热继电器的主要技术数据是整定电流。热继电器的整定电流是指热继电器长时间不动作的最大电流，超过此值即动作的电流，其选择主要是根据电动机的额定电流来确定。一般过载电流是整定电流的1.2倍时，热继电器动作时间小于20min；过载电流是整定电流的1.5倍时，动作时间小于2min；而过载电流是整定电流的6倍时，动作时间小于5s。热继电器的整定电流是额定电流的0.95~1.05倍。

8.3 三相异步电动机基本控制线路

现代生产机械的运动部件主要是以各类电动机或其他执行电器来驱动的。为了保证生产过程和加工工艺合乎预定要求，要对电动机进行自动控制，因而设计了各种电气控制线路。在长期实践中，人们已经将这些控制线路总结成最基本的单元供选用。异步电动机继电接触器控制系统是常用电器和电动机按一定的要求和方式连接起来，实现电气的自动控制系统。为了便于表达自动控制系统的结构、原理、安装和使用，需要用一定的图形表示出来，电气控制线路（又称电气原理图）是其中最重要、最基本的一种。

要掌握继电接触器控制线路，必须先了解以下几点：

(1) 电气控制线路图主要分主电路和控制电路两部分。电动机通路为主电路，一般画在左边；继电器、接触器线圈通路为控制电路，一般画在右边。此外还有信号、照明等辅助电路。

(2) 在电气控制线路中，同一电器的不同元件，根据其作用画在不同地方，但用相同的文字符号标明。

(3) 同种电器使用相同的文字符号，但在其后标上数码或字母以示区别。

(4) 全部触头按常态给出。对接触器、继电器是指未通电时的状态，对按钮、行程开关等是指未受外力时的状态。

阅读电气控制线路图的步骤是先看主电路，再看控制电路，最后看辅助电路，一般从左至右，自上而下，按动作的先后次序，逐个弄清它们动作的条件和作用，最后掌握整个控制线路的工作原理。

8.3.1 连续运行控制线路

如图 8.31 (a) 所示，是一种广泛采用的连续运行控制线路。由刀开关 QS、熔断器 FU、接触器 KM 的主触点、热继电器 FR 的热元件与电动机 M 构成主电路。由停止按钮（SB_1 的常闭触点）、启动按钮（SB_2 的常开触点）、接触器 KM 的线圈及热继电器 FR 的常闭触点构成控制回路，并在启动按钮上并联了接触器 KM 的辅助常开触点。

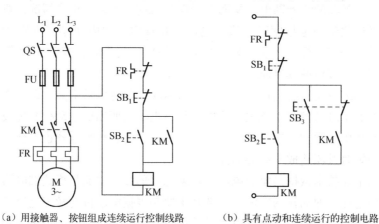

(a) 用接触器、按钮组成连续运行控制线路　　(b) 具有点动和连续运行的控制电路

图 8.31 异步电动机的连续运行

连续运行控制线路的工作原理如下：
合上开关 QS 为电动机启动做准备。
启动：

按下 SB_2 ⟶ KM 线圈得电 ⟶ KM 主常开触点闭合 ⟶ M 运转
　　　　　　　　　　　　　└⟶ KM 辅助常开触点闭合 ⟶ 自锁

当松开 SB_2 后，由于 KM 辅助常开触点闭合，KM 线圈仍得电，电动机 M 继续运转。这种依靠接触器自身辅助触点使其线圈保持通电的现象称为自锁（或称自保），这种起自锁作用的辅助触点称为自锁触点（或称自保触点）。这样的控制线路称为具有自锁（或自保）的控制线路。

停止：

按下 SB_1 ⟶ KM 线圈失电 ⟶ KM 主常开触点分断 ⟶ M 停转
　　　　　　　　　　　　　└⟶ KM 辅助常开触点分断 ⟶ 自锁解锁

图 8.31 (b) 中 SB_3 为点动按钮，当按下 SB_3 时，接触器 KM 线圈得电，其三个常开主触点闭合，电动机通电转动（此时，SB_3 常闭触点分断，KM 辅助常开触点的自锁动作不起作用）。

当手松开 SB_3 时，接触器 KM 线圈失电，其三个常开主触点分断，电动机断电停转。

这种按下按钮电动机就转动，松开按钮电动机就停转的操作叫点动。如机床的某些校准工作需要这种操作。

控制电路具有以下三个保护功能：

(1) 短路保护。电路中 FU 起到短路保护作用。一旦电路发生短路事故，熔丝立即熔断，电动机立即停止运行。

(2) 过载保护。电路中热继电器起到过载保护作用。如电路发生过载，主电路中的电流增大到超过电动机额定电流，使串接在主电路中的发热元件过热，将热继电器中的常闭触点断开，导致控制电路中的交流接触器吸引线圈 KM 失电，主触点断开，电动机立即停止运行。热继电器的三个发热元件分别串接在主电路的各相线上，即使是缺相运行，其他相发热元件仍通有电流也可起到断相保护作用。

(3) 失压保护。电路中交流接触器还起到失压（零压）保护作用。在电动机正常运行时，电源突然断电或电源电压严重下降时，吸引线圈 KM 失电，自动切断主电路和自锁回路，电动机停止运行。当电源恢复供电时，电动机不能自行启动，必须重新按下启动按钮 SB_2 才能重新运行。如果不采用交流接触器控制而直接用刀开关进行手动控制，若发生突然断电且未及时拉断刀开关，在电源恢复供电时，电动机将自行启动，可能造成人身设备伤害事故。

8.3.2 异步电动机的正、反转与自动往返控制

1. 异步电动机的正、反转控制

在生产加工过程中，除了要求电动机实现单向运行外，往往还要求电动机能实现可逆运行，如改变机床工作台的运动方向，起重机吊钩的上升或下降等。由异步电动机的工作原理可知，如果将接至电动机的三相电源进线中的任意两相对调，就可以实现电动机的反转。

图 8.32 所示为接触器互锁的电动机正、反转控制线路，其中主电路与单向连续运行控制线路相比，只增加了一个反转控制接触器 KM_2。当 KM_1 的主触点接通时，电动机接电源

正相序；当 KM_2 的主触点接通时，电动机接电源反相序，从而实现电动机的正转和反转。但为了避免两接触器同时动作而造成电源相间短路，在控制线路中必须采取保护措施。

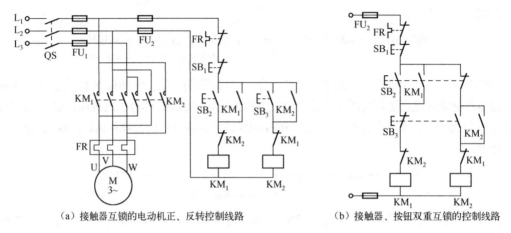

(a) 接触器互锁的电动机正、反转控制线路　　　　(b) 接触器、按钮双重互锁的控制线路

图 8.32　电动机正、反转控制线路

在图 8.32（a）所示的控制电路中，两个接触器的辅助常闭触点 KM_1、KM_2 起着相互控制作用，即一个接触器通电时，其辅助常闭触点会断开，使另一个接触器的线圈支路不能通电。这种利用两个接触器的辅助常闭触点互相控制的方法叫做互锁（也称联锁），而这两对起互锁作用的触点称为互锁触点。接触器互锁的正、反转控制的工作原理如下：

正转启动：

按下 SB_2 ⟶ KM_1 线圈得电 ⟶ ┬ KM_1 主触点闭合 ⟶ M 正转
　　　　　　　　　　　　　　　├ KM_1 辅助常闭触点分断 ⟶ 互锁 KM_2 线圈支路
　　　　　　　　　　　　　　　└ KM_1 辅助常开触点闭合 ⟶ 自锁

停止：

按下 SB_1 ⟶ KM_1 线圈失电 ⟶ ┬ KM_1 主触点分断 ⟶ M 停转
　　　　　　　　　　　　　　　├ KM_1 辅助常闭触点复位闭合 ⟶ 互锁解锁
　　　　　　　　　　　　　　　└ KM_1 辅助常开触点分断 ⟶ 自锁解锁

反转启动：

按下 SB_3 ⟶ KM_2 线圈得电 ⟶ ┬ KM_2 主触点闭合 ⟶ M 反转
　　　　　　　　　　　　　　　├ KM_2 辅助常闭触点分断 ⟶ 互锁 KM_1 线圈支路
　　　　　　　　　　　　　　　└ KM_2 辅助常开触点闭合 ⟶ 自锁

这种电路保证了控制线路的电源不会出现相间短路。如要改变电动机的转向必须先按下停止按钮，使接触器触点复位后，才能按下另一个启动按钮，使电动机反向运转。

图 8.32（b）所示为按钮、接触器双重互锁的正、反转控制电路。所谓按钮互锁，就是将复合按钮常开触点作为启动按钮，而将其常闭触点作为互锁触点串接在另一个接触器线圈支路中。这样，要使电动机改变转向，只要直接按反转按钮就可以了，而不必先按停止按钮。同时控制电路中保留了接触器的互锁作用，因此具有双重互锁的功能（其工作原理请读者按上述方法自行分析）。这种双重互锁的正、反转控制线路，安全可靠，操作方便，为

电力拖动自动控制系统广泛采用。

2. 自动往返控制

生产中常常需要控制某些机械运动的行程，在对工件进行自动加工时，需要通过控制电动机正、反转的自动切换，实现工作台的自动往返运动，通常称为自动往返控制，如图 8.33 所示，其工作原理如下：

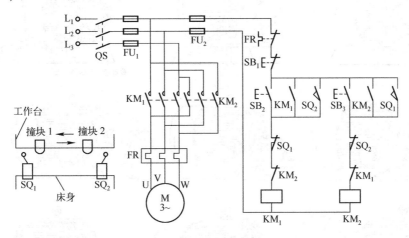

图 8.33 自动往返循环控制线路

行程开关 SQ_1 位于生产机械左端需要反向的位置上，而 SQ_2 放在生产机械右端需要反向的位置上，机械撞块 1、2 分别放在运动部件的左侧和右侧。

启动时，按下正转启动按钮 SB_2，KM_1 线圈通电自锁，电动机正转运行并带动机床运动部件左移，当运动部件上的撞块 1 碰撞到行程开关 SQ_1 时，将 SQ_1 压下，使其常闭触点断开，切断了正转接触器 KM_1 线圈回路；同时 SQ_1 的常开触点闭合，接通了反转接触器 KM_2 线圈回路，使 KM_2 得电自锁，电动机由正向旋转变为反向旋转，带动运动部件向右运动，当运动部件上的撞块 2 碰撞到行程开关 SQ_2 时，SQ_2 动作，使电动机由反转又转入正转运行，如此往返运动，从而实现运动部件的自动循环控制。

如果先按下反转启动按钮 SB_3，其控制过程与上述内容相同，请读者自行分析。

项目实训 10　三相笼形异步电动机的拆装

1. 实训目的

（1）认识三相笼形异步电动机构造、加深理解铭牌的含义。
（2）掌握三相笼形异步电动机的拆卸及装配，熟悉拆卸工具的正确使用及操作工艺。
（3）了解三相笼形异步电动机一些基本测试项目及测试方法。

2. 实训器材

三相笼形异步电动机一台、拆卸工具一套、拆卸材料一套、万用表一块、兆欧表一个、钳形电流表一块、转速表一个。

3. 实训内容及步骤

（1）三相形形异步电动机的拆卸。拆卸步骤如图8.34所示，具体过程如下：

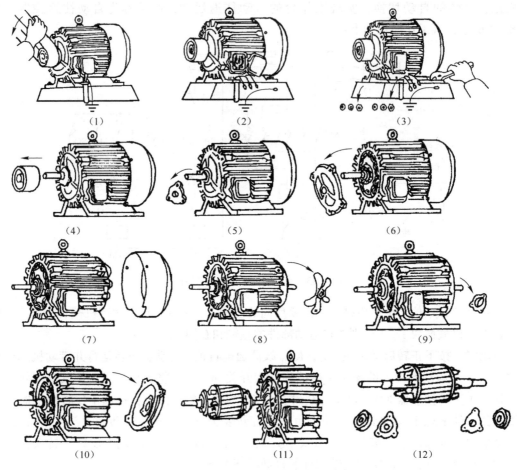

图 8.34　三相笼形异步电机的拆卸步骤

① 切断电源，卸下皮带。
② 拆去接线盒内的电源接线和接地线。
③ 卸下底脚螺母、弹簧垫圈和平垫片。
④ 卸下皮带轮。
⑤ 卸下前轴承外盖。
⑥ 卸下前端盖，可用大小适宜的扁凿，插在端盖突出的耳朵处，按端盖对角线依次向外撬，直至卸下前端盖。
⑦ 卸下风叶罩。
⑧ 卸下风叶。
⑨ 卸下后轴承外盖。
⑩ 卸下后端盖。

· 132 ·

⑪ 卸下转子。在抽出转子之前，应在转子下面和定子绕组端部之间垫上厚纸板，以免抽出转子时碰伤铁芯和绕组。

⑫ 最后用工具拆卸前后轴承及轴承内盖。

（2）三相笼形异步电动机的装配。三相笼形异步电动机的装配步骤是拆卸的逆过程，顺序与拆卸步骤相反。

（3）装配后的检查与测试。

① 一般检查。检查所有紧固件是否拧紧，转子转动是否灵活，轴伸出端有无径向偏摆。

② 测量绝缘电阻。测量电动机定子绕组每相之间的绝缘电阻和绕组对机壳的绝缘电阻，其绝缘电阻值不能小于 0.5 兆欧。

③ 测量电流。经上述检查合格后，根据铭牌规定的电流电压，正确接通电源，安装好接地线，用钳形电流表分别测量三相电流，检查电流是否在规定电流的范围（空载电流约为额定电流的 1/3）之内，三相电流是否平衡。

④ 通电观察。上述检查合格后可通电观察，用转速表测量转速是否均匀并符合规定要求，检查机壳是否过热，轴承有无异常声音。

4. 实训报告

（1）说明三相笼形异步电动机铭牌内容及含义。

（2）写出三相笼形异步电动机每个构造元件及其作用。

（3）列表记录测试数据，分析测试结果。

项目实训 11　三相异步电动机正、反转控制线路接线调试

1. 实训目的

在理解三相异步电动机正、反转控制线路的工作原理的基础上，对控制线路进行接线调试，并学会用电工工具仪表排除控制线路中出现的故障。

2. 实训器材

电机及其电气控制实训台一套（空气开关、熔断器、接触器、热继电器、复合按钮、若干导线等）、电工常用工具、万用表一块、三相笼形异步电动机一台。

3. 实训内容及步骤

（1）三相异步电动机正、反转控制线路如图 8.35，控制线路工作原理分析。

（2）选择线路制作所需元器件及工具仪表。

（3）连接线路。先连接主电路，后连接控制电路。

（4）不通电检查。首先检查有无绝缘层压入接线端子，再检查裸露的导线线心是否超过规定，最后检查所有导线与接线端子的接触情况。用手检查端子连接导线，不允许有松脱现象。

用万用表电阻挡检查主电路。断电时人为让接触器线圈吸合，测量主电路每两只熔断器间的电阻值为电动机绕组电阻，三次测量值应该基本相等。

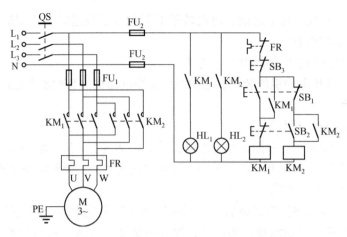

图 8.35 三相异步电动机正、反转控制线路

用万用表电阻挡检查控制电路。取控制电路的两只熔断器为测量点，先检查有无短路，然后按下启动按钮，万用表指示的电阻值为接触器电磁线圈的直流电阻，表示控制电路在按下启动按钮时接通，松开启动按钮万用表指示回到"∞"位置。

（5）通电试车。

合上电源开关 QS，按下 SB_1，电机正转，HL_1 亮。

按下 SB_2，HL_1 灭，电机反转，HL_2 亮。

按下 SB_3，系统停车。

4. 实训报告

（1）分析线路中的保护环节。

（2）记录试车过程中出现的故障现象，写出故障原因分析并说明排除方法。

习 题 8

8.1 电动机的作用是什么？根据电源形式的不同可分为哪两大类？

8.2 已知三相异步电动机每相绕组的额定电压为 220V，若电网额定线电压为 380V，则该电机应接成 Y 形还是 Δ 形。

8.3 滚筒式洗衣机的双速电动机在洗衣和脱水时的转速分别是 450r/min 和 1450r/min，试问该双速电动机的两组绕组分别接成多少对磁极？

8.4 一台三相异步电动机的额定电压 220V，频率 60Hz，转速 1140r/min，求电动机的极数和转差率。

8.5 三相异步电动机正常运行时，如果转子突然被卡住而不能转动，试问这时电动机的电流有何改变？对电动机有何影响？此时应采取什么措施？

8.6 已知一台三相异步电动机 $P_N = 20kW$，$U_N = 380V$，$\eta = 87.5\%$，$\cos\varphi = 0.8$，$I_{st}/I_N = 7$，$T_{st}/T_N = 1.3$，$\lambda_m = 2.5$，$n_N = 2930r/min$，电源频率 $f = 50Hz$。试求：（1）电动机的额定转差率 s_N；（2）电动机的额定转矩 T_N；（3）电动机的启动转矩 T_{st} 和最大转矩 T_m。

8.7 三相异步电动机在稳定运行时，如果另一台大功率电动机突然启动，该电动机的转速如何变化？

8.8 笼形异步电动机有哪些方法调速？绕线式转子异步电动机又可采用哪些方法调速？

8.9 三相异步电动机有哪些制动方法？使用过程中要注意什么问题？

8.10 什么是电器？低压电器是如何定义的？

8.11 画出低压电器的图形符号及文字符号：热继电器、组合开关、接触器、限位开关、速度继电器。

8.12 控制线路的主电路中已装有接触器 KM，为什么还要装一个刀开关 QS？它们的作用有何不同？

8.13 热继电器的作用是什么？热继电器的热元件应如何接入电气控制线路中？是否可以将其触点与三相电动机的某一相串联？这样做会产生什么后果？

8.14 接触器的辅助触点容量（额定电流）应比主触点的容量大还是小？为什么？

8.15 接触器和中间继电器有何区别？

8.16 在电动机控制线路中，怎样实现自锁控制和互锁控制？这些控制起什么作用？

8.17 试举例说明家用电器中，哪些需要控制其正、反转？

8.18 在电动机正、反转控制线路中，采用了接触器互锁，在运行中发现：合上电源开关，按下正转（或反转）按钮，正转（或反转）接触器就不停地吸合与释放，电路无法工作；当松开按钮时，接触器不再吸合。试分析故障原因。

8.19 图 8.36 所示为时间继电器控制的单向反接制动控制线路，试分析其工作原理。

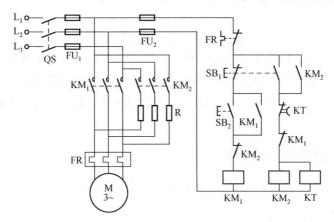

图 8.36

8.20 图 8.33 所示的自动往返循环控制线路中，为避免 SQ_1、SQ_2 动作失灵，要求增加两个行程开关 SQ_3 和 SQ_4 实现终端保护，这两个行程开关应使用常开触点还是常闭触点？怎样接在电路中？

8.21 按下列要求分别设计电动机 M_1 和 M_2 的控制线路。要求：

（1）只有 M_1 先启动后，才能启动 M_2；

（2）能同时停止 M_1 和 M_2。

第9章 电子测量与焊接技术

本章知识点

- 电子测量的基本知识。
- 常用电子测量仪器仪表的基本用途及使用方法。
- 电子元器件的焊接技术。

9.1 电子测量的基本知识

一个物理量的测量,可以通过不同的方法实现。测量方法的选择正确与否,直接关系到测量结果的可信赖程度,也关系到测量工作的经济性和可行性。有了先进精密的测量仪器设备,并不等于就一定能获得准确的测量结果。必须根据不同的测量对象、测量要求和测量条件,选择正确的测量方法,合适的测量仪器,构成实际测量系统,进行正确细心的操作,才能得到理想的测量结果。

9.1.1 电子测量的一般方法

测量方法的分类形式有多种,下面介绍几种常见的分类方法。

1. 按测量手段分类

(1) 直接测量。指直接从测量仪器仪表的读数获取被测量量值的方法,如电压表测量市电交流电压等。直接测量的特点是不需要对被测量与其他实测的量进行函数关系的辅助运算,测量过程简单迅速,是工程测量中广泛应用的测量方法。

(2) 间接测量。利用直接测量的量与被测量之间的函数关系,间接得到被测量的测量方法。如伏安法测电阻。间接测量费时费事,常在下列情况下使用:直接测量不方便,或间接测量的结果较直接测量更为准确,或缺少直接测量仪器等。

(3) 组合测量。当某项测量结果需要多个未知参数表达时,可通过改变测量条件进行多次测量,根据测量值与未知参数间的函数关系列出方程组并求解,进而得到未知量,这种测量方法称为组合测量。如电阻温度系数的测量。已知电阻的阻值 R_t 与温度 t 之间满足关系:

$$R_t = R_{20} + \alpha(t-20) + \beta(t-20)^2$$

要想得到 R_{20}、α、β,可在三个不同的温度下分别测得 R_t,然后列出方程组并求解,进而得到。

2. 按测量方式分类

(1) 偏差式测量法。在测量过程中,用仪器仪表指针的位移(偏差)表示被测量大小的测量方法,称为偏差式测量法,也称直读法。

（2）零位式测量法。零位式测量法又称为零示法或平衡式测量法。如惠斯登电桥测电阻等。

（3）微差式测量法。偏差式测量法和零位式测量法相结合，构成微差式测量法。它是通过测量待测量与标准量之差（通常该差值很小）来得到待测量量值。

3. 按被测量的性质分类

（1）时域测量。时域测量也叫瞬态测量，主要测量被测量随时间的变化规律。如示波器观察脉冲信号的上升沿等。

（2）频域测量。频域测量也称稳态测量，主要目的是获取待测量与频率之间的关系。如频谱分析仪分析信号的频谱等。

（3）数据域测量。数据域测量也称逻辑量测量，主要是用逻辑分析仪等设备对数字量或电路的逻辑状态进行测量。

（4）随机测量。随机测量又称统计测量，主要是对各类噪声信号进行动态测量和统计分析。这是一项较新的测量技术，尤其在通信领域有着广泛应用。

4. 测量方法的选择原则

在选择测量方法时，要综合考虑下列因素：
(1) 被测量本身的特性。
(2) 所要求的测量准确度。
(3) 测量环境。
(4) 现有测量设备等。

9.1.2 电子测量的基本内容

通常人们把电参数测量分为电磁测量和电子测量两类。电磁测量主要指交、直流电量的指示测量法和比较测量法以及磁量的测量等。

电子测量的内容有如下几项。

（1）电能量测量。电能量测量包括各种频率、波形下的电压、电流、功率等的测量。

（2）电信号特性测量。电信号特性测量包括波形、频率、周期、相位、失真度、调幅度、调频指数及数字信号的逻辑状态等的测量。

（3）电路元件参数测量。电路元件参数测量包括电阻、电感、电容、阻抗、品质因数及电子器件的参数等的测量。

（4）电子设备的性能测量。电子设备的性能测量包括增益、衰减、灵敏度、频率特性、噪声指数等的测量。

9.1.3 电子测量的特点

电子测量的特点有以下几个。

（1）测量频率范围宽。被测信号的频率范围除测量直流外，测量交流信号的频率范围低至 10^{-6} Hz 以下，高至 THz（$1 \text{THz} = 10^{12}$ Hz）。

（2）仪器量程宽。测量范围的上限值与下限值之间相差很大，仪器具有足够宽的量程。如数字万用表对电阻测量小到 10^{-5}，大到 10^8，量程达到 13 个数量级；电压测量由纳伏

(nV)级至千伏(kV)级电压,量程达 12 个数量级;而数字式频率计,其量程可达 17 个数量级。

(3)测量准确度高。电子测量的准确度比其他测量方法高得多。例如,用电子测量方法对频率和时间进行测量时,可以使测量准确度达到 $10^{-13} \sim 10^{-14}$ 的数量级。这是目前在测量准确度方面达到的最高指标。采用电子测量技术,长度测量和力学测量的最高精度均达 10^{-9} 数量级。

(4)测量速度快。由于电子测量是通过电子运动和电磁波传播进行工作的,具有其他测量方法通常无法类比的高速度,这也是它广泛地应用于各个领域的重要原因。

(5)易于实现遥测。电子测量可以通过电磁波进行信息传递,很容易实现遥测、遥控。

(6)易于实现测量自动化和测量仪器微机化。由于大规模集成电路和微型计算机的应用,使电子测量出现了崭新的局面。例如,在测量过程中能够实现程控、遥控、自动转换量程、自动调节、自动校准、自动诊断故障和自动恢复,对于测量结果可进行自动记录,自动进行数据运算、分析和处理。

9.2 常用电子测量仪器仪表

常用的电子测量仪器仪表包括函数信号发生器、电子示波器、晶体管交流毫伏表、电子计数器、逻辑分析仪等。

9.2.1 YB1610 型函数信号发生器

YB1610 型函数信号发生器是一种高精度信号源,各端口具有保护功能,整机可靠性高,广泛适用于教学、电子实验、科研开发、电子仪器测量等领域。

1. YB1610 操作面板(如图 9.1 所示)

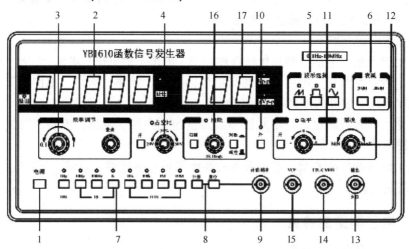

图 9.1 YB1610 系列函数信号发生器操作面板图

1—电源开关;2—LED 显示窗口;3—频率调节旋钮;4—占空比旋钮及开关;5—波形选择开关;6—衰减开关;
7—频率范围选择开关;8—计数、复位开关;9—计数/频率输入端口;10—外测频开关;11—电平调节
12—幅度调节旋钮;13—电压输出端口;14—TTL/CMOS 输出端口;15—功率输出端口;
16—扫频开关及速率调节旋钮;17—电压输出指示

2. 基本操作方法

(1) 打开电源开关之前，首先检查输入的电压，如表9-1设定各个控制键。将电源线插入电源插孔，打开电源。信号发生器默认10k挡正弦波，LED显示窗口显示本机输出信号频率。

(2) 将电压输出信号由幅度端口通过连线送入示波器Y输入端口。

(3) 产生不同频率及幅度的正弦波、方波和三角波。

表9-1　各控制键状态表

电源（POWER）	弹出
衰减开关（ATTE）	弹出
外测频率（COUNTER）	外测频率开关弹出
电平	电平开关弹出
扫频	扫频开关弹出
占空比	占空比开关弹出

① 分别按下波形选择开关选择"正弦波"、"方波"、"三角波"，此时示波器屏幕上将分别显示正弦波、方波、三角波。

② 改变频率选择开关，示波器显示的波形以及LED窗口显示的频率将发生明显变化。

③ 幅度旋钮顺时针旋转至最大，示波器显示的波形幅度将≥$20V_{P-P}$。

④ 将电平开关按下，顺时针旋转电平旋钮至最大，示波器波形向上移动，逆时针旋转，示波器波形向下移动，最大变化量±10V以上。

⑤ 按下衰减开关，输出波形将被衰减。

(4) 计数、复位。

① 按复位键，LED显示全为0。

② 按计数键，当计数/频率输入端输入信号时，LED显示计数值。

(5) 斜波产生。波形开关置"三角波"，占空比开关按下，指示灯亮；调节占空比旋钮，三角波将变成斜波。

(6) 外测频率。按入外测频率开关，外测频指示灯亮；外测信号由计数/频率输入端输入；选择适当的频率范围，由高量程向低量程选择合适的有效位数，确保测量精度。

(7) TTL输出。TTL/CMOS端口接示波器Y轴输入端，示波器将显示方波或脉冲波，该输出端可作为TTL/CMOS数字电路实验时钟信号源。

(8) 扫频。按下扫频开关，此时幅度输出端口输出的信号为扫频信号；线性/对数开关，在扫频状态下弹出时为线性扫频，按下时为对数扫频；调节扫频旋钮，可改变扫频速率，顺时针调节，增大扫频速率，逆时针调节，减慢扫频速率。

3. 使用注意事项

(1) 工作环境和电源应满足技术指标中给定的要求。

(2) 初次使用本机或久贮后再用，建议放置于通风和干燥处几小时后，再通电1~2小时后使用。

(3) 为了获得高质量的小信号（mV级），可暂将"外测开关"置"外"，以降低数字信号的波形干扰。

(4) 外测频时,请先选择高量程挡,然后根据测量值选择合适的量程,确保测量精度。

(5) 电压幅度输出、TTL/CMOS 输出要尽可能避免长时间短路或电流倒灌。

(6) 各输入端口输入电压不要高于 ±35V。

(7) 功率输出过载或短路后,机内自动保护装置工作,恢复需 10s 以上时间。

(8) 为了观察准确的函数波形,建议示波器带宽应高于该仪器上限频率的两倍。

(9) 如果仪器不能正常工作,重新开机检查操作步骤,如果仪器确已出现故障,应送维修。

9.2.2 YB4328 型双踪示波器

示波器是一种用途十分广泛的电子测量仪器。它能把肉眼看不见的电信号变换成看得见的图像,便于人们研究各种电现象的变化过程。利用示波器能观察各种不同信号幅度随时间变化的波浪曲线,还可以用它测试各种不同的电量,如电压、电流、频率、相位差、调幅度等等。

YB4328 型双踪示波器为便携式示波器,其具有 0～20MHz 的频带宽度,垂直偏转系数灵敏度为 5mV/div,并可通过扩展功能键将灵敏度提高至 1mV/div。触发方式灵活方便,可快捷稳定地观察各种信号。

1. YB4328 操作面板(如图 9.2 所示)

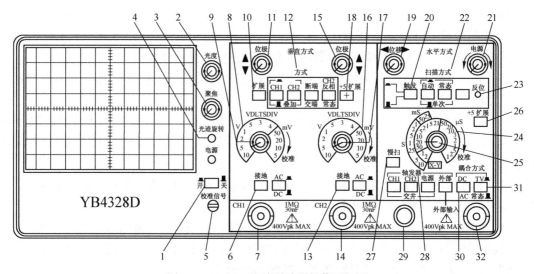

图 9.2　YB4328 双踪示波器操作面板图

1—电源开关;2—亮度旋钮;3—聚焦旋钮;4—光迹旋转调节电位器;5—探极校准信号输出端;
6—通道 1 耦合方式选择开关;7—通道 1 输入插座 CH1;8—通道 1 灵敏度选择开关;9—通道 1 灵敏度微调旋钮;
10—通道 1 扩展开关;11—通道 1 垂直位移旋钮;12—垂直方式选择按钮;13—通道 2 耦合方式选择开关;
14—通道 2 输入插座 CH2;15—通道 2 垂直位移旋钮;16—通道 2 灵敏度选择开关;17—通道 2 灵敏度微调旋钮;
18—通道 2 扩展开关;19—水平位移旋钮;20—触发极性选择按钮;21—触发电平调节旋钮;22—扫描方式选择按钮;
23—触发指示灯;24—扫描速率选择开关;25—扫描速率微调旋钮;26—扫描扩展开关;27—慢扫描开关;
28—触发源选择;29—机壳接地端;30—外触发信号的耦合方式;31—常态/TV 选择开关;32—外触发信号输入端

2. 基本操作方法

（1）接通电源之前，把各有关控制键置于表9-2所列作用位置。

表9-2 各控制键的初始位置

控制键名称	作用位置	控制键名称	作用位置
亮度	居中	输入耦合	DC
聚焦	居中	扫描方式	自动
位移	居中	极性	⌐
垂直方式	CH1	SEC/DIV	0.5ms
VOLTS/DIV	0.1V	触发源	CH1
微调（三只）VARIABLE	顺时针旋足	耦合方式	AC 常态

接通电源，电源指示灯亮，稍等预热，屏幕中出现光迹，分别调节亮度和聚焦旋钮，使光迹的亮度适中、清晰，如图9.3所示。

（a）聚焦不好　　　　（b）扫描线与刻度不平行　　　　（c）正常的扫描

图9.3 示波器的各种光迹

（2）将校准信号通过连接电缆输入至CH1通道，调节电平旋钮使波形稳定，分别调节Y轴和X轴的位移，使波形成为标准的矩形波。用同样的方法检查CH2通道。

（3）测量信号。

① 交流电压的测量。当只需测量信号的交流成分时，应将通道输入耦合方式开关置"AC"位置，调节灵敏度选择"VOLTS/DIV"开关，使波形在屏幕中的显示幅度在5格左右，调节触发电平旋钮，使波形稳定；调节扫描控制器，使波形稳定；调节垂直位移，使波形的底部在屏幕中某一水平坐标上；调整水平位移，使波形的顶部在屏幕中央的垂直坐标上，根据"VOLTS/DIV"的指示值和波形在垂直方向显示的坐标（DIV），按下式读取：

$$峰峰电压\ U_{P-P} = \text{VOLTS/DIV} \times H(格数)$$

② 直流电压的测量。当需要测量直流或含有直流成分的电压时，应先将通道输入耦合方式开关置"GND"位置，调节水平和垂直通道移位，使扫描基线在一个合适的位置上；再将耦合方式开关转换至"DC"位置，调节触发电平旋钮，使波形同步。根据波形偏移原扫描基线的距离，用上述方法读取该信号的电压值。

③ 时间测量。将被测信号接入CH1或CH2插座，设置垂直方式为被选用的通道；调整触发电平，使波形稳定显示；选择合适的"扫描时间"开关位置，使波形在X轴上出现1

个以上完整的波形为好。根据屏幕坐标的刻度，读出被测量信号两个特定点 P 与 Q 之间的格数，乘以"扫描时间"开关所在位置的标称值，即得到这两点间波形的时间。若这两个特定点正好是一个信号的完整波形，则所得时间就是信号的周期，其倒数即为该信号的频率。

3. 使用注意事项

（1）工作环境和电源电压应满足技术指标中给定的要求。

（2）初次使用或久贮后再用，建议先放置通风干燥处几小时后，通电 1~2 小时再使用。

（3）使用时不要将本机的散热孔堵塞，长时间连续使用要注意本机的通风情况是否良好，防止机内温度升高而影响本机的使用寿命。

9.2.3 DF3370B 智能计数器

通用电子计数器是一种多功能的电子测量仪器，可用于测量一定时间内输入的脉冲数目，并将结果以数字的形式显示出来。它可以用于测量频率、周期、时间间隔和累计计数等，如配以适当的配件，还可以用于测量相位、电压等电量。

1. DF3370B 操作面板（如图 9.4 所示）

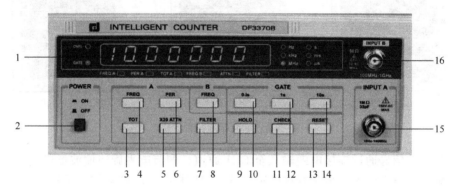

图 9.4　DF3370B 智能计数器面板结构图

1—显示面板及状态指示灯；2—电源开关；3—A 通道计数功能键；4—A 通道频率测量选择键；5—衰减功能键；6—A 通道周期测量选择键；7—低通滤波器；8—B 通道频率测量选择键；9—功能保持键；10—闸门时间 0.1s 选择键；11—内部时钟测量选择键；12—闸门时间 1s 选择键；13—计数复位功能键；14—闸门时间 10s 选择键；15—A 通道输入端；16—B 通道输入端

2. 基本操作方法

测试前预热 20 分钟使晶体振荡器的频率保持稳定。

（1）频率的测量。

① 根据所需测量信号的频率大致范围选择 A 通道或 B 通道进行测量。同时选择相应的频率测量选择键 FREQ. A 或 FREQ. B。

② A 通道测量时，被测信号频率为 1Hz~100MHz 时接入 A 通道输入端 INPUT A 进行测量。根据输入信号的幅度大小和频率的高低，决定是否接入衰减器（ATTN）和低通滤波器（FILTER）。当输入信号幅度大于 300mVrms 时，应按下衰减功能键 ATTN，使指示灯 ATTN

点亮，降低输入信号的幅度能提高测量值的精确度。当信号频率小于 100kHz 时，应按下低通滤波器功能键 FILTER，使指示灯 FILTER 点亮，可防止叠加在输入信号上的高频信号干扰低频信号的测量，以提高测量值的准确度。

③ 根据所需的分辨率选择适当的闸门时间（0.1s、1s、10s），闸门时间越长，分辨率越高。

（2）周期的测量。

① 输入信号送入 A 通道并选择 A 通道周期测量选择键 PER. A。

② 根据输入信号的幅度大小和频率的高低，决定是否接入衰减器（ATTN）和低通滤波器（FILTER）。

③ 根据所需的分辨率选择适当的闸门时间（0.1s、1s、10s），闸门时间越长，分辨率越高。

（3）累计计数。

① 将输入信号接入 A 通道并选择 A 通道计数功能键 TOT. A，此时闸门指示灯 GATE 亮，表示计数控制门已打开，计数开始。

② 根据输入信号的幅度大小和频率的高低，决定是否接入衰减器（ATTN）和低通滤波器（FILTER）。

③ 按下计数复位功能键 RESET，计数器清零并重新开始计数。

④ 当计数值超过 10^8-1 后，溢出指示灯 OVFL 将自动亮起，表示计数器已满，显示已溢出，而显示的数值为计数器的累计尾数。

3. 使用注意事项

（1）当给该仪器通电后，应预热一定的时间，晶振频率的稳定度才可达到规定的指标，使用时应注意，如果不要求精确的测量，预热时间可适当缩短。

（2）被测信号送入时，应注意电压的大小不得超过规定的范围，否则容易损坏仪器。

（3）仪器使用时要注意周围环境的影响，附近不应有强磁场、电场干扰，仪器不应受到强烈的振动。

（4）数字式计数器在测量的过程中，由于闸门的打开时刻与送入的第一个计数脉冲在时间的对应关系上是随机的，所以测量结果中不可避免地存在着 ±1 个字的测量误差，现象是显示的最末一位数字有跳动。为使它的影响相对减小，对于各种测量功能，都应力争使测量数据有较多的有效数字位数。适当地选择闸门时间或周期倍乘率即可达到此目的。

（5）仪器在进行各种测量前，应先进行自校检查，以检查仪器是否正常。但自校检查只能检查部分的工作情况，并不能说明仪器没有任何故障。

（6）使用时，应注意触发电平的调节，在测量脉冲时间间隔时尤为重要，否则会带来很大的测量误差。

（7）使用时，应按要求正确选用输入耦合方式。

（8）使用测量时，应尽量降低被测信号的干扰分量，以保证测量的准确度。

9.3 焊接技术

影响电子设备质量的好坏，除元器件、电路设计等因素外，焊接质量是至关重要的因素。目前电子元件的焊接，按焊接手段可分为手工焊接和焊机自动焊接两种，手工焊接又分手工浸焊和手工烙铁焊接。手工烙铁焊接是一种传统的焊接方法，操作简单，方便，因此在生产、科研、实验与维修中被广泛采用。本节主要介绍手工烙铁焊接。

9.3.1 焊接的基本知识

1. 焊接的概念

焊接就是通过加热或加压，或两者并用，也可用填充材料，使工件达到结合的方法，通常有熔焊、压焊和钎焊三种。

电子元件的焊接通常采用锡焊，它属于钎焊中的软钎焊（钎料熔点低于450℃），它是利用低熔点的金属焊料加热熔化后，渗入并填充金属件连接处间隙的焊接方法。因焊料常为锡铅合金，故名锡焊。常用烙铁作为加热工具。锡焊广泛用于电子工业中，而熔焊、压焊一般用于大功率的电子元器件以及有特殊要求的设备上。

2. 锡焊材料

锡焊的材料主要是焊锡和焊剂。

（1）焊锡。焊锡指的是锡铅合金系列的焊料，熔点低，能在180℃左右时熔化。焊锡通常有带状、棒状、管状三种，其中管状最为常用。为使用方便，管状焊锡（俗称焊锡丝）通常在管内填充有松香，使用时可不必再加焊剂。此外还有半液状的焊膏，是由合金粉末、糊状助焊剂均匀混合而成的膏状体。

（2）焊剂。焊剂又称助焊剂，其作用是净化焊料与焊件表面，清除氧化膜，减小焊料表面张力，提高焊料的流动性，以使焊点牢固美观。焊剂通常分为无机系列（主要是氯化锌、氯化铵）、有机系列（主要由有机酸、有机卤素组成）和松香系列三类。松香价格便宜，常温下没有腐蚀性，绝缘性强，所以电子电路的焊接通常都是采用松香或松香酒精焊剂。

9.3.2 焊接常用工具

手工烙铁焊接常用的工具有：电烙铁及烙铁架、尖嘴钳、斜口钳、镊子、剥线钳等，其中主要工具是电烙铁。

1. 电烙铁

（1）电烙铁的种类。电烙铁的分类方法很多，按烙铁头与烙铁芯的安装关系分为内热式和外热式；按烙铁头的形状分，主要有尖端幼细型、圆锥型、凿型、斜切圆柱型等；按功率大小分，主要有20W、25W、30W、35W、45W、50W、75W、100W、200W等。

（2）电烙铁的结构。电烙铁的结构基本相同，主要由烙铁头、烙铁芯、烙铁柄三部分组成。外热式电烙铁的发热体包在烙铁头的外部，如图9.5所示。内热式电烙铁的烙铁头包在烙铁芯的外部，如图9.6所示。

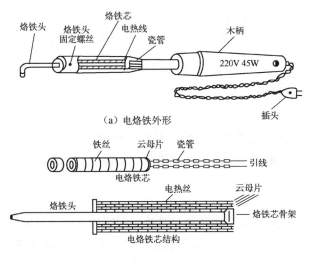

(a) 电烙铁外形

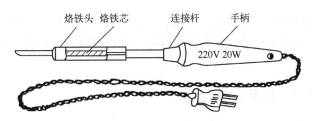

(b) 烙铁芯结构

图 9.5 外热式电烙铁结构

图 9.6 内热式电烙铁结构

2. 电烙铁的使用

(1) 电烙铁的握法。电烙铁的握法可分为三种，如图 9.7 所示。反握法适用于大功率烙铁，焊接散热面积较大的焊件；正握法适用于弯形烙铁头的电烙铁，一般功率也比较大；握笔法适用于小功率电烙铁，焊接散热面积小的焊件。

(a) 反握法　　　(b) 正握法　　　(c) 握笔法

图 9.7 电烙铁的握法

(2) 注意事项。

① 新购的电烙铁第一次使用时焊头要先镀上焊锡，以防氧化。注意电烙铁温度，防止电烙铁头因过热而被"烧死"。

② 使用电烙铁要轻拿轻放，避免猛力敲打。

③ 电烙铁较长时间不用，应及时拔出插头，防止电烙铁头过热氧化。

④ 要养成拿电烙铁拿手柄的习惯，防止意外烫伤。
⑤ 电烙铁使用中不要随手乱放，以免烫坏电源引线或其他物品。

9.3.3 焊接工艺

1. 焊点要求

焊点要有足够的强度，无虚焊、假焊、漏焊，焊点表面应圆而光滑，金属面应充分覆盖、呈裙状，无过分的上锡状况、无裂痕及锡球、无锡洞、无锡角、无连焊、无桥接现象。

2. 元器件的插装

元器件通常有卧式和立式插装法两种，具体采用哪种方法要视安装位置而定。晶体管安装时除了应对准 E、B、C 三脚外，一般管脚引线应留有 3~5mm 左右；集成电路应弄清引脚的排列与孔位是否对准，同时焊接时注意不能造成短路。

9.3.4 焊接方法

掌握手工电烙铁焊接技巧要做到：一刮、二镀、三测、四焊、五查。焊接时焊锡量要适中，焊接时间要短，同时注意手持电烙铁焊接时不能碰伤其他元器件，电烙铁头要同时给焊接件和焊接面加热。

1. 焊接时基本步骤（如图 9.8 所示）

（1）准备。电把需要焊接的印制电路板（PCB）放稳，烙铁嘴和锡丝靠近印制电路板（PCB）。
（2）接触电烙铁。电烙铁嘴接触到铜箔与零件的导线。
（3）加锡。焊锡在与铜箔、导线、烙铁嘴接近的地方接触熔融。
（4）拿开焊锡丝。适量熔融焊锡后（稍扩张）拿开。
（5）拿开电烙铁。焊锡扩大包住元件引线，感到有光泽，适时拿开电烙铁。
（6）完成状态的确认。四周扩展、有光泽、无毛刺、无锡桥（短路）和熔融其他零件等不良情况。

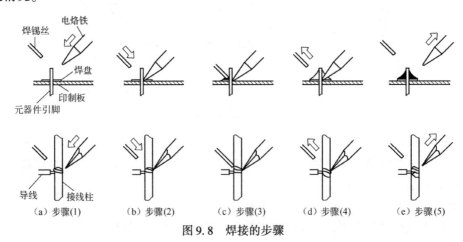

图 9.8 焊接的步骤

2. 焊接要点

要掌握好手工电烙铁锡焊技术，以下几个要点是由锡焊机理引出并被实际经验证明具有普遍适用性。

(1) 掌握好加热时间。锡焊时可以采用不同的加热速度，例如烙铁头形状不良，用小烙铁焊大焊件时我们不得不延长时间以满足锡料温度的要求。在大多数情况下延长加热时间对电子产品装配都是有害的，这是因为：

① 焊点的结合层由于长时间加热而超过合适的厚度，电铬铁头加热引起焊点性能劣化。
② 印制板、塑料等材料受热过多会变形变质。
③ 元器件受热后性能变坏甚至失效。
④ 焊点表面由于焊剂挥发，失去保护而氧化。

结论：在保证焊料润湿焊件的前提下焊接时间越短越好。

(2) 保持合适的温度。如果为了缩短加热时间而采用高温烙铁焊接焊点，则会带来另一方面的问题：

① 焊锡丝中的焊剂没有足够的时间在被焊面上漫流而过早挥发失效。
② 焊料熔化速度过快，影响焊剂作用的发挥。
③ 由于温度过高，虽加热时间短也造成过热现象。

结论：保持烙铁头在合理的温度范围。一般经验是烙铁头温度比焊料熔化温度高 50℃较为适宜。理想的状态是较低的温度下缩短烙铁头加热时间，尽管这是矛盾的，但在实际操作中我们可以通过操作手法获得令人满意的解决方法。

(3) 用烙铁头对焊点施力是有害的。烙铁头把热量传给焊点主要靠增加接触面积，用烙铁头对焊点加力对加热是徒劳的。很多情况下会造成被焊件的损伤，例如电位器，开关，接插件的焊接点往往都是固定在塑料构件上，加力的结果容易造成元件失效。

项目实训 12　示波器的使用

1. 实训目的

(1) 通过实训学会利用双踪示波器观测电压信号。
(2) 通过探究掌握示波器中如何读数并学会使用示波器并调制波形。
(3) 进一步熟悉函数信号发生器的使用。

2. 实训设备

信号发生器　　　　　　　　　1 台
双踪示波器　　　　　　　　　1 台
晶体管毫伏表　　　　　　　　1 台

3. 实训内容

(1) 信号波形的观察。

① 接通示波器电源,预热后调节有关旋钮,使屏幕上出现清晰的扫描基线,并将扫描基线移至屏幕中央。将 X 轴触发开关置于"CH1",扫描方式置"自动",耦合方式置"AC"。

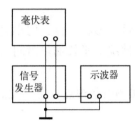

图9.9 信号波形的观察

② 将信号发生器、晶体管毫伏表、示波器按图9.10所示接线,各仪器的"⊥"接在一起,示波器输入线采用专用探头。输入信号从示波器的 CH1 或 CH2 端加入均可,若从 CH1 端加入,则垂直选择以及触发源选择开关应置于"CH1"位置。

③ 根据输入信号电压的大小,调节"VOLTS/DIV"及其微调旋钮,控制波形的高度;根据信号的频率范围调节"SEC/DIV 及其微调,使波形稳定,同时兼顾触发电平调节。调节移位旋钮使波形居于屏幕中央。

通过以上操作,分别观察信号发生器输出为 5V、100Hz,3V、1000Hz,10V、20kHz 时的正弦交流信号电压波形。

改变信号发生器的输出波形,重复以上的步骤。

(2) 信号波形的测量。

① 在以上步骤的基础上,将垂直灵敏度微调及扫描速率微调置于校准位置。

② 如波形不稳,再调节垂直灵敏度及触发电平旋钮,使波形稳定、适中。

③ 从纵坐标上读取波形的幅值(最大值、有效值),并与毫伏表的指示值比较。

④ 从横坐标上读取波形的周期、频率,并与信号发生器的频率指示比较。

⑤ 按下垂直扩展旋钮、改变示波器探头衰减比率,重复步骤③。

⑥ 按下水平扫描扩展按钮,重复步骤④。

⑦ 保持示波器各旋钮不动,改变信号发生器的输出幅度(0~最大),观察示波器上显示波形的变化。

(3) 相位差的测量。

① 按图9.10所示连接好示波器、信号发生器等。

② 按下示波器垂直选择开关 CH1、CH2,使两扫描基线重合于水平轴。

③ 垂直微调、水平扫描微调置于校准位置,根据步骤①及②,使示波器显示两个适中、稳定的波形。

④ 在水平轴上读取它们的水平距离及一个周期的长度,换算成相位差。

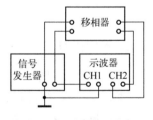

图9.10 相位差测量

⑤ 改变移相器的参数,重复步骤④。

4. 实训报告

(1) 用示波器观察到的信号电压波形绘于图9.11中。
(a) 5V、100Hz　　(b) 5V、1000Hz　　(c) 10V、20kHz

(2) 相位差测量波形记录于图9.12中。相位差:_____。

(3) 实训中用示波器观察正弦波形时分别得到如图9.13所示波形,分析其原因及调整的方法。

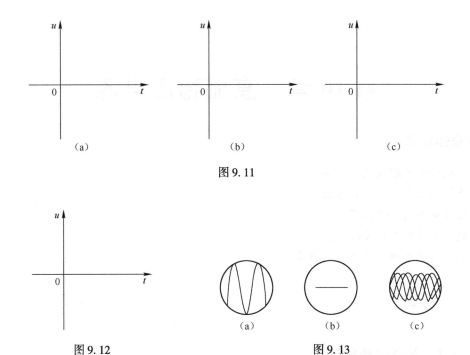

图 9.11

图 9.12

图 9.13

习 题 9

9.1 电子测量的一般方法有哪些?它们是如何分类的?

9.2 示波器输入信号耦合开关置"AC"、"DC"、"GND"挡位有何不同?

9.3 什么叫正弦波的有效值?什么叫正弦波的峰值?交流毫伏表是用来测量正弦波电压还是非正弦波电压?它的表头指示值是被测信号的什么数值?它是否可以用来测量直流电压的大小?

9.4 晶体管毫伏表与万用表的交流电压挡有何不同?

9.5 函数信号发生器有哪几种输出波形?它的输出端能否短接?

9.6 电烙铁的使用应注意哪些问题?

9.7 简述电烙铁锡焊的工艺要求是什么?

第10章 直流稳压电源

本章知识点

- 二极管的原理及选用方法。
- 单相整流电路的工作原理。
- 滤波电路的工作原理。
- 稳压电路的工作原理。
- 直流稳压电源的组成及制作方法。

10.1 二极管

10.1.1 半导体基础知识

自然界中的物质如果按导电性能可以分为三类：导体，电阻率 $\rho < 10^4 \Omega \cdot cm$；绝缘体，电阻率 $\rho > 10^9 \Omega \cdot cm$；半导体，电阻率介于前两者之间。

1. 本征半导体

本征半导体也叫纯净半导体。目前用得最多的半导体材料有硅（Si）和锗（Ge），它们都是4价元素，原子与原子之间组成共价键，形成晶体结构，这就是晶体管名称的由来。半导体导电主要是靠原子核外电子摆脱共价键的束缚，形成自由电子－空穴对而导电。

2. 杂质半导体

半导体导电能力很差，若向半导体晶体中掺入特定杂质，掺杂后的半导体其导电能力会大大增强，这种掺入杂质的半导体叫杂质半导体，有P型和N型之分。

（1）P型半导体。在本征半导体中掺入3价元素，如硼（B），硼原子与硅原子组成共价键后，还多余一个空穴。这种半导体以空穴导电为主，故称空穴型半导体或P型半导体。

（2）N型半导体。在本征半导体中掺入5价元素，如磷（P），磷原子与硅原子组成共价键后，还多余一个电子，这个电子很容易形成自由电子，所以这种半导体以自由电子导电为主，故称电子型半导体或N型半导体。

10.1.2 半导体二极管

1. PN结

将P型和N型半导体按一定工艺结合在一起时，由于自由电子的扩散运动，在接触面附近就会形成一个很薄的空间电荷区（内建电场），称之为 PN 结，如图 10.1 所示。PN 结具有单向导电的特性。二极管的核心就是 PN 结。

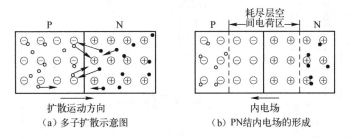

图 10.1　PN 结示意图

2. 二极管的结构、类型及符号

（1）二极管的结构。在一个 PN 结的两端加上电极引线并用外壳封装起来，就构成了半导体二极管。由 P 型半导体引出的电极叫做阳极，用字母 A 表示，由 N 型半导体引出的电极叫做阴极，用字母 K 表示。如图 10.2（a）所示。

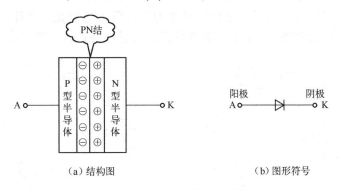

图 10.2　二极管的结构及图形符号

（2）二极管的类型及符号。二极管的类型很多，按材料来分，有硅二极管、锗二极管；按二极管的结构来分，有点接触型、面接触型，如图 10.3 所示。点接触型二极管适用于制作高频检波和脉冲数字电路里的开关元件，以及作为小电流的整流管。面接触型二极管适用于整流，不宜用于高频电路。

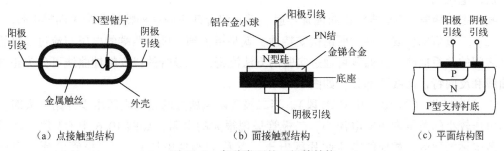

图 10.3　各种类型的二极管结构

几种常见二极管外形图如图 10.4 所示。

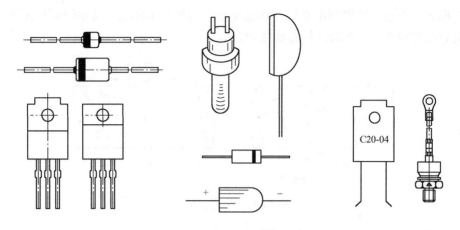

图10.4 常见二极管外形图

3. 二极管的特性

（1）单向导电性。把二极管接成如图10.5（a）所示电路，当开关S闭合时，二极管阳极接电源正极，阴极接电源负极，这种情况称为二极管正向偏置。当开关S闭合时，灯泡亮，电流表显示出较大电流，这时称二极管导通，流过二极管的电流 I 称为正向电流。

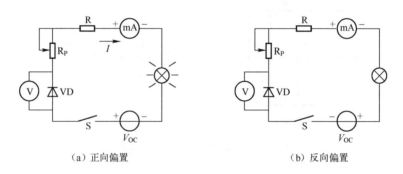

（a）正向偏置　　　　　　　　　（b）反向偏置

图10.5 半导体二极管单向导电性实验

将二极管接成如图10.5（b）所示电路，这时二极管阳极接电源负极，阴极接电源正极，二极管称为反向偏置。开关S闭合，灯泡不亮，从电流表中看到电流很小，且基本不随外加反向电压而变化。

我们把二极管（PN结）正向偏置导通、反向偏置截止的这种特性称为单向导电性。

（2）二极管的伏安特性。所谓伏安特性，就是指加到二极管两端的电压与流过二极管的电流之间的关系曲线。该曲线可通过实验的方法测得。二极管的伏安特性曲线可分为正向特性曲线和反向特性曲线两部分，如图10.6所示。

① 正向特性（图10.6中OAB段）。当二极管两端所加的正向电压由零开始增大时，在正向电压较小的范围内正向电流小，二极管呈现很大的电阻，如图10.6中OA段，通常把这个范围称为死区，相应的电压叫死区电压（又称为阀值电压）。硅二极管的死区电压为0.5V左右，锗二极管的死区电压约为0.1~0.2V。

外加电压超过死区电压以后，二极管呈现很小的电阻，正向电流 I 迅速增加，这时二极管处于正向导通状态，如图 10.6 中 AB 段为导通区，此时二极管两端电压降变化不大，该电压值称为正向压降（或管压降），常温下硅二极管约为 0.6~0.7V，锗二极管约为 0.2~0.3V。

② 反向特性（图 10.6 中 OCD 段）。当给二极管加反向电压时，所形成的反向电流是很小的，而且在很大范围内基本不随反向电压的变化而变化，即保持恒定，如图 10.6 中曲线 OC 段，称其为反向截止区，此处的电流称为反向饱和电流 I_s。

当反向电压大到一定数值（U_{RR}）时，反向电流会急剧增大，如图 10.6 中 CD 段，这种现象称为反向击穿，相应的电压叫反向击穿电压。正常使用二极管时（稳压二极管除外），是不允许出现这种现象的，因为击穿后电流过大将会损坏二极管。

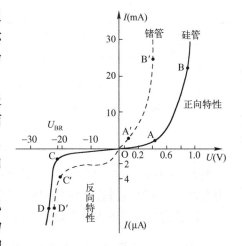

图 10.6 二极管的伏安特性曲线

从二极管伏安特性曲线可以看出，二极管的电压与电流变化不呈线性关系，其内阻不是常数，所以二极管属于非线性器件。

有时为了讨论方便，在一定条件下可以把二极管的伏安特性理想化，即认为二极管的死区电压和导通电压都等于零。这样的二极管称为理想二极管。

4. 二极管的主要参数

二极管的参数是我们选择和使用二极管的依据。

（1）最大整流电流 I_{OM}。指二极管长时间使用时，允许通过二极管的最大正向平均电流。当电流超过其允许值时，将由于 PN 结过热而使管子损坏。

（2）最大反向工作电压 U_{RM}。指二极管在工作中能承受的最大反向电压，它也是使二极管不致反向击穿的电压极限值。

（3）最大反向电流 I_{RM}。指二极管上加工作峰值电压时的反向电流值。I_{RM} 越小，二极管的单向导电性越好。

10.1.3 二极管的型号及选用

二极管的型号众多，国产二极管的型号含义见表 10-1 所示。

表 10-1 国产二极管的型号含义

第一部分		第二部分		第三部分		第四部分	第五部分
符号	意义	符号	意义	符号	意义		
2	二极管	A	N 型锗材料	P	普通管	用数字表示器件序号	用汉语拼音表示规格号
		B	P 型锗材料	Z	整流管		
		C	N 型硅材料	W	稳压管		
		D	P 型硅材料	K	开关管		
		E	化合物材料	L	整流堆		

续表

第一部分		第二部分		第三部分		第四部分	第五部分
符号	意义	符号	意义	符号	意义	用数字表示器件序号	用汉语拼音表示规格号
2	二极管			C	变容管		
				U	光电管		
				N	阻尼管		
				EF	发光二极管		

例如，2AP9，其中"2"表示二极管，"A"表示采用 N 型锗材料为基片，"P"表示普通用途管（P 为汉语拼音字头），"9"为产品性能序号。

二极管的选用原则主要有以下几点。

1. 首先要根据具体电路的要求选用不同类型、不同特性的二极管

二极管的种类繁多，同一种类的二极管又有不同型号或不同系列。选用二极管就要根据二极管在电路中的具体作用去选择。如在电子电路中做检波用，就要选用检波二极管，并且要注意不同型号的管子的参数和特性差异。在电路中做整流用，就要选用整流二极管，并且要注意功率的大小、电路的工作频率和工作电压。

2. 在选好二极管类型的基础上，要选好二极管的各项主要技术参数

选好二极管的技术参数就是使这些电参数和特性符合电路要求，并且要注意不同用途的二极管对哪些参数要求更严格，这些都是选用二极管的依据。如选用整流二极管时，要特别注意最大整流电流，2AP1 型二极管的最大整流电流为 16mA，2CP1A 型管为 500mA 等。使用时通过二极管的电流不能超过这个数值。对整流二极管来说，反向电流越小，说明二极管的单向导电性能越好。

在选用二极管的各项主要参数时，除了从有关的资料和《晶体管手册》查出相应的参数值满足电路要求后，最好用万用表及其他仪器复测一次，使选用的二极管参数符合要求，并留有一定的余量。

3. 根据电路的要求和电子设备的尺寸，选好二极管的外形、尺寸大小和封装形式

二极管的外形、大小及封装形式多种多样，外形有圆形的、方形的、片状的、小型的、超小型的、大中型的；封装形式有全塑封装、金属外壳封装等。在选择时，可根据性能要求和使用条件（包括整机的尺寸）选用符合条件的二极管。

10.1.4 二极管的检测

二极管是由一个 PN 结构成的半导体器件，具有单向导电特性。通过用万用表检测其正、反向电阻值，可以判别出二极管的电极，还可估测出二极管是否损坏。

1. 判别二极管的极性

有的二极管从外壳的形状上可以区分电极；有的二极管的极性用二极管符号印在外壳

上,箭头指向的一端是负极;还有的二极管用色环或色点来标志(靠近色环的一端是负极,有色的一端是正极)。若标志脱落,可用万用表测其正、反向电阻值来确定二极管的电极。测量时把万用表置于 R×100 挡或 R×1k 挡,不可用 R×1 挡或 R×10k 挡,前者电流太大,后者电压太高,有可能对二极管造成不利影响。用万用表的黑表笔和红表笔分别与二极管两个电极相连。当测得电阻较小时,与黑表笔相接的极为二极管正极,与红表笔相接的极为二极管负极;测得电阻很大时,与红表笔相接的极为二极管正极,与黑表笔相接的极为二极管的负极。测量方法如图 10.7 所示。

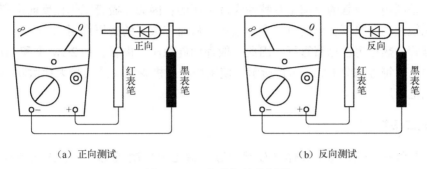

图 10.7 二极管极性的判别

2. 判别二极管的优劣

二极管正、反向电阻的测量值相差愈大愈好,一般二极管的正向电阻为几百欧姆,反向电阻为几百千欧姆以上,而且硅管比锗管大。如果测得正、反向电阻均为无穷大,说明二极管内部断路;若测量值均为零,则说明二极管内部短路;如测得正、反向电阻几乎一样大,这样的二极管已经失去单向导电性,没有使用价值了。

一般来说,硅二极管的正向电阻在几百到几千欧姆,锗管小于1kΩ,因此如果正向电阻较小,基本上可以认为是锗管。若要更准确地知道二极管的材料,可将管子接入正偏电路中测其导通压降;若压降在 0.6~0.7V 左右,则是硅管;若压降在 0.2~0.3V 左右,则是锗管。当然,利用数字万用表的二极管挡,也可以很方便地知道二极管的材料。

3. 反向击穿电压的检测

二极管反向击穿电压(耐压值)可以用晶体管直流参数测试表测量。其方法是:测量二极管时,应将测试表的"NPN/PNP"选择键设置为 NPN 状态,再将被测二极管的阳极接测试表的"c"插孔内,阴极插入测试表的"e"插孔,然后按下"V(BR)"键,测试表即可指示出二极管的反向击穿电压值。

图 10.8 万用表测试击穿电压接线图

也可用兆欧表和万用表来测量二极管的反向击穿电压,测量时被测二极管的阴极与兆欧表的正极相接,将二极管的阳极与兆欧表的负极相连,同时用万用表(置于合适的直流电压挡)监测二极管两端的电压。如图 10.8 所示,摇动兆欧表手柄(应由慢逐渐加快),待二极管两端电压稳定而且不再上升时,此电压值即是二极管的反向击穿电压。

10.1.5 特殊二极管

除了普通二极管外,还有一些特殊用途的二极管,如稳压二极管、发光二极管等。

1. 稳压二极管

稳压二极管是一种特殊的面接触型硅二极管。由于它有稳定电压的作用,故称稳压管,也叫齐纳二极管。

稳压管是利用二极管的反向击穿特性实现稳压的:因为二极管工作在反向击穿区,在反向电流变化很大的情况下,反向电压变化很小,从而有很好的稳压作用。

由于硅管的热稳定性比锗管好,因此一般都用硅稳压二极管,如 2CW 型和 2DW 型。稳压二极管的电路符号如图 10.9(a)所示。使用稳压二极管应注意其最大耗散功率、最大工作电流和稳定电压。

2. 发光二极管

发光二极管是用化合物半导体(如砷化镓、磷化镓)制成的,当它正向导通时会发出光来,有红、绿、黄、橙色等,发光二极管的发光颜色与二极管制造材料及工艺有关。发光二极管的导通电压比普通二极管要高,一般都有 1.2~3V 左右。发光二极管的电路符号如图 10.9(b)所示,使用发光二极管应注意其导通电压、工作电流及反向耐压。

(a)稳压二极管电路符号　(b)发光二极管电路符号

图 10.9　稳压二极管与发光二极管符号

10.2　单相整流电路

10.2.1　单相半波整流电路

单相半波整流电路的组成如图 10.10(a)所示。

由于二极管具有单向导电性,暂且忽略其正向导通压降。在变压器副边电压的正半周时,其输出电压极性上正下负,二极管 VD 承受正向电压而导通,负载电阻 R_L 上电压 $u_o = u_2$;在电压负半周时,二极管 VD 承受反向电压而截止,负载电阻上电压为零。其波形如图 10.10(b)所示。由图 10.10(b)经计算单相半波整流电路的输出电压平均值为:

$$U_{o(AV)} = \frac{\sqrt{2}U_2}{\pi} \approx 0.45 U_2$$

流过二极管的平均电流为:

$$I_{L(AV)} \approx \frac{0.45 U_2}{R_L}$$

二极管承受的反向电压为:

$$U_{Rmax} = \sqrt{2} U_2$$

单相半波整流电路结构简单，输出电压的平均值低、脉动系数大。

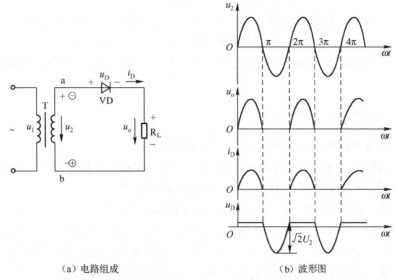

（a）电路组成　　　　　（b）波形图

图 10.10　单相半波整流电路

10.2.2　单相全波整流电路

单相全波整流电路的组成如图 10.11（a）所示。

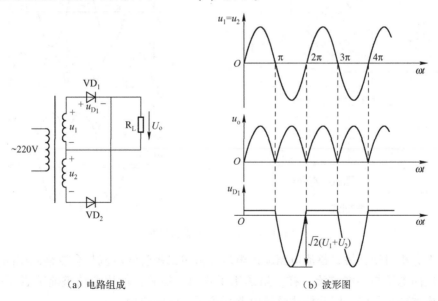

（a）电路组成　　　　　（b）波形图

图 10.11　单相全波整流电路

单相半波整流电路只用了交流电压的半个周期，输出脉动大，效率低，而且变压器存在单向（直流）磁化等问题。

单相全波整流电路利用了交流电压的整个周期，克服了半波整流的缺点。

变压器两副边参数一致，因而 $u_1=u_2$。当 u_1、u_2 正半周时，二极管 VD_1 导通，负载电阻 R_L 得到交流电压 u_1 的正半周，二极管 VD_2 因承受反向电压而截止；当 u_1、u_2 负半周时，二

极管 VD_2 承受正向电压导通，负载电阻 R_L 得到交流电压 u_2 的负半周，方向仍是从上而下（见图 10.11（b）），二极管 VD_1 承受反向电压截止。

由以上分析可知，全波整流输出电压平均值比半波整流时增加一倍，即

$$U_o = 2 \times 0.45 U_2 = 0.9 U_2 \qquad (U_1 = U_2)$$

流过二极管的电流与半波整流时相同。但二极管承受的反向电压比半波整流时高出一倍。

10.2.3 单相桥式整流电路

单相桥式整流电路的组成如图 10.12（a）所示。

全波整流虽然有效地克服了半波整流的缺点，但全波整流二极管承受反向电压高，且要求变压器具有对称的两副绕组，增加了变压器的体积及成本。

而桥式整流电路很好地综合了半波整流及全波整流的优点。

如图 10.12（a）所示，当 u_2 正半周时，二极管 VD_1、VD_3 承受正向电压导通，负载电阻 R_L 得到交流电压 u_2 的正半周，VD_2、VD_4 承受反向电压截止；当 u_2 负半周时，VD_2、VD_4 承受正向电压导通，负载电阻 R_L 得到 u_2 的负半周，方向仍是上正下负，VD_1、VD_3 承受反向电压截止。

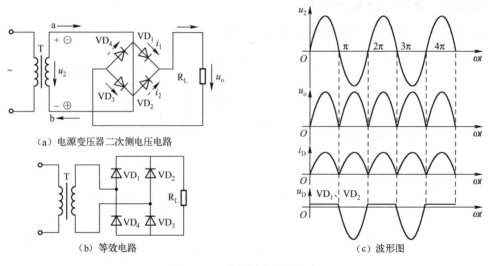

图 10.12 单相桥式整流电路

由以上分析可知，桥式整流电路输出电压、流过二极管的电流与全波整流相同，而二极管承受的反向电压与半波整流一样。虽然用了 4 只二极管，但比全波整流节省了一个副绕组，总体成本减少很多，因此桥式整流电路得到了广泛的应用。

10.3 滤波电路

整流输出的直流电压脉动较大，在有些设备中还不能适用。为了改善电压的脉动程度，需在整流后加入滤波电路。

10.3.1 电容滤波电路

图 10.13（a）所示为一单相半波整流滤波电路，由于电容两端电压不能突变，在脉动直流电压波动时，电容两端电压变化很小，因而负载两端电压也基本不变，使输出电压得以平滑，达到滤波的目的。滤波过程及波形如图 10.13（b）所示。

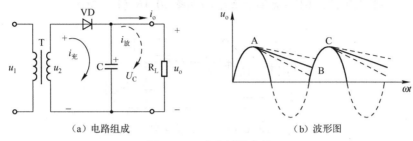

（a）电路组成　　　　　　　　（b）波形图

图 10.13　电容滤波电路

在 u_2 正半周时，二极管 VD 导通，电容被 u_2 充电，由于回路电阻很小，电容电压 $u_o = u_2$，当 u_2 达到峰值后开始下降，$U_C > u_2$，二极管截止（图中 A 点），负载 R_L 的电源由电容放电提供，电容电压逐渐下降，当达到 B 点时，u_2 大于 U_C，二极管导通，电容再次被充电到峰值。然后重复前面的过程。

可见由于电容的不断充放电，使得输出电压脉动减小，输出电压的平均值提高。当满足 $R_L C \geqslant (3 \sim 5) T/2$ 时，则

$$U_o = U_2 (半波整流)$$
$$U_o = 1.2 U_2 (全波整流)$$

利用电容滤波时，应注意以下两点：

（1）滤波电容容量较大，一般用电解电容，注意电容极性不能接反。

（2）开始时，电容电压为零，通电瞬间二极管流过短路电流，称浪涌电流，其值一般是正常工作时的（5～7）倍，所以选二极管参数时，正向平均电流的参数应大一些。

10.3.2 电感滤波及复式滤波电路

1. 电感滤波电路

由于电感的电流不能突变，用一个大电感与负载串联，流过负载的电流也就不能突变，电流平滑，输出电压也就平稳了。其实质是电感对交流呈现很大的感抗，对直流没有压降，所以交流成分绝大部分降到电感上，直流均落到负载上，达到了滤波的作用。电感滤波电路对整流二极管没有电流冲击，但为了使 L 值大，多用铁芯电感，体积大、笨重，且输出电压的平均值 U_o 较低。其电路组成如图 10.14 所示。

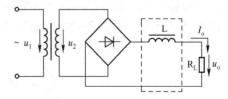

图 10.14　电感滤波电路

2. 复式滤波电路

为进一步减少输出的脉动程度，还可以采用复式滤波电路，复式滤波电路主要有两种。

（1）LC 滤波电路。LC 滤波电路如图 10.15 所示，交流成分绝大部分降落在电感上，电容又对交流接近于短路，所以输出电压中交流成分很少，几乎是一个平滑的直流电压。

（2）π 型滤波电路。π 型滤波电路的滤波原理根据以上的叙述，读者可自行分析，在此不再赘述。

① LC - π 型滤波电路。LC - π 型滤波电路如图 10.16（a）所示。

② RC - π 型滤波电路。RC - π 型滤波电路如图 10.16（b）所示。

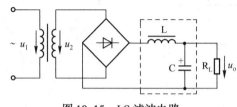

图 10.15　LC 滤波电路

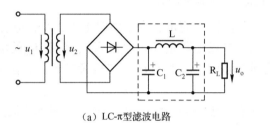

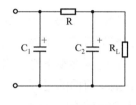

（a）LC-π型滤波电路　　　　　　　　（b）RC-π型滤波电路

图 10.16　π 型滤波电路

10.4　稳压电路

通过整流滤波电路所获得的直流电源电压是比较稳定的，当电网电压波动或负载电流变化时，输出电压会随之改变，因此必须进行稳压。目前中小功率设备中广泛采用的稳压电路有并联型稳压电路、串联型稳压电路、集成稳压电路和开关型稳压电路。本节只介绍硅稳压管组成的并联型稳压电路和集成稳压电路。

10.4.1　硅稳压管组成的并联稳压电路

1. 电路组成

硅稳压管组成的并联稳压电路如图 10.17 所示。从图中可看出，因为硅稳压管的两端电压 U_Z 基本不变，所以不论电网电压还是负载 R_L 的变化，输出电压 $U_o = U_Z$。

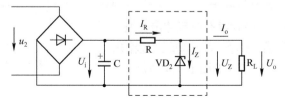

图 10.17　硅稳压管组成的并联稳压电路

2. 电路参数的确定

(1) 限流电阻的确定。

① 当 U_i 最小，输出电流 I_o 最大时，应保证稳压管电流在工作电流范围内。所以

$$R < \frac{U_{imin} - U_Z}{I_Z + I_{omax}}$$

② 当 U_i 最大，I_o 最小时，必须保证稳压管电流在其工作电流范围内。所以

$$R > \frac{U_{imax} - U_Z}{I_Z + I_{omin}}$$

(2) 稳压管参数的确定。一般取：

$$U_Z = U_o, \quad I_{zmax} = (1.5 \sim 3)I_{omax}, \quad U_i = (2 \sim 3)U_o$$

10.4.2 集成稳压电源

所谓集成稳压电源就是把稳压电源的功率调整管、取样电路、基准稳压、取样放大、启动和保护电路等，全部做在一块芯片上。目前集成稳压电源类型很多，按结构形式可分为串联型、并联型和开关型；按输出电压类型可分为固定式和可调式；按集成块引出脚不同可分为三端式和多端式。作为小功率的稳压电源以三端式串联型稳压电源应用最为普遍。

1. 固定式三端稳压器

常用的三端稳压器有 78×× 系列、79×× 系列，其外形如图 10.18 所示。型号中的 78 表示输出为正电压值，79 表示输出为负电压值，×× 表示输出电压的稳定值。78 系列输出电压等级有 5/6/9/12/15/18/24V，79 系列输出电压等级与 78 系列相对应。如 W7815、W7915，表示输出电压 15V，前者为"+15V"，后者为"-15V"。选用三端稳压器还应注意输出电流值及功耗。

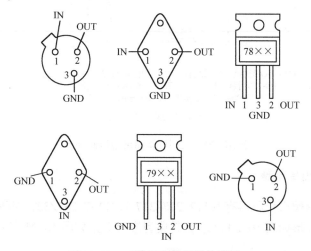

图 10.18　三端固定稳压器外形图

其应用电路如图 10.19 所示。图中 C_i 用以抵消输入端因接线较长而产生的电感效应，一般取值 $0.1 \sim 1\mu F$；C_o 用以改善负载的瞬态响应，一般取 $1\mu F$ 左右，其作用是减少高频噪声。

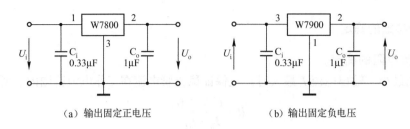

（a）输出固定正电压　　　　　　（b）输出固定负电压

图 10.19　固定输出的稳压电路

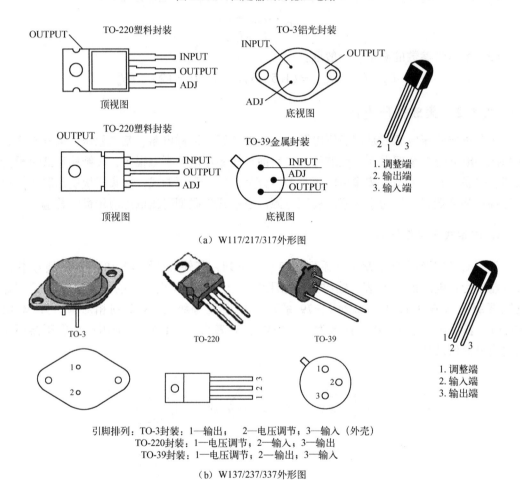

（a）W117/217/317 外形图

（b）W137/237/337 外形图

图 10.20　三端可调输出稳压器外形

2. 三端可调输出稳压器

常用的三端可调输出稳压器有 W117/217/317 和 W137/237/337 等型号，前者为正输出，后者为负输出。其外形如图 10.20 所示。其典型应用电路如图 10.21 所示。

输出电压为：

$$U_o \approx 1.25\left(1 + \frac{R_2}{R_1}\right)$$

在实际使用时，集成稳压器内部电路要求流过 R_1 的电流为 5~10mA，因此 R_1 一般取 240 欧

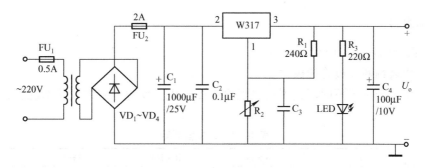

图 10.21 三端可调稳压电路

左右。从上式可知其可调最低输出电压为 1.25V。

三端稳压器所需外围元件少,便于安装调试,工作可靠,在实际使用中得到广泛应用。在使用中一定要注意以下几点:

(1) 要分清三只引出脚。三端集成稳压电路的输入、输出和接地端装错时很容易损坏,需特别注意。同时,在安装时三端集成稳压电路的接地端一定要焊接良好,否则在使用过程中,由于接地端的松动,会导致输出端电压的波动,易损坏输出端上的其他电路,也可能损坏集成稳压电路。另外,在拆装集成稳压电路时要先断开电源;输出电压大于 6V 的三端集成稳压电路的输入、输出端需接一保护二极管,以防止输入电压突然降低时,输出电容对输出端放电引起三端集成稳压器的损坏。

(2) 正确选择输入电压范围。三端集成稳压电路是一种半导体器件,内部管子有一定的耐压值,为此变压器的绕组电压不能过高,整流器的输出电压的最大值不能大于集成稳压电路的最大输入电压,否则很容易使三端稳压器超过其额定功耗而造成损坏。但输入电压也不能过低,过低会造成稳压性能变坏,一定要满足在最大负载时的输入输出电压差的要求。

(3) 保证散热良好。对于用三端集成稳压电路组成的大功率稳压电源,应在三端集成稳压电路上安装足够大的散热器。当散热器的面积不够大,而内部调整管的结温达到保护动作点附近时,集成稳压电路的稳压性能将变差。

项目实训 13 整流滤波电路的测试

1. 实训目的

(1) 学会对二极管检测的方法。
(2) 掌握桥式整流电路输入、输出电压之间的关系。
(3) 电容滤波后的电压输入、输出之间的关系。
(4) 能熟练使用示波器观测波形。

2. 实训设备

(1) 万用表。
(2) 双踪示波器。

3. 实训内容

（1）二极管的检测与识别。

① 用万用表判断二极管的极性。

② 将万用表分别置不同挡，测量并观察二极管正、反向电阻的变化情况，将结果填入表 10–2 中。

表 10–2 二极管测量

序号	二极管型号	R×100		R×1k		R×10k		材料		质量	
		正向	反向	正向	反向	正向	反向	硅	锗	好	坏
1											
2											
3											
4											

（2）整流电路参数测试。

① 按图 10.22 所示桥式整流、滤波电路示意图连接电路。

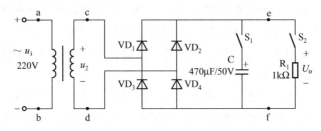

图 10.22 全波整流、滤波电路

② 使用万用表的交流挡，测量变压器原边电压 U_{ab} = _____，副边电压 U_{cd} = _____。

③ 将开关 S_1 断开，S_2 合上，使用万用表的直流挡，测量整流电路输出电压 U_{ef} = _____，使用示波器观测输出电压波形，计算输入输出电压的关系。

④ 将开关 S_1、S_2 合上，使用万用表的直流挡，测量滤波电路输出电压 U_{ef} = _____，使用示波器观测输出电压波形，计算输入输出电压的关系。

⑤ 将开关 S_1 合上，S_2 断开，使用万用表的直流挡，测量滤波电路输出电压 U_{ef} = _____，使用示波器观测输出电压波形，计算输入输出电压的关系。

4. 实训报告

（1）对上述三种情况所测量的电压值进行分析。

（2）记录并分析三种情况下的示波器波形。

项目实训 14　三端集成稳压电源的组装与调试

1. 实训目的

（1）掌握基本的手工焊接技术。

（2）能熟练在万能板上进行合理布局布线。

(3) 熟悉整流、滤波、稳压电路的工作原理。

(4) 熟悉与使用集成稳压器 78××系列。

(5) 掌握直流稳压源几项主要技术指标的测试方法。

2. 实训设备

(1) 电烙铁等常用电子装配工具。

(2) 万用表、示波器。

3. 实训准备知识

(1) 万能板介绍。万能板是一种按照标准 IC 间距（2.54mm）布满焊盘、可按自己的意愿插装元器件及连线的印制电路板，俗称"洞洞板"。相比专业的 PCB 制版，洞洞板使用门槛低，成本低廉，使用方便，扩展灵活。如图 10.23 所示。

图 10.23　万能电路板

(2) 装配要求和方法。

工艺流程：准备→熟悉工艺要求→绘制装配草图→核对元件数量、规格、型号→元器件检测→元器件预加工→万能电路板装配、焊接→总装加工→自检。

① 准备。将工作台整理有序，工具摆放合理，准备好必要的用品。

② 熟悉工艺要求。认真阅读电路原理图和工艺要求。

③ 绘制装配草图。绘制装配草图的要求和方法如下：

a. 设计准备：熟悉电路原理、所用元器件的外形尺寸及封装形式。

b. 按万能电路板实样 1∶1 在图纸上确定安装孔的位置。

c. 装配草图以导线面（焊接面）为视图方向：元器件水平或垂直放置，不可斜放；布局时应考虑元器件外形尺寸，避免安装时相互影响，疏密均匀；同时注意电路走向应基本和电路原理图一致，一般由输入端开始向输出端逐步确定元器件位置，相关电路部分的元器件应就近安放，按　字排列，避免输入输出之间的影响；每个安装孔只能插一个元器件引脚。如图 10.24 所示。

d. 按电路原理图的连接关系布线：布线应做到横平竖直，导线不能交叉（确需交叉的导线可在元器件体下穿过）。

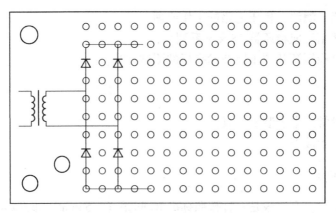

图 10.24　整流电路装配草图绘制实例

e. 检查绘制好的装配草图上的元器件数量、极性和连接关系应与电路原理图完全一致。

④ 清点元器件。按元件配套明细表核对元器件的数量和规格，应符合工艺要求，如有短缺、差错应及时补缺和更换。

⑤ 元器件检测。用万用表的电阻挡对元器件进行逐一检测，对不符合质量要求的元器件剔除并更换。

⑥ 元器件预加工。

⑦ 万能电路板装配工艺要求。

a. 电阻、二极管均采用水平安装方式，紧贴板面，色码方向一致。

b. 电容采用垂直安装方式，高度要求为电容的底部离板 8mm。

c. 发光二极管采用垂直安装方式，高度要求离板 8mm。

d. 所有焊点采用直脚焊，焊接完成后剪去多余引脚，留头在焊面以上 0.5~1mm，且不损伤焊面。

e. 万能接线板布线应正确、平直，转角处成直脚，焊接可靠，无漏焊、短路现象。

焊接基本方法如下：

● 将镀银铜丝理直。

● 根据装配草图用镀银铜丝进行布线，并与每个有元器件引脚的安装孔进行焊接。

● 焊接可靠，剪去多余导线。

⑧ 总装加工。电源变压器用螺钉紧固在万能电路板的元件面，一次侧绕组的引线向外，二次侧绕组的引出线向内，万能电路板的另外两个角上也固定两个螺钉，紧固件的螺母均安装在焊接面。电源线从万能电路板焊接面穿过打结孔后，在元件面打结，在与变压器一次侧绕组引出线焊接并完成绝缘恢复，变压器二次侧绕组引出线插入安装后焊接。

⑨ 自检。对已完成的装配、焊接的工作仔细检查质量，重点是装配的准确性，包括元器件位置、电源变压器的绕组等；焊点质量应无虚焊、假焊、漏焊、搭焊及空隙、毛刺等；检查有无影响安全性能指标的缺陷；元器件整形。

4. 实训内容

（1）三端集成稳压电源电路原理图。图 10.25 所示的三端集成稳压电源由变压器、整流电路、滤波电路、稳压电路和指示电路组成，可以对外输出 +5V 的直流电压。

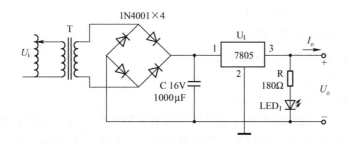

图 10.25　三端集成稳压电源电路原理图

（2）元器件明细表。元器件配套明细表如表 10-3 所示。

表 10-3　元器件配套明细表

代　号	品　名	型号/规格	数　量
T	变压器	220V/9V　50Hz	1
U_1	集成电路	7805	1
$VD_1 \sim VD_4$	整流二极管	1N4001	4
R	碳膜电阻	180Ω	1
C	电解电容	1000 μF 16V	1
LED_1	发光二极管	红色	1

（3）组装步骤。

① 元件检测。

② 元件预加工。

③ 万能电路板装配。

（4）调试、测量。

① 接通电源，发光二极管应发光，测量此时稳压电源的直流输出电压 $U_o =$ _____。

② 测试稳压电源的输出电阻 R_o。

当 $U_i = 220V$，测量此时的输出电压 U_o 及输出电流 I_o；断开负载，测量此时的 U_o 及 I_o，记录在表 10-4 中。

表 10-4　测量数据表

$R_L \neq \infty$	$U_o =$　　（V）	$I_o =$　　（mA）
$R_L = \infty$	$U_o =$　　（V）	$I_o =$　　（mA）
$R_o = \dfrac{\Delta U_o}{\Delta I_o}$		

③ 验证滤波电容的作用。

a. 测量 C 两端的电压，并与理论值比较。

b. 用示波器观察 C 两端的波形。

（5）故障分析与排除。产生故障的原因有诸多因素，主要有以下几个方面：

① 电路设计错误。

② 布线错误。

③ 集成器件使用不当或功能失效。
④ 实训插座板不正常或使用不当。
⑤ 所用仪表性能不合用，有故障或使用不当。
⑥ 干扰信号的影响。
判断故障点常采用以下几种方法：

(1) 替代法。将已调整好的单元电路板替代有故障的或是有疑问的单元电路板，如果故障确实在这一单元电路板内，则应进一步查找原因，否则转向其他单元电路板查找故障。

(2) 对分法。对于有故障的多级电路，为了减少调测工作量，可先把可疑的范围分为两区，先通过检测，判定前后两个部分究竟哪一部分有故障，然后再对有故障部分继续进行对分检测，直到找到故障点为止。

(3) 对比法。当估计某一电路板、某一单元电路有故障时，可将与之相对应的正常电路板、正常单元电路进行逐一对比，评定它们的工作状态各点电压、电流等参数是否一致。

习 题 10

一、填空题

10.1 PN 结具有_____性，_____偏置时导通；_____偏置时截止。

10.2 半导体二极管 2AP7 是_____半导体材料制成的，2CZ56 是_____半导体材料制成的。

10.3 用万用表测量二极管的正向电阻时，应该将万用表的红表笔接二极管的_____，将黑表笔接二极管的_____极。

10.4 在图 10.26 所示电路中，_____图的指示灯不会亮。

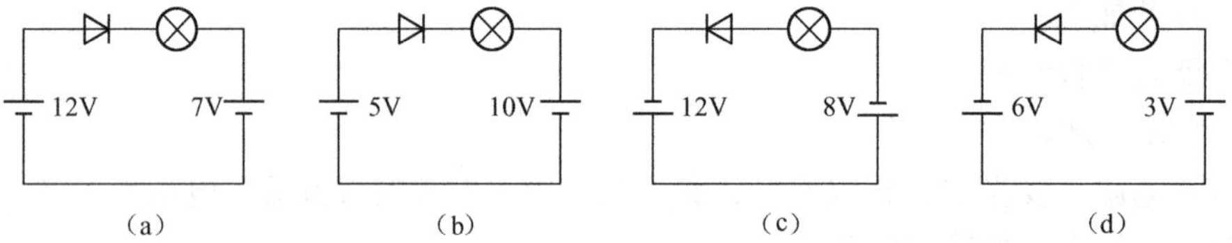

(a)   (b)   (c)   (d)

图 10.26

10.5 整流电路是利用二极管的_____，将正、负交替的正弦交流电压变换成单方向的脉动电压。

10.6 在单相全波整流电路中，所用整流二极管的数量是_____只。

10.7 在整流电路中，设整流电流平均值为 I_0，则流过每只二极管的电流平均值 $I_D = I_0$ 的电路是单相_____整流电路。

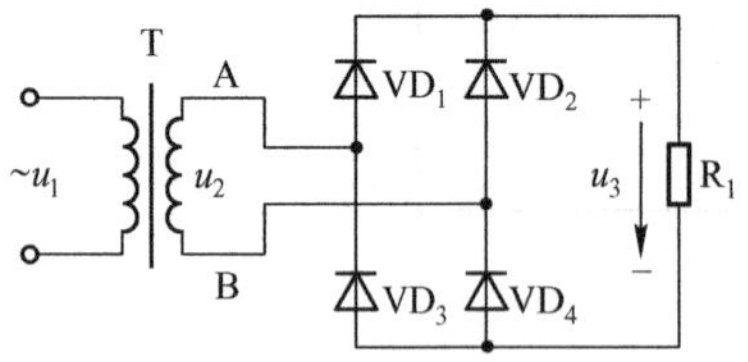

图 10.27

10.8 整流电路如图 10.27 所示，整流输出电流平均值 $I_0 = 50mA$，则流过二极管的电流平均值是_____。

10.9 滤波的作用是将_____直流电变为_____直流电。

10.10 稳压的作用是在_____波动或_____变动的情况下，保持_____不变。

10.11 桥式整流电容滤波电路中，已知 $U_2 = 10V$，空载时其输出电压 $U_o =$ _____。

10.12 要获得 9V 的稳定电压，集成稳压器的型号应选用_____；要获得 −6V 的固定稳定电压，集成稳压器的型号应选用_____。

10.13　现需要用 W78××、W79×× 系列的三端集成稳压器设计一个输出电压为 ±12V 的稳压电路，应选用_____和_____型号的三端稳压器。

二、综合题

10.14　什么是 N 型半导体？什么是 P 型半导体？

10.15　怎样用万用表判断二极管正、负极与好坏？

10.16　二极管导通时，电流是从哪个电极流入？从哪个电极流出？

10.17　试判断图 10.28 所示二极管是导通还是截止，并求输出电压 U_o。

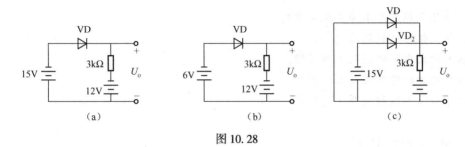

图 10.28

10.18　在图 10.29 所示的各电路中，已知直流电压 $U_i = 3V$，电阻 $R = 1kΩ$，二极管的正向压降为 0.7V，求 U_o。

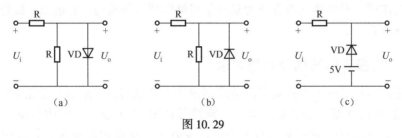

图 10.29

10.19　什么叫整流？整流电路主要需要什么元器件？

10.20　半波整流电路、桥式整流电路各有什么特点？

10.21　在图 10.30 所示电路中，已知 $R_L = 8kΩ$，直流电压表 V_2 的读数为 110V，二极管的正向压降忽略不计，求：

(1) 直流电流表 A 的读数。
(2) 整流电流的最大值。
(3) 交流电压表 V_1 的读数。

10.22　一个标有 220V，100W 的灯泡，当把它接在单相半波整流电路上，求其消耗的功率为多少。

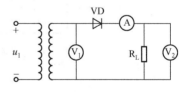

图 10.30

10.23　什么叫滤波？常见的滤波电路有几种形式？

10.24　电路如图 10.31 所示，设变压器次级电压有效值 U_2 均为 12V，求各电路的直流输出电压 U_o。

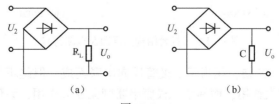

图 10.31

第 11 章　基本放大电路

本章知识点

- 半导体三极管基本结构及主要特性。
- 晶体三极管的识别及简易测试。
- 基本放大电路组成及工作原理。
- 多级放大电路组成及工作原理。
- 功率放大电路组成及工作原理。

11.1　半导体三极管

半导体三极管是电子电路中应用最广泛的一种半导体器件，它的重要特性是具有电流放大作用和开关作用。半导体三极管分为双极型和单极型两种类型。双极型三极管又称晶体三极管，简称三极管。

11.1.1　三极管的结构及电路符号

三极管是在本征半导体中掺入不同杂质制成两个背靠背的 PN 结。根据 PN 结的组成方式分为 NPN 型和 PNP 型。三极管结构与电路符号如图 11.1 所示，图中可见，无论是 NPN 型还是 PNP 型的三极管，它们都具有三个区：发射区、基区和集电区，并相应地引出三个电极：发射极 e、基极 b 和集电极 c，发射区和基区之间的 PN 结称为发射结，集电区和基区之间的 PN 结称为集电结。三极管符号中的箭头表示管内电流的方向。

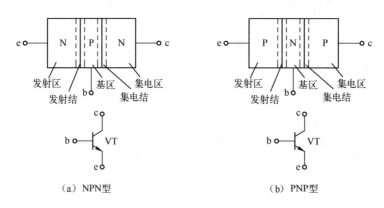

图 11.1　三极管结构示意图及电路符号

一个三极管有两个 PN 结，相当于二极管反向串联而成，但绝不是两个 PN 结的简单连接。三极管具有电流放大作用，而两个二极管串联则无放大作用，为什么呢？其主要原因在于三极管具有以下内部工艺特点：

(1) 发射区掺杂浓度高。
(2) 基区很薄且掺杂浓度低。
(3) 集电结面积比发射结的面积大。

三极管具有的这些内部工艺特点，都是为了保证三极管具有较好的电流放大作用的内部条件。

由于三极管在结构上有这些特点，所以不能用两个二极管背向连接来说明三极管的作用，在使用时发射极和集电极也不能互换。

11.1.2 三极管的电流放大作用及其放大的基本条件

三极管具有电流放大作用。下面从实验入手来分析它的放大原理。

1. 三极管各电极上的电流分配

用 NPN 型三极管构成的电流分配实验电路如图 11.2 所示。电路中用三只电流表分别测量三极管的集电极电流 I_C、基极电流 I_B 和发射极电流 I_E，它们的方向如图中箭头所示。

电路配置有基极电源 V_{BB}、集电极电源 V_{CC} 两个电源，基极电源 V_{BB} 通过基极电阻 R_b 和电位器 R_P 给发射结提供正偏电压 U_{BE}；集电极电源 V_{CC} 通过集电极电阻 R_C 给集电极与发射极之间提供电压 U_{CE}。

调节电位器 R_P，可以改变基极上的偏置电压 U_{BE} 和相应的基极电流 I_B，而 I_B 的变化又将引起 I_C 和 I_E 的变化。每产生一个 I_B 值，就有一组 I_C 和 I_E 值与之对应，该实验所得数据见表 11-1。

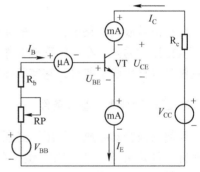

图 11.2 三极管电流分配实验电路

表 11-1 三极管电流的测量数据

I_B (mA)	0	0.02	0.04	0.06	0.08	0.10
I_C (mA)	0.001	1.2	2..43	3.62	4.90	6.1
I_E (mA)	0.001	1.22	2.47	3.68	4.98	6.2

从表 11-1 所列的每一列数据，可以看出电流之间具有如下关系：

$$I_E = I_B + I_C \tag{11-1}$$

该式表明，发射极电流等于基极电流与集电极电流之和。若将三极管看成一个节点，根据基尔霍夫定律，则可表示为：流入三极管的电流之和等于流出三极管的电流之和。在 NPN 型三极管中，I_B、I_C 流入，I_E 流出；在 PNP 型管中，则是 I_E 流入，I_B、I_C 流出。

2. 三极管的电流放大作用

从表 11-1 可以看到，当基极电流 I_B 从 0.02mA 变化到 0.04mA，即变化 0.02mA 时，集电极电流 I_C 随之从 1.2mA 变化到了 2.43mA，即变化 1.23mA，这两个变化量之比 (2.43 - 1.2)/(0.04 - 0.02) = 61.5，说明此时三极管集电极电流 I_C 的变化量为基极电流 I_B 变化量的 61.5 倍。

可见，基极电流 I_B 的微小变化，将使集电极电流 I_C 发生大的变化，即基极电流 I_B 的微小变化控制了集电极电流 I_C 较大变化，这就是三极管的电流放大作用。所以说三极管是一种电流控制器件。

当一个三极管制造出来后，其内部电流分配关系，即 I_C 与 I_B 的比例已大致被确定。由于 $I_B \ll I_C$，当 I_B 产生一个较小的增量 ΔI_B 时，则必定引起 I_C 变化并产生一个较大增量 ΔI_C。

(1) 直流电流放大系数 $\bar{\beta}$。我们把集电极电流与基极电流之比，定义为三极管直流电流放大系数，用 $\bar{\beta}$ 表示，其表达式为：

$$\bar{\beta} = I_C / I_B \tag{11-2}$$

$\bar{\beta}$ 表示基极电流对集电极电流的控制能力。

(2) 交流电流放大系数 β。我们把集电极电流的变化量与基极电流变化量之比定义为三极管交流电流放大系数，用 β 表示，其表达式为：

$$\beta = \Delta I_C / \Delta I_B \tag{11-3}$$

在小信号放大电路中，$\bar{\beta}$ 与 β 值差别很小，在分析估算放大电路时常取 $\beta = \bar{\beta}$。

值得注意的是，在三极管放大作用中，被放大的集电极电流 I_C 是电源 V_{CC} 提供的，并不是三极管自身生成了能量，它实际体现了用小信号控制大信号的一种能量控制作用。

3. 三极管放大的基本条件

要使三极管具有放大作用，必须要有合适的偏置条件，即：发射结正向偏置，集电结反向偏置。具体来说，对于 NPN 型三极管，必须保证集电极电位高于基极电位，基极电位又高于发射极电位，即 $V_C > V_B > V_E$；而对于 PNP 型三极管，则与之相反，即 $V_C < V_B < V_E$。

根据上述偏置要求，外加直流电源与三极管的连接方式如图 11.3 所示，这种连接方式的电路称为共发射极电路，简称共射电路。

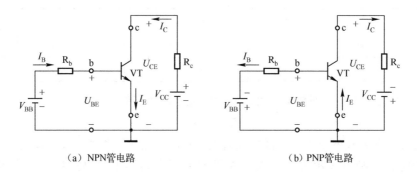

（a）NPN管电路　　　　　　　　　　（b）PNP管电路

图 11.3　两种管型三极管直流偏置电路

11.1.3　三极管特性曲线

三极管的特性曲线用来表示管子各极电压与电流间的相互关系，反映了管子的性能，是分析放大电路的重要依据。三极管的共发射极接法应用最广，下面以 NPN 管共发射极接法为例来分析三极管的特性曲线。

1. 输入特性曲线

输入特性曲线是当集电极－发射极电压 U_{CE} 为常数时，输入回路中基极电流 I_B 与基极－发射极电压 U_{BE} 之间的关系曲线，即 $I_B = f(U_{BE})$，如图 11.4 所示。

由图可见，三极管输入特性曲线与二极管的正向特性曲线相似，它也存在一个死区电压。其中硅管为 0.7V 左右，锗管为 0.2V 左右。而加在发射结上的正偏压 U_{BE} 基本上为定值，只能为零点几伏。这一数据是检查放大电路中三极管静态时是否处于放大状态的依据之一。

2. 输出特性曲线

输出特性曲线是当基极电流 I_B 为常数时，输出电路中集电极电流 I_C 与集电极－发射极电压 U_{CE} 之间的关系曲线，即 $I_C = f(U_{CE})$。当 I_B 不同时可得到不同的曲线。所以三极管的输出特性曲线是一组曲线簇，如图 11.5 所示。通常把三极管的输出特性曲线分成三个区域。

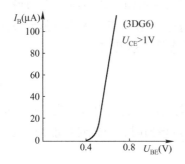

图 11.4 三极管输入特性曲线

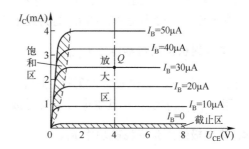

图 11.5 三极管输出特性曲线

（1）放大区。输出特性曲线近于水平的部分是放大区。在该区域内，$I_C = \beta I_B$ 的关系式才成立，体现了三极管的电流放大作用。在该区域内，发射结处于正向偏置，集电结处于反向偏置。

（2）截止区。$I_B = 0$ 曲线以下部分称为截止区，发射结零偏或反偏、集电结反偏，此时三极管不导通，$I_C \approx 0$，输出特性曲线是一条几乎与横轴重合的直线。

（3）饱和区。图 11.5 中位于左偏上部分区域称为饱和区，在该区域内，I_C 与 I_B 不成比例，β 值不适用于该区，三极管工作在饱和导通状态。三极管工作在饱和区时发射结和集电结都处于正向偏置。饱和时的 U_{CE} 称为饱和压降，用 U_{CES} 表示。饱和导通时的集电极—发射极电压 U_{CES} 很小，通常小于 0.5V。

【例 11-1】 用直流电压表测量某放大电路中三极管各极对地的电位分别是：$V_1 = 2V$，$V_2 = 6V$，$V_3 = 2.7V$，试判断三极管各对应电极与三极管管型。

解：本题的已知条件是三个电极的电位，根据三极管能正常实现电流放大的电位关系是：NPN 型管 $V_C > V_B > V_E$，且放大时硅管 U_{BE} 约为 0.7 V，锗管 U_{BE} 约为 0.2 V。

PNP 型管 $V_C < V_B < V_E$，且放大时硅管 U_{BE} 为 -0.7 V，锗管 U_{BE} 为 -0.2 V。

所以先确定中间电位为基极,再找出与之电位差绝对值为 0.7V 或 0.2V 的另一个电极为发射极,若 $V_B > V_E$ 则为 NPN 型三极管;$V_B < V_E$ 则为 PNP 型三极管。本例中,③脚是基极,①脚是发射极,②脚是集电极。因 V_3 大于 V_1 0.7V,所以此管为 NPN 型硅管。

11.1.4 三极管的主要参数

三极管的性能除了用输入和输出特性曲线表示外,还可用一些参数来表示它的性能和使用范围。常用的主要参数包括如下几个。

1. 共射极电流放大系数 β

当三极管接成共射极电路时,集电极电流的增量与基极电流增量之比称为共射极电流放大系数 β,即

$$\beta = \Delta I_C / \Delta I_B \tag{11-4}$$

2. 集电极最大允许电流 I_{CM}

集电极最大允许电流 I_{CM} 表示当三极管的 β 值下降到其额定值 2/3 时所允许的最大集电极电流。当集电极电流超过该参数时,并不一定损坏管子,但 β 值下降太多可能使放大电路不能正常工作,一般小功率管的 I_{CM} 约为几十毫安,大功率管可达几安。

3. 集－射极反向击穿电压 $U_{(BR)CEO}$

当基极开路时,集电极－发射极之间的最大允许反向电压称为集电极－发射极反向击穿电压,用 $U_{(BR)CEO}$ 表示,一旦集电极－发射极电压 U_{CE} 超过该值时,三极管可能被击穿。

4. 集电极最大允许耗散功率 P_{CM}

三极管工作时,由于集电结承受较高的反向电压并通过较大的电流,故将消耗功率而发热,使结温升高。P_{CM} 是指在允许结温(硅管约为 150℃,锗管为 70℃)下,集电极允许消耗的最大功率,称为集电极最大允许耗散功率。如果管子工作在大功率放大状态,应加装散热装置。

11.1.5 晶体三极管的识别

目前市场上的三极管,除了国产的以外,还有大量的来自日本、美国和欧洲的产品,各国都有自己命名型号的方法,掌握了它们的命名特点,就能从三极管表面上的标志字母,了解到产地,然后再去查阅相关资料。三极管型号中字母和数字的具体含义见表 12-2。

三极管的管型和引脚的判别

(1) 基极的判别。可利用 PN 结的单向导电性,用万用表电阻挡进行判别。例如测 NPN 型三极管,当黑表笔接基极 B,红表笔分别搭试其他两个电极时,如图 11.6(a)所示,测得电阻均较小,约几百欧至几千欧(对 PNP 管,则测得电阻均较大);若将黑、红表笔位置对调,测得阻值均较大,约几百千欧以上(对 PNP 管则应均较小),即可确定黑表笔所接引脚为基极。

表 11-2 三极管型号中字母和数字的含义

产地 \ 型号部分	一	二	三	四	五	说明
中国	3（三个极）	A：PNP 型锗材料 B：NPN 型锗材料 C：PNP 型硅材料 D：NPN 型硅材料	X：低频小功率管 G：高频小功率管 D：低频大功率管 A：高频大功率管 K：开关管 T：闸流管 J：结型场效应管 O：MOS 场效应管 U：光电管	序号	规格（可缺）	管顶色点与 $\beta(h_{PE})$ 对应关系（只能作为参考值） 例如，3DX 表示 NPN 型低频小功率管 图例： | 颜色	棕	红	橙	黄	绿 | |---|---|---|---|---|---| | β | 5~15 | 15~25 | 25~40 | 40~55 | 55~80 | | 颜色	蓝	紫	灰	白	黑 | |---|---|---|---|---|---| | β | 80~120 | 120~180 | 180~270 | 270~400 | 400~600 | 监点 3DX 201
日本	2（2个 PN 结）	S（日本电子工业协会）	A：PNP 高频 B：PNP 低频 C：NPN 高频 D：NPN 低频	两位以上数字表示登记号	用 A、B、C、…字母表示 β 大小	例如，2SA732，简化标志为 A732，表示该管为 PNP 型高频管，C1942A 实为 2SC1942 的改进型。 图例： S9014 C338
美国	2（2个 PN 结）	N（美国电子工业协会）	多位数字表示登记序号			美国型号仅表示产地，而不表示规格和用途
欧洲	A：锗管 B：硅管	C：低频小功率管 D：低频大功率管 F：高频小功率管 L：高频大功率管 S：小功率开关管 U：大功率开关管	三位数字表示登记序号	用 A、B、C、…字母表示 β 大小		例如，BF100-A 表示高频小功率硅管 100 的改进型 图例： BF 100-A

· 175 ·

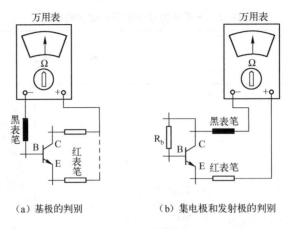

图 11.6 三极管引脚判别

在判别未知管型和电极的三极管时,先任意假设基极进行测试,当符合上述测试结果时,则可判定假设的基极是正确的;若不符合,则需换一个管脚假设为基极,重复以上测试,直到判别出管型和基极为止。

(2) 集电极和发射极的判别。在判定管型和基极基础上,对另外二个管脚,任意假设一个为集电极,则另一个就视为发射极,用手指搭接在 C 极和 B 极之间,手指相当于基极偏置电阻 R_b,万用表两表笔分别与 C、E 连接,如图 11.6(b)所示。连接极性需视管型而定,图中 NPN 管型,黑表笔与假设 C 极相接,红表笔与 E 极相接,然后观察指针偏转角度,再假设另一管脚为 C 极,重复测一次,比较两次指针偏转的程度,大的一次,表明 I_C 大,管子是处于放大状态工作,则这次假设的 C、E 是正确的。当判别出 C、E 极后,将搭接在 C、B 之间的手指松开,使基极开路,此时表上的指示可以反映三极管穿透电流的大小,测得 C、E 间电阻越大,表明穿透电流越小。

(3) 三极管质量的判断。在测试过程中,如果测得发射结或集电结正、反向电阻均很小或均趋向无穷大,则说明此结短路或断路;若测得集电极、发射极间电阻不能达到几百千欧,说明此管穿透电流较大,性能不良。

11.2 共射基本放大电路

放大电路又称放大器,它的功能是利用三极管的电流控制作用,把微弱的电信号(简称信号,指变化的电压、电流等)不失真地放大到所需要的数值。或者说,在输入信号控制下,实现将直流电源的能量部分地转化为按输入信号规律变化的且具有较大能量的输出信号。所以,放大电路的本质是能量的控制和转换。

11.2.1 三极管放大电路的三种组态

由于三极管有三个电极,所以它在放大电路中可有三种连接方式(或称三种组态),即共基极、共发射极和共集电极连接,如图 11.7 所示。以发射极为输入回路和输出回路的公共端时,即称为共发射极连接,其余以此类推。无论是哪种连接方式,要使三极管有放大作用,都必须保证三极管发射结正偏,集电结反偏。

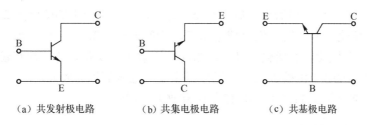

(a) 共发射极电路　　(b) 共集电极电路　　(c) 共基极电路

图 11.7　三极管放大电路的三种组态

11.2.2　共发射极基本放大电路的组成和工作原理

1. 三极管放大电路的组成原则

判断一个电子电路是否具有放大作用，主要根据以下几条原则：

(1) 必须有直流电源，而且电源的设置应使三极管的发射结正向偏置、集电结反向偏置，保证三极管工作在放大状态。

(2) 元件的安排要保证信号的传输，即信号能够从放大电路的输入端加到三极管上(有信号输入回路)，经过放大后又能从输出端输出(有信号输出回路)。

(3) 元件参数的选择要保证信号能不失真地放大，并满足放大电路的性能指标要求。

2. 共发射极基本放大电路的组成

图 11.8 所示的是共发射极基本放大电路，输入端接交流信号源，输入电压为 u_i，输出端接负载电阻 R_L，输出电压为 u_o，电路中各元件的作用如下：

(1) 三极管 VT。是放大电路的核心，起电流放大作用。

(2) 直流电源 V_{CC}。一方面与 R_B、R_C 配合，保证三极管的发射结正偏、集电结反偏，即保证三极管工作在放大状态；另一方面 V_{CC} 也是放大电路的能量来源。V_{CC} 一般在几伏到十几伏之间。

(3) 基极偏置电阻 R_B。与电源 V_{CC} 配合决定了基极电流 I_B 的大小。R_B 的值一般为几十欧至几百千欧。

(4) 集电极负载电阻 R_C。将集电极电流的变化量转换为电压的变化量，反映到输出端，从而实现电压放大。R_C 的值一般为几千欧至几十千欧。

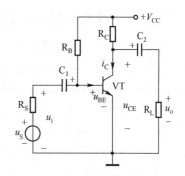

图 11.8　共发射极基本放大电路图

(5) 耦合电容 C_1、C_2。它们的作用是"隔直流通交流"。隔离信号源与放大电路之间、放大电路与负载之间的直流信号，使交流信号能顺利通过。注意，此电容为有极性的电解电容，连接时要注意极性。一般是几~几十微法。

3. 放大电路的工作原理

在图 11.8 所示的电路中，在放大电路的输入端加上交流信号 u_i，经电容 C_1 传送到三极管的基极，则基极与发射极之间的电压 u_{BE} 也将随之发生变化，产生变化量 Δu_{BE}，从而产生

变化的基极电流 Δi_B，因三极管处于放大状态，进而产生一个更大的变化量 Δi_C（$\beta \Delta i_B$），这个集电极电流的变化量流过集电极负载电阻 R_C 和负载电阻 R_L 时，将引起集电极与发射极之间的电压 u_{CE} 也发生相应的变化。可见，输入电压微小的变化量 Δu_i 加在输入端，在输出端将获得一个比较大的变化量 Δu_{CE}，从而实现了交流电压信号的放大。

【例 11-2】试分析图 11.9 所示电路是否有放大作用？

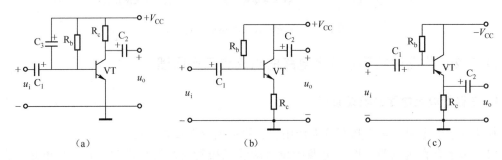

图 11.9 例 11-2 的电路

解：分析电路是否具有放大作用的依据，是前述放大电路的组成原则。

图（a）：发射结正偏，集电结反偏，但输入信号被 C_3 和直流电源 V_{CC} 短接，三极管无输入信号，故无放大作用。

图（b）：发射结正偏，集电结反偏，但 $R_c = 0$，输出信号被电源 V_{CC} 短接，使 $u_o = 0$，该电路无放大作用。

图（c）：是由 PNP 管构成的放大电路，发射结正偏，集电结反偏，且输入、输出信号能正常传输，故具有放大作用。

11.2.3 共发射极基本放大电路的分析

对放大电路的分析包括静态分析和动态分析。静态分析的对象是直流量，用来确定管子的静态工作点；动态分析的对象是交流量，用来求得放大电路的性能指标。对于小信号线性放大器，常将放大电路分别画出直流通路和交流通路，把直流静态量和交流动态量分开来研究。

为便于分析，本书对各类电流、电压的符号给以统一的规定，在使用时要注意区分各个符号的含义。即小写字母小写下标（如 u_{be}，i_b，i_c）为交流量，大写字母大写下标（如 U_{BE}，I_B，I_C）为直流量，小写字母大写下标（如 u_{BE}，i_B，i_C）为总的瞬时量（直流 + 交流），大写字母小写下标（如 U_{be}，I_b，I_c）为有效值。

1. 直流通路与交流通路

（1）直流通路的画法。当输入信号为零（$u_i = 0$）时，放大电路只有直流电源作用，此时所形成的电流通路称为**直流通路**，对于如图 11.8 所示的电路图，由于电容 C_1、C_2 具有隔直流通交流作用，可视为开路，故直流通路如图 11.10 所示。

在直流通路中，各处的电压和电流都是直流量，称为直流工作状态或静止状态，简称静态。这时三极管各极电流及各极之间的电压分别用 I_{BQ}、I_{CQ} 和 U_{BEQ}、U_{CEQ} 表示，它们代表着输入、输出特性曲线上的一个点，所以习惯上称它们为静态工作点，简称 Q 点。

（2）交流通路的画法。交流通路是在 u_i 单独作用下的电路，对于如图 11.8 所示的电路图，由于电容 C_1、C_2 具有隔直流通交流作用，可视为短路，直流电源 V_{CC} 不作用，即将其对地短接，得到交流通路如图 11.11 所示。

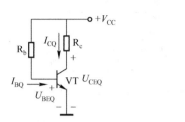

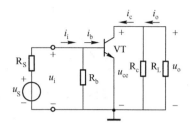

图 11.10 共射基本放大电路直流通路　　　图 11.11 共射基本放大电路交流通路

2. 共发射极基本放大电路的静态分析

静态工作点（I_{BQ}、I_{CQ} 和 U_{BEQ}、U_{CEQ}）可以由放大电路的直流通路（直流电流流通的路径）采用估算法求得，也可以由图解法确定，这里仅介绍估算法。

估算法是根据实际情况，突出主要矛盾、忽略次要因素的一种分析方法。

首先画出放大电路的直流通路。图 11.8 共射极放大电路的直流通路如图 11.10 所示。由图 11.10 的输入回路（$+V_{CC} \to R_B \to b$ 极 $\to e$ 极 $\to$ 地）可知：

$$V_{CC} = I_{BQ} R_B + U_{BEQ}$$

则
$$I_{BQ} = \frac{V_{CC} - U_{BEQ}}{R_B} \tag{11-5}$$

式中 U_{BEQ}，对于硅管约为 0.7V，锗管约为 0.2V（绝对值）。由于一般 $V_{CC} \gg U_{BEQ}$，故式（11-5）可近似为

$$I_{BQ} \approx \frac{V_{CC}}{R_b} \tag{11-6}$$

V_{CC} 和 R_B 选定后，I_{BQ}（偏流）即为固定值，所以图 11.8 所示电路又称为固定偏流式共射放大电路。

在忽略 I_{CEO} 的情况下，根据三极管的电流分配关系可得：

$$I_{CQ} \approx \beta I_{BQ} \tag{11-7}$$

最后，由图 11.10 的输出回路（$+V_{CC} \to R_B \to b$ 极 $\to e$ 极 $\to$ 地）可知

$$U_{CEQ} = V_{CC} - I_{CQ} R_C \tag{11-8}$$

至此，根据式（11-5）～（11-8）就可以估算出放大电路的静态工作点，在输入、输出特性曲线上表示如图 11.12 所示。

【例 11-3】 试用估算法求图 11.13（a）放大电路的静态工作点，已知该电路中的晶体管 $\beta = 37.5$，$V_{CC} = +12V$。

解：首先画出图 11.13（a）电路的直流通路如图 11.13（b）所示，由直流通路可知：

$$I_{BQ} \approx \frac{V_{CC}}{R_b} = \frac{12}{300} = 0.04(\text{mA}) = 40\mu A$$

$$I_{CQ} = \beta I_{BQ} = 37.5 \times 0.04 = 1.5(\text{mA})$$

$$U_{CEQ} = V_{CC} - I_{CQ} R_C = 12 - 1.5 \times 4 = 6(V)$$

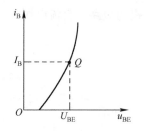 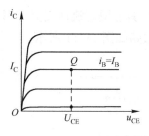

图 11.12 共发射极放大电路的直流通路静态工作点

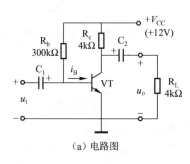 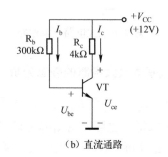

(a) 电路图 (b) 直流通路

图 11.13 例 11-3 图

3. 共发射极基本放大电路的动态分析

(1) 三极管微变等效电路。"微变"指微小变化的信号,即小信号。前已指出,放大电路是非线性电路,它一般不能采用线性电路分析方法来进行分析。但是,当 Q 点设置在特性曲线的线性区、且输入信号在低频小信号条件下,工作在放大状态的三极管在放大区的特性可近似看成线性的。这时,具有非线性的三极管可用一线性电路来等效,称之为微变等效电路。

① 三极管基极与发射极之间等效交流电阻 r_{be}。当三极管工作在放大状态时,微小变化的信号 u_i 使三极管基极电压的变化量 Δu_{BE} 只是输入特性曲线中很小的一段,这样 Δi_B 与 Δu_{BE} 可近似看成线性关系,用等效电阻 r_{be} 来表示,即

$$r_{be} = \frac{\Delta u_{BE}}{\Delta i_B}\bigg|_{u_{CE}=常数} \tag{11-9}$$

式中,r_{be} 称为三极管的共射输入电阻,通常用下面的公式估算:

$$r_{be} \approx 300\Omega + (1+\beta)\frac{U_T}{I_E} = 300\Omega + (1+\beta)\frac{26\text{mV}}{I_E} \approx \left(300 + \beta\frac{26}{I_C}\right)\Omega \tag{11-10}$$

式中,I_C 的单位为 mA。

r_{be} 是动态电阻,只能用于计算交流量,式 (11-10) 仅适用于 $0.1\text{mA} < I_E < 5\text{mA}$ 范围内,否则将产生较大误差。

② 三极管集电极与发射极之间等效为受控电流源。工作在放大状态的三极管,其输出特性可近似看作为一组与横轴平行的直线,即电压 u_{CE} 变化时,电流 i_C 几乎不变,呈恒流特性。只有基极电流 i_B 变化,i_C 才变化,并且 $i_C = \beta i_B$。因此,三极管集电极与发射极之间可用一受控电流源 βi_B 来等效,其大小受基极电流 i_B 的控制,反映了三极管的电流控制作用。

由此，三极管的简化微变等效电路如图 11.14 所示。

（2）基本共射放大电路的微变等效电路。将图 11.14 中的三极管微变等效电路代替图 11.8 所示基本共射电路的交流通路中的三极管，如图 11.15 所示。

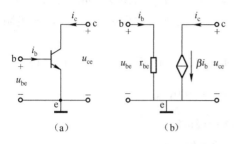

图 11.14　三极管简化微变等效电路

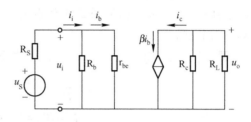

图 11.15　基本共射放大电路的微变等效电路

（3）基本共射放大电路电压放大倍数 A_u、输入电阻 R_i、输出电阻 R_o 的估算

① 输入电阻 R_i。输入电阻就是从放大电路输入端看进去的交流等效电阻，用 R_i 表示，从图 11.15 中不难得出，R_i 相当于信号源的负载，而 i_i 则是放大电路向信号源索取的电流，R_i 越大，信号源的电压更多地传输到放大电路的输入端。在电压放大电路中，希望 R_i 大一些。

基本共射放大电路的输入电阻 R_i 在数值上等于输入电压 u_i 与输入电流 i_i 之比，即

$$R_i = \frac{u_i}{i_i} = R_b \mathbin{/\mkern-6mu/} r_{be} \approx r_{be} \tag{11-11}$$

由此可见其输入电阻不大。

② 输出电阻 R_o。输出电阻就是从输出端（不包括 R_L）看进去的交流等效电阻，用 R_o 表示，从图 11.15 中不难得出，R_o 就是信号源的内阻。若要求输出电阻，可将输入信号源 u_i 短路，则输入电流 i_b 为 0，则受控电流源为 0，相当于电路开路。同时将输出负载开路，从输出端外加测试电压 u_T，产生相应的测试电流 i_T，则输出电阻为：

$$R_o = \frac{u_T}{i_T} = R_c \tag{11-12}$$

R_o 越小，电压放大电路带负载能力越强，且负载变化时，对放大电路影响也小，所以 R_o 越小越好。

③ 电压放大倍数 A_u 的估算。放大倍数是衡量放大电路放大能力的指标，常用 A 表示。放大倍数可分为电压放大倍数、电流放大倍数和功率放大倍数。

放大电路输出电压与输入电压之比，称为电压放大倍数，用 A_u 表示，即

$$A_u = \frac{u_o}{u_i}$$

从图 11.15 中输入端可以看出

$$u_i = i_b r_{be}$$

在输出端，输出电压为：

$$u_o = -i_c(R_c \mathbin{/\mkern-6mu/} R_L) = -i_c R_L' = -\beta i_b R_L'$$

因此，电压放大倍数为：

$$A_u = \frac{u_o}{u_i} = \frac{-\beta R'_L}{r_{be}} \tag{11-13}$$

式中，负号表示 u_o 与 u_i 相位相反，$R'_L = R_c // R_L$。

【例 11-4】 如图 11.16 所示放大电路，已知 $V_{CC} = +12V$，$R_B = 300k\Omega$，$R_C = 3k\Omega$，$R_L = 3k\Omega$，$\beta = 50$。试求：（1）静态工作点 I_B、I_C、U_{CE}。（2）电压放大倍数。（3）输入电阻。（4）输出电阻。

解：（1）首先画出图 11.16 电路的直流通路如图 11.17（a）所示，由直流通路可知：

$$I_B \approx \frac{V_{CC}}{R_B} = \frac{12}{300}(A) = 0.04(mA) = 40\mu A$$

$$I_C = \beta I_B = 50 \times 0.04(mA) = 2mA$$

$$U_{CE} = V_{CC} - I_C R_C = 12 - 2 \times 3 = 6(V)$$

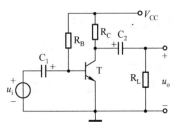

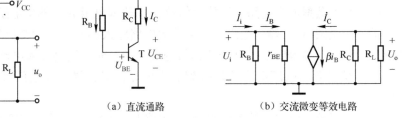

图 11.16 例 11-4 图　　　　　图 11.17 图 11.16 的等效电路图

（2）画出微变等效电路，如图 11.17（b）所示。

$$r_{be} = 300\Omega + (1+\beta)\frac{26(mA)}{I_{E(mA)}} = 300\Omega + (1+50) \times \frac{26}{2.04}\Omega \approx 950\Omega$$

由式（11-13）可得：

$$A_u = \frac{-\beta(R_C // R_L)}{r_{be}} = -50 \times \frac{1.5}{0.95} \approx -78$$

（3）输入电阻为：　　　$R_i = \frac{u_i}{i_i} = R_B // r_{be} \approx r_{be} = 0.95(k\Omega)$

（4）输出电阻为：　　　$R_o = R_C = 3(k\Omega)$

11.2.4 共集电极、共基极放大电路

1. 共集电极放大电路——射极输出器

（1）电路结构。图 11.18（a）所示为共射电极放大电路，也是一种基本放大电路，它的交流通路如图 11.18（b）所示。从交流通路可见，基极是信号的输入端，发射极是输出端，集电极则是输入、输出回路的公共端，所以是共集电极电路。因为从发射极输出信号，故又称为射极输出器。

（2）射极输出器的特点和应用。射极输出器的主要特点是：输入电阻高；输出电阻低；电压放大倍数小于 1 而接近于 1；输出电压与输入电压相位相同；虽然没有电压放大作用，但仍有电流和功率放大作用。由于它具有这些特点，使得射极输出器在电子电路中应用十分

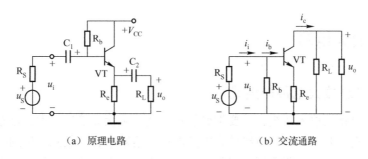

(a) 原理电路　　　　　　　　　(b) 交流通路

图 11.18　共集电极放大电路

广泛，现分别说明如下：

① 做多级放大电路的输入级。采用高输入电阻的射极输出器作为放大电路的输入级，可使输入到放大电路的信号电压基本上等于信号源电压。例如，在许多测量电压的电子仪器中，就采用射极输出器作为输入级，可使输入到仪器的电压基本上等于被测电压，减小了误差，提高了精度。

② 做多级放大电路的输出级。采用低输出电阻的射极输出器作为放大电路的输出级，可获得稳定的输出电压，提高了放大电路的带负载能力，对于负载电阻较小和负载变动较大的场合，宜采用射极输出器作为输出级。

③ 做多级放大电路的缓冲级。将射极输出器接在两级放大电路之间，利用其输入电阻高、输出电阻低的特点，可作阻抗变换用，在两级放大电路中间起缓冲作用。

2. 共基极放大电路

(1) 电路结构。共基极放大电路如图 11.19 (a) 所示，其中 R_c 为集电极电阻，R_e 为发射极偏置电阻，R_{b1}、R_{b2} 为基极分压偏置电阻，它们共同构成共基极放大电路。大电容 C_b 保证基极对地交流短路。其交流通路如图 11.19 (b) 所示，信号从发射极输入，从集电极输出，基极是输入、输出回路的公共端。

(2) 共基极放大电路的特点和应用。共基电路的电压放大倍数在数值上与共射基本电路相同，且为正值，输出电压与输入电压同相。输入电阻很低，一般只有几欧姆到几十欧姆，输出电阻较高。

电路的输入电流大于输出电流，没有电流放大作用，但电压放大倍数较大，仍具有功率放大作用。共基电路允许的工作频率较高，高频特性较好，多用于高频和宽频带电路中。

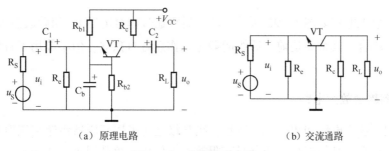

(a) 原理电路　　　　　　　　　(b) 交流通路

图 11.19　共基放大电路

11.3 多级放大电路

11.3.1 多级放大电路的组成

大多数电子电路的放大系统,需要把微弱的毫伏或微伏级信号放大为足够大的输出电压和电流信号去推动负载工作。从单级放大电路的放大倍数来看,仅几十倍到一百多倍,输出的电压和功率不大,因此需要采用多级放大器,以满足放大倍数和其他性能方面的要求。

一般多级放大器的组成方框图如图11.20所示。

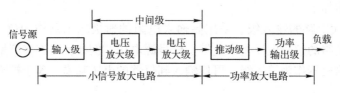

图11.20 多级放大电路的组成方框图

根据信号源和负载性质的不同,对各级电路有不同要求。多级放大电路的第一级称为输入级(或前置级),一般要求有尽可能高的输入电阻和低的静态工作电流,以减小输入级的噪声;中间级主要提高电压放大倍数,但级数过多易产生自激振荡;推动级(或称激励级)输出一定信号幅度推动功率放大电路工作;功率级则以一定功率驱动负载工作。

11.3.2 级间耦合形式及其特点

多级放大电路级与级之间耦合的含义,是指前一级放大电路的输出信号加到后一级放大电路的输入端所采用的连接方式。目前在线性放大电路中,用得较多的耦合方式有阻容耦合、变压器耦合、直接耦合三种形式,如图11.21所示。

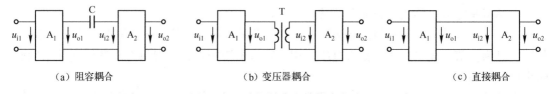

(a) 阻容耦合　　　　　　　(b) 变压器耦合　　　　　　　(c) 直接耦合

图11.21 多级放大电路耦合方式

1. 阻容耦合放大电路

阻容耦合放大电路如图11.22所示,前、后级通过耦合电容 C_2 和后级输入电阻 R_{i2} 联系起来称为阻容耦合。其特点是前、后级的静态工作点各自独立,但不能用于直流或缓慢变化信号的放大。

2. 变压器耦合放大电路

变压器耦合放大电路如图11.23所示,级与级之间采用变压器传递交流信号,各级静态工作点也各自独立。其特点是变压器具有阻抗变换作用,负载阻抗可实现合理配合。其缺点是体积大、笨重、频率特性差,且不易传递直流信号,常用于选频放大或功率放大电路。

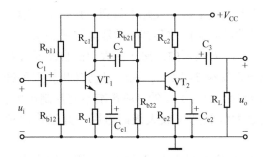
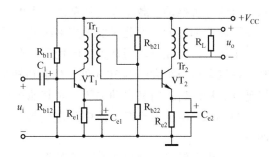

图 11.22 阻容耦合的多级放大电路　　　　图 11.23 变压器耦合的多级放大电路

3. 直接耦合放大电路

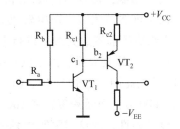

直接耦合放大电路如图 11.24 所示，前级的输出端直接与后级的输入端相连因此频率特性好。但各级静态工作点不独立，相互影响，即 $U_{C1}=U_{B2}$。它适用于直流和交流以及变化缓慢信号的放大。由于无大电容耦合，直接耦合在集成放大器电路中获得广泛应用。

图 11.24　直接耦合的多级放大电路

除了上述三种基本耦合方式。还有其他多种形式，例如采用光电耦合，以提高抗干扰能力。

11.3.3　多级放大电路性能参数估算

单级放大器的某些性能指标可作为分析多级放大器的依据。多级放大器的主要性能参数采用以下方法估算。

1. 电压放大倍数

由于前级的输出电压就是后级的输入电压，因此，多级放大器的电压放大倍数等于各级放大倍数之积，对于 n 级放大电路，有

$$A_u = A_{u1} \cdot A_{u2} \cdots A_{un} \tag{11-14}$$

在计算末级以外各级的电压放大倍数时，应把后级的输入电阻看成前级的负载。

2. 输入电阻

多级放大器的输入电阻 R_i 就是第一级的输入电阻 R_{i1}，即

$$R_i = R_{i1} \tag{11-15}$$

3. 输出电阻

多级放大器的输出电阻 R_o 等于最后一级的输出电阻 R_{on}，即

$$R_o = R_{on} \tag{11-16}$$

11.3.4　多级放大电路的应用

大多数电子电路的放大系统，需要将微弱的毫伏或微伏级信号放大为足够大的输出电压

和电流信号去推动负载工作。从单级放大电路的放大倍数来看,仅几十倍到一百多倍,输出的电压和功率不大,因此需要采用多级放大器,以满足放大倍数和其他性能方面的要求。

生活中,声控自动门装置广泛用于汽车、电瓶车出入频繁的厂房车库大门的自动开关控制。在汽车行至距大门约30m处,驾驶员按喇叭声在持续3s以上,大门自动打开。汽车进门延续数秒钟后,门又自动关闭。对其他非喇叭声或小于持续3s的喇叭声响不起控制作用。

图11.25所示为声控电路中声电转换、前置放大级和选频放大级的电路。其工作原理如下:

(1)声电转换。两只8Ω的扬声器Y_1、Y_2分别安装在车库大门的内、外侧,作为声电转换的传感器,接收门内或门外两个方向的汽车喇叭声,并转换成电压信号。

(2)前置放大级。声电转换后电压信号经输入变压器,Tr_1(用做阻抗匹配)送至由VT_1管组成的前置放大级,进行电压放大,其电压放大倍数约为120倍。

(3)选频放大级。由于汽车喇叭声的中心频率约为800Hz,而频率变化范围约为750~850Hz。因此用VT_2管与L_1、C_5并联谐振电路组成选频放大电路,使L_1、C_5的谐振频率选在$f_0=800Hz$,而通频带宽在100~200Hz范围内。由于在谐振频率时L_1、C_5具有最大阻抗,且呈现纯阻性,故这时喇叭声频率的电信号有足够大的放大倍数,对其他非喇叭声的干扰声音(如发动机声、暴风雨声等)电信号有抑制作用。选频放大级输出信号经变压器Tr_2再送入第三级由VT_3管组成的放大器进一步放大。其输出的电压信号送入后面的鉴幅整形、积分延时电路,以鉴别是否为为连续3s以上的喇叭声,R_{12}、C_{10}和R_5、C_1为退耦电路,其作用滤除后级大信号电流在直流电源中的形成的交流干扰信号,以清除对前级电源的影响。R_{W1}可调节送入第二级信号的大小,用做灵敏度调节。

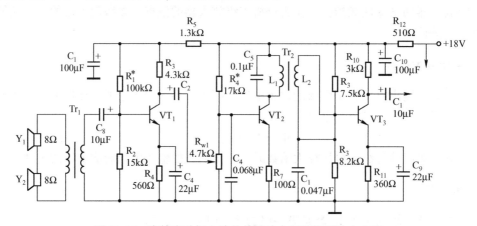

图11.25 声控自动门电路的前置放大级和选频放大电路

项目实训15 单管放大电路测试

1. 实训目的

(1)掌握三极管管脚和管型的测量方法。
(2)观察静态工作点对放大电路的放大倍数和非线性失真的影响。
(3)掌握放大电路的一般测试方法。

（4）能熟练使用示波器观测波形。

2. 实训设备

（1）万用表。
（2）双踪示波器。
（3）低频信号发生器

3. 实训内容及步骤

（1）用万用表测量三极管。
① 判别三极管的各电极、判别管型。
② 测量三极管的各极间的正、反向电阻，判断材料及质量优劣，并将测量结果填入表11-3中。

表11-3　用万用表测量三极管

型号	B、E间阻值		B、C间阻值		C、E间阻值		管型		材料		质量	
	正向	反向	正向	反向	正向	反向	NPN	PNP	硅	锗	好	坏

③ 测量三极管的放大倍数。数字式万用表一般都有测三极管放大倍数的挡位（h_{FE}），使用时，先确认三极管类型，然后将被测管子 e、b、c 三脚分别插入数字式万用表面板对应的三极管插孔中，表显示出 h_{FE} 的近似值。

（2）静态工作点的测试。
① 按图11.26所示连接电路，经检查无误后在 V_{CC} 端接上12V电源。

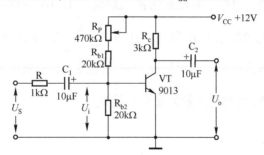

图11.26　单管共射极放大电路

② 将万用表调到5mA电流挡，串在VT集电极回路中。令 $U_S=0$，调节 R_P 使 $i_c=1$mA，然后测量 i_b 的电流和三极管的各极直流电流。根据测量结果计算 β，将测量结果及计算值填入表11-4中。（测量电流时要注意万用表正、负表笔的正确接法，即红表笔接电流流入的一端，黑表笔接电流流出的一端）

表11-4

i_c（mA）	i_b（μA）	U_C（V）	U_b（V）	U_e（V）	β

（3）测量放大器的放大倍数。用低频信号发生器作为信号源，输出频率为1kHz、幅度为50mV左右的正弦波信号接入电路的输入端，用双踪示波器同时观察输入、输出波形，并读出 u_i、u_o，根据测量数据计算 A_u。将测量及计算数据填入表11–5中。

表 11–5

U_i（mV）	U_o（V）	A_u

（4）观察工作点对输出波形的影响。调节使输出波形分别刚好出现截止失真和饱和失真，在此两种情况下分别用万用表测量三极管的 I_C 和 U_{CE} 的值，并将结果填入表11–6。

表 11–6

状态 \ 参数	I_C（mA）	U_{CE}（V）	波形
饱和失真			
截止失真			

（5）研究集电极负载对放大器的影响。将 R_c 分别换为500Ω，1kΩ 和 10kΩ，用示波器观察并记录输出波形，看其是否出现失真。结果填入表11–7。

表 11–7

阻值	500Ω	1kΩ	10kΩ
波形			

（6）测量放大器的输入电阻。在电路的输入端输入 1kHz、500mV 左右的正弦信号，用示波器分别测量 R_i 两端对地的信号 U_i 和 U_S，用 $R_i = \dfrac{u_i}{u_s - u_i} R_S$ 来计算输入电阻。

（7）测量放大器的输出电阻。用示波器分别测量接入负载电阻时的 U_o 和不接负载电阻时的 U_o'，用 $R_o = \dfrac{u_o - u_o'}{u_o} R_T$ 计算放大器的输出电阻 R_o。

4. 注意事项

（1）注意静态工作点的参数确定。
（2）注意电路的正确连接。
（3）注意参数测量方法。

5. 预习要求

（1）预习三极管的结构特点。
（2）预习掌握单管放大电路的结构特点。
（3）预习掌握信号发生器的使用。
（4）预习掌握示波器的使用。

项目实训 16　LM386 喊话器的组装与调试

1. 实训目的

（1）掌握基本的手工焊接技术。
（2）能熟练在万能板上进行合理布局布线。
（3）熟悉基本放大电路和功率放大电路的工作原理。
（4）熟悉与使用 LM386 低电压功率音频放大集成芯片。

2. 实训设备

（1）电烙铁等常用电子装配工具。
（2）万用表、示波器。

3. 实训准备知识

（1）LM 386 简介。集成功率放大器具有输出功率大、外围连接元件少、使用方便等优点，广泛应用于收录机、电视机、开关功率电路、伺服放大电路中，输出功率由几百毫瓦到几十瓦，直至几百瓦。

除单片集成功放电路外，还有集成功率驱动器，它与外配的大功率管及少量阻容元件构成大功率放大电路。有的集成电路本身包含两个功率放大器，称为双声道功放。

LM 386 是一种低电压通用型音频集成功率放大器，广泛应用于收音机、对讲机和信号发生器中；图 11.27 是 LM 386 的外形与管脚图，它采用 8 脚双列直插式塑料封装。

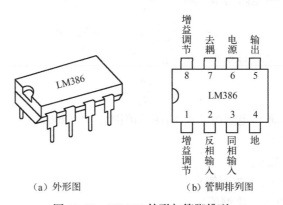

(a) 外形图　　　　(b) 管脚排列图

图 11.27　LM 386 外形与管脚排列

LM386 有两个信号输入端，②脚为反相输入端，③脚为同相输入端；每个输入端的输入阻抗均为 50kΩ，而且输入端对地的直流电位接近于零，即使输入端对地短路，输出端直流电平也不会产生大的偏离。

LM386 的内部原理电路如图 11.28 所示，它主要由三部分组成：

① 输入级。它由 VT_1、VT_2、VT_3、VT_4 组成共集 – 共射组态的差分放大电路，为了提高电路的电压放大倍数和对称性，由 VT_5 和 VT_6 构成镜像电流源作为差放管的有源负载。

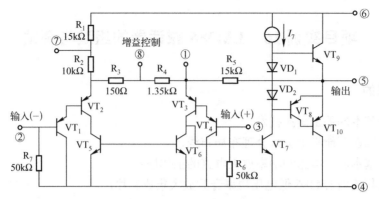

图 11.28 LM386 内部原理电路图

为了防止电路自激,从射极电阻 R_5 和 R_6 之间引出接线端⑦,以便外接去耦电容。

② 中间级。又称驱动级,它由带恒流源负载的 VT_7 组成共射放大电路,具有较高的增益,将输入级差分放大电路 VT_3 集电极的输出信号放大,推动互补对称输出级。该级中 VD_1 和 VD_2 为输出级提供固定偏置电压,以克服输出信号的交越失真。

③ 输出级。它由 VT_8、VT_{10} 复合管与 VT_9 组成准互补对称功率放大电路。VT_9 为 NPN 型管。VT_8、VT_{10} 构成 PNP 型管,并且 $\beta_9 \approx \beta_8 \beta_{10}$。

输出级的输出端通过 R_5 引入电压串联负反馈,用以稳定输出电压,提高输入电阻,改善电路的放大性能。为了便于控制电路的增益,从 R_4 两端引出两个接线端①和⑧用来外接电阻。

(2) 主要性能指标及 A_u 估算。LM386 的额定电源电压范围为 5~18V,静态消耗电流为 4mA。当 $V_{CC}=16V$,外接负载 $R_L=32\Omega$ 时输出功率为 1W。①、⑧脚开路时 $A_u = 2R_5/(R_3+R_4)=20$,带宽为 300kHz,总谐波失真为 0.2%,输入阻抗为 50kΩ。

设引脚①、⑧间外接电阻为 R,则

$$A_u = \approx \frac{2R_5}{R_3+R_4'}, \quad R_4' = R_4 // R$$

当引脚①、⑧之间对交流信号相当于短路时,则

$$A_u \approx \frac{2R_5}{R_3} = 200$$

所以当①、⑧外接不同阻值电阻时,A_u 的调节范围为 20~200。

(3) LM386 主要特性。

① 工作电压:4~12V。

② 静态电流小:4mA(典型值)。

③ 失真度低:约 2%(典型值)。

④ 电压增益可调:20~200 倍。

⑤ 电路内部工作状态能自动调节,外接元件少。

⑥ 最大输出率:660mW。

⑦ 频带宽度:300kHz。

4. 实训内容

(1) LM386 喊话器电路原理图及工作原理分析。LM386 喊话器的核心是 LM386 功放集

成电路，如图 11.29 所示，驻极体话筒 B_1 把声音信号转化为电信号，电信号通过电容器 C_1 加到三极管 VT_1 的基极和发射极之间，VT_1 将电信号放大后，由集电极经电容 C_2 送到 LM386 的输入端②、③之间，再经 LM386 内部几级放大后由⑤脚输出，推动扬声器发声。

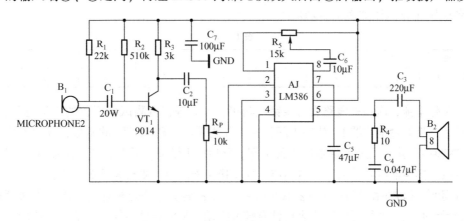

图 11.29　LM 386 喊话器电路原理图

LM386 喊话器配套元器件明细清单如表 11-8 所示。

表 11-8　元器件清单

代　号	品　名	型号/规格	数　量
IC	IC	LM386（带 IC 插座）	1
R_1	电阻	2.2kΩ/0.125W	1
R_2		510kΩ/0.125W	1
R_3		3kΩ/0.125W	1
R_4		10Ω/0.5W	1
R_P	电位器	10kΩ/0.125W	1
R_5		1.5kΩ/0.125W	1
C_2、C_3、C_6	电解电容	10μF/10V	3
C_7		100μF/10V	1
C_3		220μF/10V	1
C_5		47μF/10V	1
C_1	电容	0.047μF/10V	1
B_1	传声器	驻极体话筒	1
VT_1	三极管	9014	1
B_2	扬声器	8Ω/1.5W	1
	万能电路板		1
	开关	滑动开关	1
	音频线，插头		1

（2）组装。

① 元件检测。用万用表的电阻挡对元器件进行逐一检测，对不符合质量要求的元器件剔除并更换。

② 元器件预加工。

③ 万能电路板装配。

（3）调试、测量。电路组装完成后，先仔细检查电路有无错误或虚焊，核对无误后接通电源进行调试。先不接话筒，在无输入信号的情况下，测试整机静态电流，大约 7mA 左右。LM386 各引脚工作电压如表 11-9 所示。

表 11-9

引　　脚	1	2	3	4	5	6	7	8
电压值（V）	1.2	/	/	0	3	6	2.9	1.2

若无工作电流，应检查电路有否接错或漏接、虚焊等，再测试各引脚的工作电压。电压、电流正常后，将音量电位器 R_5 放在中间位置，并用螺丝刀碰触 VT_1 的基极，扬声器应会发出"咯嚓…咯嚓…"声，说明喊话器能正常工作。此后接上话筒，调节音量电位器 R_P，对准驻极体话筒讲话，扬声器应有放大了的讲话声。如果扬声器无声，则检查话筒的连接线是否接错或话筒质量问题。检查话筒可用万用表 R×1k 挡，红表笔接与外壳相连的一端，黑表笔接另一端，对着话筒吹气，如能看到万用表指针有较大摆动，说明该驻极体话筒能正常使用。

LM386 的①、⑧脚间接上一只可调电阻 R_5 和一个 10μF 的电容器 C_6 组成串联 RC 网络，用来调节 LM386 的放大倍数，当 R_5 阻值为零时，LM386 的放大倍数最大（200 倍）。若要使扬声器发出的声音柔和些，可在 LM386 的⑤脚与地之间串接一只电容器 C_4 与一只电阻 R_4，在⑦脚与地之间接的 47μF 电容器 C_5 可防止 LM386 自激。

在使用喊话器时，话筒与扬声器不能靠得太近，否则会啸叫，而话筒的引出线最好使用屏蔽线。

习　题　11

一、填空题

11.1　半导体三极管的种类很多，按照半导体材料的不同可分为_____、_____；按照极性的不同分为_____、_____。

11.2　三极管有三个区，分别是_____、_____、_____。

11.3　三极管有两个 PN 结，即_____结和_____结；有三个电极，即_____极、_____极和_____极，分别用_____、_____、_____表示。

11.4　放大电路有共_____、共_____、共_____三种连接方式。

11.5　三极管的输出特性可分为三个区域，即_____区、_____区和_____区。

11.6　当三极管的发射结_____，集电结_____时，工作在放大区；发射结_____，集电结_____时，工作在饱和区；发射结_____，集电结_____时，工作在截止区。

11.7　三极管中，硅管的死区电压约为_____，锗管的死区电压为_____。

11.8　在共射放大电路中，输出电压 u_o 和输入电压 u_i 的相位_____。

11.9　对直流通路而言，放大器中的电容可视为_____；对交流通路而言，容抗小的电容器可视为_____；内阻小的电源可视为_____。

11.10　放大器的输入电阻和输出电阻是衡量放大电路性能的重要指标，一般希望电路的输入电阻_____，以_____对信号源的影响；希望输出电阻_____，以_____放大器的带负载的能力。

二、综合题

11.11　根据图 11.30 所示各晶体三极管 3 个电极的电位，判断它们分别处于何种工作状态？

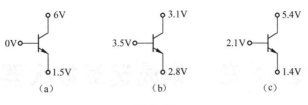

图 11.30

11.12 在一放大电路中，测得某三极管3个电极的对地电位分别为 −6V、−3V、−3.2V，试判断该三极管是 NPN 型还是 PNP 型？锗管还是硅管？并确定3个电极。

11.13 试判断图 11.31 中所示各电路能否放大交流信号？为什么？

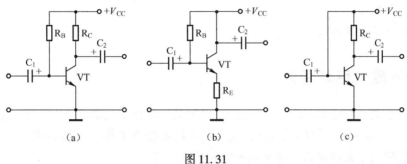

图 11.31

11.14 在图 11.32 所示电路中，已知 $V_{CC}=12V$，$R_B=240k\Omega$，$R_C=3k\Omega$，三极管的 $\beta=40$。用直流通路估算各静态值 I_{BQ}、I_{CQ}、U_{CEQ}。

11.15 在题 11.14 中，若改变 R_B，使 $U_{CEQ}=3V$，则 R_B 应为多大？若改变 $I_{CQ}=1.5mA$，则 R_B 又为多大？并分别求出两种情况下电路的静态工作点。

11.16 在图 11.32 所示电路中，若三极管的 $\beta=100$，其他参数与题 11.14 相同，重新计算电路的静态值，并与题 11.14 的结果进行比较，说明三极管值 β 的变化对电路静态工作点的影响。

11.17 在图 11.32 所示电路中，已知 $V_{CC}=10V$，三极管 $\beta=40$。若要使 $U_{CEQ}=5V$，$I_{CQ}=2mA$，试确定 R_C、R_B 的值。

11.18 在图 11.33 所示电路中，其中 $V_{CC}=12V$，$R_B=400k\Omega$，$R_C=R_L=5.1k\Omega$，$\beta=40$。试求：

（1）电路的静态工作点。
（2）画出微变等效电路。
（3）计算电路的电压放大倍数。
（4）计算电路的输入电阻 r_i，输出电阻 r_o。

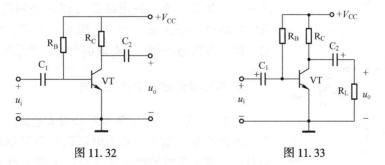

图 11.32　　　　　图 11.33

第 12 章 集成运算放大器

本章知识点

- 集成运算放大器基础知识
- 负反馈及对放大电路的影响
- 常用运算电路
- 集成运算放大器的使用

12.1 差分放大电路简介

差分放大电路（Differential amplifier）简称差放，是集成运算放大器（Intergrated operation amplifier）中常用的一种单元电路，能有效地稳定静态工作点，具有优异的抑制零点漂移性能，广泛应用于直接耦合电路和测量电路的输入级。

1. 直接耦合放大电路的零点漂移（Zero drift）

多级放大器的级间耦合方式，除阻容耦合方式外，还常用直接耦合放大器。直接耦合放大器是级间不用耦合元件的级联放大器，前级输出端直接与后级输入端相连。显然，这种放大器中信号经过前级放大可以通行无阻加到后级；由于输人信号频率不受耦合元件影响，它可以放大频率很低、变化缓慢的信号，甚至直流信号。这种放大器具有电路简单、增益高等优点。

由于直接耦合放大器实现了从输入端到输出端直流信号的传递，前级工作点的微小变化会直达后级继续放大，以致放大到十分可观的程度，甚至破坏放大器的正常工作。

所谓零点漂移，指的是直接耦合放大器在输入信号为零时，由于工作点不稳定被逐级放大，会出现输出端的直流电位缓慢变化的现象，称为零点漂移，简称零漂。由于存在零漂，放大电路的输出电压既有有用信号的成分，又有漂移电压的成分，难以分辨。若漂移量大到可以和信号量相比时，放大电路就不能正常工作。克服零点漂移，可以采用负反馈、稳压等措施补偿，而有效的方法，是采用差分放大器。

2. 基本差分放大电路的组成

图 12.1 所示是一个基本差分放大电路。输入信号由两个三极管的基极输入，输出电压取自两管集电极。电路结构对称，两个三极管的特性及对应电阻元件参数都应尽量相同，两管的静态工作点也必然相同。

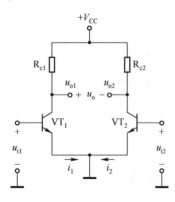

图 12.1 基本差分放大电路

3. 基本差分放大电路的特性

(1) 静态特性。当没有输入信号时，即 $u_{i1} = u_{i2} = 0$ 时，由于电路完全对称，这时两个三极管的集电极电流相等，则两个三极管的输出电压相等，故差分放大电路输出信号 $u_o = u_{o1} - u_{o2} = 0$。

(2) 动态特性。

① 差模特性。电路的两个输入端各加上一个大小相等、极性相反的电压信号，称为差模输入方式。此时，$u_{i1} = u_i/2$，$u_{i2} = -u_i/2$，若用 u_{id} 表示差模输入信号，则有 $u_{id} = u_{i1} - u_{i2}$。在差模信号作用之下，u_{o1} 和 u_{o2} 以相反的方向变化。在输出端将得到一个放大了的输出电压 u_o。说明差放对差模输入信号有放大作用。

② 共模特性。电路的两个输入端各加上一个大小相等、极性相同的电压信号，称为共模输入方式。此时，$u_{i1} = u_{i2} = u_i/2$，由于电路参数对称，两管的集电极电流的变化大小相等、方向相同，因此，u_{o1} 和 u_{o2} 相等，则输出端 $u_o = u_{o1} - u_{o2} = 0$。说明差放电路对共模输入信号没有放大作用。

③ 共模抑制比。为了说明差放抑制共模信号的能力，常用共模抑制比 K_{CMR} 这项指标来衡量。共模抑制比 K_{CMR} 定义为：放大电路对差模信号的电压放大倍数 A_d 和对共模信号的电压放大倍数 A_c 之比的绝对值，即

$$K_{CMR} = \left| \frac{A_d}{A_c} \right| \tag{12-1}$$

差模电压放大倍数越大，共模电压放大倍数越小，则共模抑制能力越强，放大电路的性能越优良。

12.2 集成运算放大器

在半导体制造工艺的基础上，把整个电路中的元器件制作在一块半导体基片上，构成特定功能的电子电路，称为集成电路。集成电路体积小，性能好，可分为模拟集成电路和数字集成电路两大类。在模拟集成电路中，集成运算放大器是应用最为广泛的一种。

12.2.1 集成运算放大器简介

集成运算放大器是模拟集成电路的一个重要分支，它实际上是用集成电路工艺制成的具有高增益的直接耦合放大器。它具有通用性强、可靠性高、体积小、重量轻、功耗小、性能优越等特点，而且外部接线很少，调试极为方便。现在已经广泛应用于自动测试、自动控制、计算技术、信息处理以及通信工程等各个电子技术领域。

1. 集成运放的主要类型

集成运放的种类很多，除了通用型集成运放外，主要还有高精度、低功耗、高速、高输入阻抗、宽带和功率等专用集成运放。下面简要介绍它们的特点。

(1) 通用型集成运放。技术指标适中，输入失调电压在 2mV 左右，开环增益一般不低于 80dB，适用于对技术指标没有特殊要求的场合，如 CF741 等。

（2）高精度集成运放。其主要特点是，失调电压小，可低到几个微伏，温度漂移很小，仅几十纳伏/℃，增益和共模抑制比非常高。一般用于毫伏量级或更低的微弱信号的精密检测、自动控制仪表等领域中，如 CF725 等。

（3）高速集成运放。这种类型的运放的输出电压转换速率很大，可达到几百伏/微秒以上。一般用于快速模/数和数/模转换器、高速取样－保持电路、精密比较器等要求输出对输入迅速响应的电路中。

（4）低功耗集成运放。在电源电压±15V时，最大功耗不大于6mV。在低电源电压时，具有低的静态功耗，并保持良好的电气性能。一般用于对能源有严格限制的遥测、生物医学、空间技术研究或便携式电子设备中，如 FX253 等。

2. 集成运放的外形

集成运放的外形，常见的有以下三种：
（1）圆壳式，如图12.2（a）所示。
（2）双列直插式，如图12.2（b）所示。
（3）扁平式，如图12.2（c）所示。

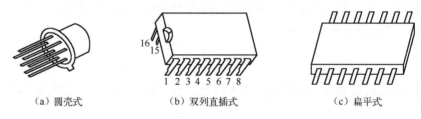

（a）圆壳式　　　　（b）双列直插式　　　　（c）扁平式

图 12.2　集成运放的外形图

目前国产集成运放已有多种型号，封装外形主要采用圆壳式和双列直插式两种。

3. 集成电路的命名

集成电路的命名方法按国家标准规定，每个型号由下列五个部分组成：
第一部分：表示符合国家标准，用字母 C 表示。
第二部分：表示电路的分类，用字母表示，具体含义见表12-1。

表 12-1　用字母表示集成电路分类的含义表

字　　母	表示的意义
AD	模数转换器
B	非线性电路（模拟开关、模拟乘法器、取样保持电路等）
C	CMOS 电路
D	音响电路（收录机、录像机电路、电视机电路）
DA	数模转换器
E	ECL 电路
F	运算放大器、线性放大器
H	HTL 电路

续表

字　母	表示的意义
J	接口电路（电压比较器、电平转换器、显示驱动器等）
M	存储器
S	特殊电路
T	TTL 电路
W	稳压器
u	微型计算机电路

第三部分：表示品种代号，用数字或字母表示，与国际上的品种代号保持一致。
第四部分：表示工作温度范围，用字母表示，具体含义见表 12-2。
第五部分：表示封装形式，用字母表示，具体含义见表 12-3。

表 12-2　用字母表示工作温度范围表

字　母	工作温度范围（℃）	字　母	工作温度范围（℃）
C	0 ~ 70	R	-55 ~ 85
E	-40 ~ 85	M	-55 ~ 125

表 12-3　用字母表示封装形式表

字　母	封装形式	字　母	封装形式
D	多层陶瓷，双列直插	K	金属，菱形
F	多层陶瓷，扁平	P	塑料，双列直插
H	黑瓷低熔玻璃，扁平	T	金属，圆形
J	黑瓷低熔玻璃，双列直插		

集成运算放大器的电路符号如图 12.3 所示。它有两个输入端，一个反相输入端（Invening input Terminal）和一个同相输入端（Noninverting input terminal），分别用"-""+"表示。有一个输出端。输出电压 u_o 与反相输入端输入电压 u_- 的相位相反；而与同相输入端输入电压 u_+ 的相位相同。集成运算放大器满足下列关系式：

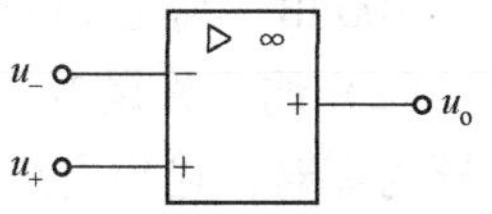

$$u_o = A_{od}(u_+ - u_-) \tag{12-2}$$

图 12.3　集成运算放大器的电路符号

式中，A_{od} 为集成运算放大器开环差模电压放大倍数。

12.2.2　集成运算放大器的内部电路框图

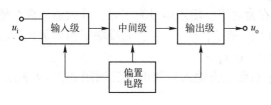

图 12.4　集成运放原理框图

集成运算放大器的发展速度极快，内部电路结构复杂，并有多种形式，本书仅以内部电路框图形式进行介绍。集成运算放大器内电路由输入级、中间级、输出级和偏置电路四部分组成。图 12.4 为集成运算放大器内部电路原理框图。

1. 输入级

输入级是集成运算放大器质量保证的关键，为了减少零点漂移和抑制共模干扰信号，要求输入级温漂小，共模抑制比高，有极高的输入阻抗，一般采用具有恒流源的差分放大电路。

2. 中间级

运算放大器的放大倍数主要是由中间级提供的，因此要求中间级有较高的电压放大倍数，一般放大倍数可达几万倍甚至几十万倍以上。

3. 输出级

输出级应具有较大的电压输出幅度较高的输出功率与较低的输出电阻的特点，大多采用复合管构成的共集电路作为输出级。

4. 偏置电路

偏置电路一般由恒流源组成，用来为各级放大电路提供合适的偏置电流，使之具有合适的静态工作点。它们一般也作为放大器的有源负载和差分放大器的发射极电阻。

12.2.3 运算放大器的特性和主要参数

集成运放的性能可以用各种参数反映。下面逐一简介。

（1）开环差模电压增益 A_{od}。集成运放的开环差模电压增益是指输出端和输入端之间无任何元件时输出信号电压与输入差模电压之比，用 A_{od} 表示。

一般情况希望 A_{od} 越大越好，A_{od} 越大，构成的电路性能越稳定，运算精度越高。A_{od} 一般可达 100dB，高达 140dB 以上。

（2）输入失调电压 U_{IO} 及其温漂 dU_{IO}/dT。如果集成运放差分输入级非常对称，当输入电压为零时，输出电压也应为零（不加调零装置）。但实际上它的差分输入级很难达到对称，通常在室温 25℃下，为了使输入电压为零时输出电压为零，在输入端加的补偿电压叫做输入失调电压 U_{IO}。U_{IO} 的大小反映了运放输入级电路的不对称程度。U_{IO} 越小越好，一般为 $\pm(1\sim10)$mV。

另外，输入失调电压的大小还随温度，电源电压的变化而变化。通常输入失调电压 U_{IO} 对温度的变化率称之为输入电压的温度漂移（简称输入失调电压温漂）用 dU_{IO}/dT 表示，一般为 $\pm(10\sim20)\mu V/℃$。

（3）输入失调电流 I_{IO} 及其温漂 dI_{IO}/dT。在常温下，输入信号为零时，放大器的两个输入端的基极静态电流之差称之为输入失调电流 I_{IO}，有 $I_{IO}=I_{B1}-I_{B2}$，它反映了输入级两管输入电流的不对称情况，I_{IO} 越小越好，一般为 1nA～0.1μA。

I_{IO} 随温度的变化而变化，I_{IO} 随温度的变化率称之为输入失调电流温漂用 dI_{IO}/dT 表示，单位为 nA/℃。

（4）输入偏置电流 I_{IB}。输入偏置电流是指集成运放输出电压为零时，两个输入端偏置电流的平均值，即 $I_{IB}=(I_{B1}+I_{B2})/2$，I_{IB} 越小越好，一般为 10nA~10μA。

(5) 开环差模输入电阻 R_{id}。差模输入电阻是指集成运放的两个输入端之间的动态电阻。它反映输入端向差分信号源索取电流的能力。其值越大越好，一般为几兆欧姆。MOS 集成运放 R_{id} 高达 10^6MΩ 以上。

(6) 开环差模输出电阻 R_{od}。集成运放开环时，从输入端看进去的等效电阻，称之为输出电阻。它反映集成运放输出时的负载能力，其值越小越好。一般 R_{od} 小于几十欧姆。

(7) 共模抑制比 K_{CMR}。它表示集成运放对共模信号抑制能力，其值越大越好，一般 K_{CMR} 为 60~130dB 之间。

(8) 最大差模和共模输入电压 U_{idmax}、U_{icmax}。

U_{idmax} 是指集成运放两个输入端所允许加的最大差模电压，超过此电压，集成运放输入级某一侧三极管将会出现发射结反向击穿。

U_{icmax} 是指集成运放两个输入端所允许加的共模最大电压，超过此电压，集成运放的共模抑制比将明显下降。

(9) 最大输出电压 U_{om}。在给定负载上，最大不失真输出电压的峰峰值称为最大输出电压。

(10) 开环带宽 f_{BW}。f_{BW} 是指开环差模电压放大倍数下降到 3dB 所对应的频带宽度。

(11) 转换速率 S_R。S_R 是指集成运放输出电压随时间的最大变化率，S_R 越大越好。

12.2.4 典型的双运算放大器简介

随着半导体制造工艺水平的提高，已经把两个甚至多个集成运放制作在同一芯片上。双运放就是在同一芯片上制作了两个相同的运放。这样不仅缩小体积，更重要的是两个运放在同一芯片上同时制作而成，而且温度变化一致，电路一致性好。图 12.5 是 LM324 四运放的引脚排列图。

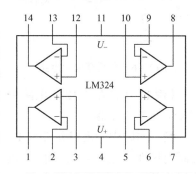

图 12.5 LM324 引脚图

12.3 负反馈电路

反馈在电子电路中得到广泛应用，正反馈应用于各种振荡电路，用做产生各种波形的信号源；负反馈则是用来改善放大器的性能。在实际放大电路中几乎都采取负反馈措施。

1. 反馈的基本概念

将放大器输出信号（电压或电流）的一部分（或全部），经过一定的电路（称为反馈网络）送回到输入回路，与原来的输入信号（电压或电流）共同控制放大器，这样的作用过程称为反馈，具有反馈的放大器也称为反馈放大器。

要识别一个电路是否存在反馈，主要是分析输出信号是否回送到输入端，即输入回路与输出回路是否存在反馈通路，或者说输出与输入之间有没有起联系作用的元件。

2. 反馈的基本形式及其判别

根据反馈极性的不同，可将反馈分为正反馈和负反馈。如果放大电路引入的反馈信号使放大电路的净输入信号增加，从而使放大电路的输出量比没有反馈时增加，这样的反馈称为正反馈；相反，如果反馈信号使放大电路的净输入信号减少，结果使输出量比没有反馈时减少，则称为负反馈。放大电路中一般含有直流分量和交流分量，如果反馈信号只有直流成分，则称直流反馈；如果反馈信号只含有交流成分，则称交流反馈；如果既含直流分量，又含交流分量，则称交直流反馈。

反馈的极性通常采用瞬时极性法来判别。先假设放大电路输入信号对地的瞬间极性为正，表明该点的瞬时电位升高，在图 12.6 中用（+）表示，然后按照放大、反馈信号的传递途径，逐级标出有关点的瞬时电位是升高还是降低。升高用（+）表示，降低用（-）表示，最后推出反馈信号的瞬时极性，从而判断反馈信号是增强还是减弱输入信号，使净输入信号减弱是负反馈，增加的是正反馈。

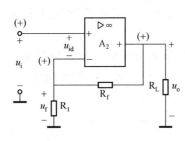

图 12.6 负反馈放大电路

如图 12.6 所示为一负反馈电路。图中，输出电压 u_o 的一部分通过由 R_f、R_1 组成的反馈网络送到输入端，使运算放大器的净输入信号 $u_{id} = u_i - u_f$ 减少，从而使 u_o 也减少。即

$$U_i \uparrow \to u_o \uparrow \to u_f \uparrow \to u_{id} \downarrow \to u_o \downarrow$$

这就是一个负反馈过程。

常见的负反馈放大电路有：电压串联负反馈、电压并联负反馈、电流串联负反馈、电流并联负反馈。

【例 12-1】在图 12.7 电路中，说明有无反馈，由哪些元器件组成反馈网络，并判断是正反馈还是负反馈。

解：本题中的反馈元件是 R_E，利用瞬时极性法，假设输入端瞬时极性为正（+），则 VT 的基极瞬间极性为正（+），集电极为负（-），发射极为正（+），经过 R_E 反馈到输入端，反馈信号使净输入信号减少，为负反馈。

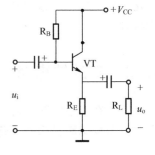

图 12.7 例 12-1 图

3. 负反馈对放大电路性能的影响

（1）提高电路及其增益的稳定性。直流负反馈稳定直流量，能起到稳定工作点的作用。假设由于某种原因，放大器增益加大（输入信号不变），使输出信号加大，从而使反馈信号加大，由于负反馈的原因，使净输入信号减少，结果输出信号减少。这样就抑制了输出信号的加大，实际上是使得增益保持稳定。

（2）减少非线性失真。由于三极管特性的非线性，当输入信号较大时，就会出现失真，在其输出端得到了正负半周不对称的失真信号。当加入负反馈以后，这种失真将可得到改善。其过程如图 12.8 所示，输出失真波形反馈到输入端与输入信号合成得到上半周小下半周大的失真波形，经放大后恰好补偿输出失真波形。

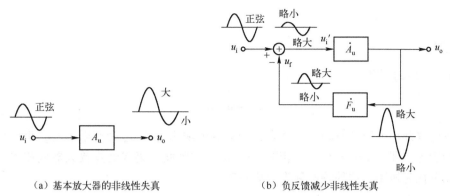

(a) 基本放大器的非线性失真　　　　(b) 负反馈减少非线性失真

图 12.8　负反馈减少非线性失真示意图

（3）扩展通频带。负反馈电路能扩展通频带，引入负反馈后增益下降，但通频带扩展。对于单 RC 电路系统通频带扩展（$1+AF$）倍。通频带的扩展，意味着频率失真的减少，因此负反馈能减少频率失真。

（4）改变输入电阻和输出电阻。放大电路引入了负反馈，对输入电阻和输出电阻都会产生影响。串联负反馈使得输入电阻增大，并联负反馈使得输入电阻减小；电压负反馈使得输出电阻减小，电流负反馈使得输出电阻增加。

12.4　集成运算放大器的应用

12.4.1　集成运放理想化条件

为了突出集成运算放大器的主要特点，简化分析过程，在应用集成运算放大器时，总是假定它是理想的，理想的运放具有以下特性：

（1）开环差模电压放大倍数 $A_{od} \to \infty$。
（2）开环差模输入电阻 $R_{id} \to \infty$。
（3）开环差模输出电阻 $R_{od} = 0$。
（4）输入失调电压 $U_{IO} = 0$。
（5）输入失调电流 $I_{IO} = 0$。
（6）共模抑制比 $K_{CMR} \to \infty$。
（7）频带宽度 $f_{BW} \to \infty$。

满足理想化的集成运放应具有无限大的差模输入电阻，趋于零的输出电阻，无限大的差模电压增益和共模抑制比，无限大的频带宽度以及趋于零的失调和漂移。虽然实际的集成运放不可能具有上述理想特性，但是在低频工作时它的特性是接近理想的。因此在实际使用和分析集成运放电路时，就可以近似地把它看成为理想集成运算放大器。

12.4.2　集成运放线性应用条件

在分析集成运放线性应用时，可应用集成运放理想化条件。集成运放理想化具有以下两个特性。

1. 虚短

由式（12-2）得：

$$u_+ - u_- = \frac{u_o}{A_{od}}$$

因为集成运放开环电压增益趋于无穷大，当运放的输出电压 u_o 为有限值时，集成运放的输入电压趋于零，即两个输入端电压相等，$u_+ = u_-$，因此，集成运算放大器同相输入端与反相输入端可视为短路，这种特性称为"虚短"。

2. 虚断

理想集成运放的输入电阻趋于无穷大，故其输入端相当于开路，这种特性称为"虚断"，集成运放就不需要向前级索取电流，即

$$i_+ = i_- = 0$$

利用以上两个特性，可以十分方便地分析各种运放的线性应用电路。需要注意的是，"虚短"不能认为两个输入端短路，因为实际上的 u_{id} 不可能等于零；"虚断"也不能认为是开路，因为实际上 i_{id} 不可能等于零。

12.4.3 比例运算放大电路

1. 反相比例运算放大电路

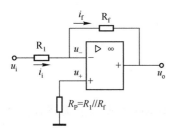

图 12.9 反相比例运算放大电路

反相比例运算放大电路如图 12.9 所示。图中，输入信号 u_i 经电阻 R_1 送到反相输入端，而同相输入端经 R_P 接地。R_f 为反馈电阻，输出电压 u_o 通过它接到反相输入端。电阻 R_P 是为了与反相输入端上的外接电阻 R_1 和 R_f 进行直流平衡，称为直流平衡电阻，取

$$R_P = R_1 /\!/ R_f$$

根据"虚短"、"虚断"概念有

$$i_1 = i_f$$
$$u_- = u_+ = 0$$

且

$$i_1 = \frac{u_i - u_-}{R_1} = \frac{u_i}{R_1}$$

$$i_f = \frac{u_- - u_o}{R_f} = -\frac{u_o}{R_f}$$

故闭环电压放大倍数为：

$$A_{uf} = \frac{u_o}{u_i} = -\frac{R_f}{R_1} \tag{12-3}$$

式（12-3）表明输出电压与输入电压相位相反，且成比例关系，因此把这种电路称为反相

比例放大器。若取 $R_1 = R_f$ 则 $A_{uf} = -1$，即电路的 u_o 与 u_i 大小相等，相位相反，称此时的电路为反相器。

上述分析中有 $u_+ = u_- = 0$，即反相端电位也是零电位，但是实际上它并没有接地，故称之为"虚地"，它是"虚短"的特例。

2. 同相比例运算放大电路

同相比例运算放大电路如图 12.10 所示，输入信号 u_i 经电阻 R_2 送到同相输入端，而反向输入端通过 R_1 接地并引入负反馈。该电路为电压串联负反馈电路。

由"虚短"、"虚断"性质可列出：
$$i_1 = i_f$$
$$u_- = u_+ = u_i$$

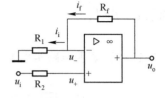

图 12.10 同相比例运算放大电路

且
$$i_f = \frac{u_o - u_-}{R_f} = \frac{u_o - u_i}{R_f}$$
$$i_1 = \frac{u_-}{R_1} = \frac{u_i}{R_1}$$

于是
$$A_{uf} = \frac{u_o}{u_i} = 1 + \frac{R_f}{R_1} \tag{12-4}$$

式（12-4）中，A_{uf} 为正值，表明 u_o 与 u_i 同相。改变 R_f 和 R_1 的比值，可改变电路的电压放大倍数。

式（12-4）中，当取 $R_1 \to \infty$，则得：
$$A_{uf} = 1 \tag{12-5}$$

即 u_o 与 u_i 大小相等，相位相同，称此电路为电压跟随器，电路如图 12.11 所示。

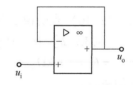

图 12.11 电压跟随器

12.4.4 加法运算电路

1. 反相加法器

反相加法器如图 12.12 所示，两个输入信号 u_{i1}、u_{i2} 分别通过 R_1、R_2 接至反相输入端，R_f 为反馈电阻，R_3 为直流平衡电阻。其值为：
$$R_3 = R_1 // R_2 // R_f$$

根据"虚短"、"虚断"性质和基尔霍夫电流定理（KCL），由电路可列出：
$$\frac{u_{i1}}{R_1} + \frac{u_{i2}}{R_2} = \frac{0 - u_o}{R_f}$$

则

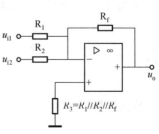

图 12.12 反相加法器

$$u_o = -\left(\frac{R_f}{R_1} \cdot u_{i1} + \frac{R_f}{R_2} \cdot u_{i2}\right) \qquad (12-6)$$

当取 $R_1 = R_2 = R$ 时，

$$u_o = -\frac{R_f}{R}(u_{i1} + u_{i2}) \qquad (12-7)$$

当取 $R = R_f$ 时，

$$u_o = -(u_{i1} + u_{i2}) \qquad (12-8)$$

式（12-8）表明电路实现了各输入信号电压的反相相加。

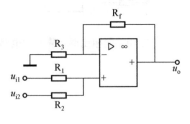

图 12.13 同相加法器

2. 同相加法器

同相加法器如图 12.13 所示，输入信号 u_{i1}、u_{i2} 都加到同相输入端，而反相输入端通过电阻 R_3 接地。

根据"虚短"、"虚断"性质和基尔霍夫电流定理（KCL），由电路可列出：

$$u_+ = u_- = \frac{R_3}{R_3 + R_f} u_o$$

$$\frac{u_{i1} - u_+}{R_1} + \frac{u_{i2} - u_+}{R_2} = 0$$

则

$$u_o = \left(1 + \frac{R_f}{R_3}\right) \cdot \frac{R_2 u_{i1} + R_1 u_{i2}}{R_1 + R_2} \qquad (12-9)$$

若取 $R_1 = R_2$，$R_3 = R_f$，则有

$$u_o = u_{i1} + u_{i2} \qquad (12-10)$$

式（12-10）表明输出电压为两输入电压之和。

【例 12-2】 有一运算电路如图 12.14 所示，已知 $R_1 = R_2 = R_3 = 100\text{k}\Omega$，$R_f = 50\text{k}\Omega$，求输出电压与输入电压之间的关系。

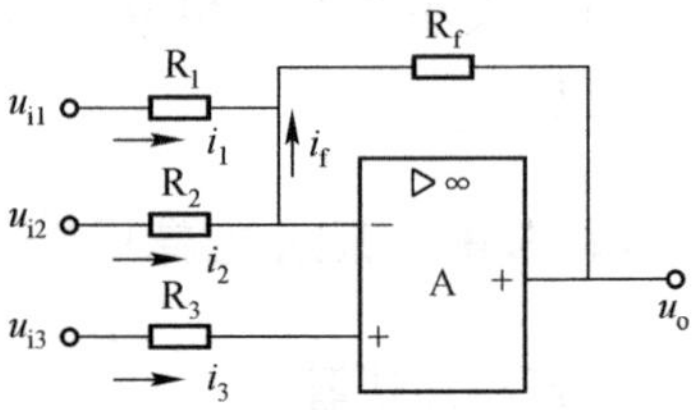

解： 设 u_{i1}、u_{i2} 单独作用时，u_{i3} 短接，电路为反相求和电路，有

$$u'_o = -\frac{R_f}{R_1} u_{i1} - \frac{R_f}{R_2} u_{i2}$$

图 12.14

设 u_{i3} 单独作用时，u_{i1}、u_{i2} 均短接，电路为同相比例运算电路，有

$$u''_o = \left(1 + \frac{R_f}{R_1 // R_2}\right) u_{i3}$$

所以

$$u_o = u'_o + u''_o$$

代入数值可得：

$$u_o = 2u_{i3} - 0.5u_{i1} - 0.5u_{i2}$$

从以上分析可看出，此电路中的所有电阻若相等，则为一减法运算电路。

【例12-3】 设计一个电路，其输出为两个输入信号的平均值。

解： 电路的形式采用如图12.12所示的反相加法电路，若电路中的 R_f 取值为10kΩ，则根据式（12-6）可求得 R_1、R_2 的值为：$R_1 = R_2 = 20$kΩ，此时输出电压为：

$$u_o = -\frac{1}{2}(u_{i1} + u_{i2})$$

式中的负号表示输出信号与两个输入信号的平均值极性相反。

12.5 信号处理电路

12.5.1 有源滤波器

滤波器的功能是从输入信号中选出有用频率信号并使其顺利通过，而将无用的或干扰的频率信号加以抑制。滤波器在无线电通信、信号检测、信号处理、数据传输和干扰抑制等方面获得广泛应用。滤波器可以只用一些无源器件R、L、C组成，称为无源滤波器，滤波器采用有源器件和R、C元件组成称为有源滤波器。本章讨论的是由集成运放组成的有源滤波器。同无源滤波器相比，有源滤波器的优点是具有一定的信号放大和带负载能力，可以很方便的改变其特性参数；另外，由于不使用电感和大电容元件，故体积小，重量轻。但是由于集成运放的带宽有限，因此有源滤波器的工作频率较低，一般在几千赫兹以下，而在频率较高的场所，常采用LC无源滤波器或固态滤波器效果较好。

按照功能（或幅频特性）的不同，滤波器分为低通滤波器（LPF）、高通滤波器（HPF）、带通滤波器（BPF）和带阻滤波器（BEF）。其理想的幅频特性如图12.15所示。

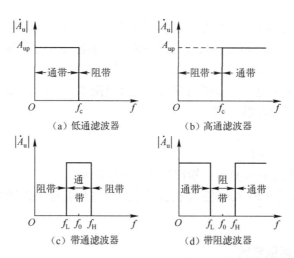

图12.15 各种滤波器的理想幅频特性

我们把能够通过的信号频率范围定义为通带，反之，把阻止信号通过或衰减信号的频率范围定义为阻带。通带与阻带的分界点的频率称为截止频率，如图13.18所示的 f_L、f_H 分别为下限截止频率和上限截止频率。

如图 12.16 所示为一阶低通滤波器，一阶低通滤波器是一种最简单的滤波器，它是由运放和 RC 网络组成。

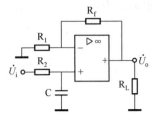

图 12.16　一阶有源滤波器

12.5.2　电压比较器

电压比较器是用来对输入电压信号（被测信号）与另一个电压信号（或基准电压信号）进行比较，并根据结果输出高电平或低电平的一种电子电路，是模拟电路与数字电路之间联系的桥梁，主要用于自动控制、测量、波形产生和波形变换方面。电压比较器主要有单值电压比较器和迟滞比较器两种，这里仅介绍单值电压比较器。

1. 单值电压比较器工作原理

开环工作的运算放大器是最基本的单值比较器，电路如图 12.17（a）所示。

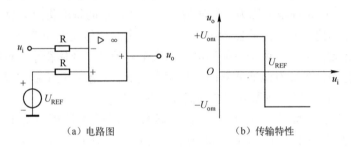

（a）电路图　　　　　　　　（b）传输特性

图 12.17　单值电压比较器及传输特性

在电路中，输入信号 u_i 与基准电压 U_{REF} 进行比较。当 $u_i < U_{REF}$ 时，$U_o = +U_{om}$；当 $u_i > U_{REF}$ 时，$U_o = -U_{om}$，在 $u_i = U_{REF}$ 时，u_o 发生跳变。该电路理想传输特性如图 12.17（b）所示。

如果以地电位为基准电压，即同相输入端通过电阻 R 接地，组成如图 12.18（a）所示电路，就形成一个过零比较器，则

当 $u_i < 0$ 时，则 $U_o = +U_{om}$

当 $u_i > 0$ 时，则 $U_o = -U_{om}$，

也就是说，每当输入信号过零点时，输出信号就发生跳变。

在过零比较器的反相输入端输入正弦波信号可以将正弦波转换成方波，波形图如图 12.18（b）所示

2. 电压比较器的阈值电压

由上述分析可知，电压比较器翻转的临界条件是运放的两个输入端电压 $u_+ = u_-$，对于图 12.17 所示电路为 u_i 与 U_{REF} 比较，当 $u_i = U_{REF}$ 时，亦即达到 $u_+ = u_-$ 时，电路状态发生翻转。我们把比较器输出电压发生跳变时所对应的输入电压值称为阈值电压或门槛电压 U_{th}。图 12.17 所示电路的 $U_{th} = U_{REF}$，过零比较器的 $U_{th} = 0$，因为这种电路只有一个阈值电压，

故称为单值电压比较器。

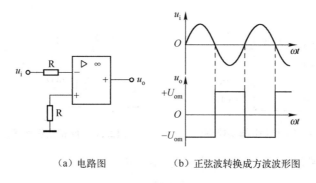

(a) 电路图　　　(b) 正弦波转换成方波波形图

图 12.18　过零比较器

项目实训 17　集成运算放大电路线性应用

1. 实训目的

(1) 了解运算放大器的外形结构及各外引线功能。
(2) 学习应用运算放大器组成加法、减法、积分和微分等基本运算电路的方法和技能。

2. 实训设备

(1) LM324 集成运算放大器芯片。
(2) 函数信号发生器。
(3) 晶体管毫伏表。
(4) 稳压电源。

3. 实训原理

本实训采用 LM324 集成运算放大器和外接反馈网络构成基本运算电路。LM324 内部包含了四个集成运算放大器，其外围引脚功能如图 12.19 所示，其中，IN_+、IN_- 为输入端，OUT 为输出端，V_+、V_- 为电源端，电源在 3~32V 范围内均可正常工作，额定电源电压为 ±15V。

若反馈网络为线性电路，运算放大器可实现加、减、微分、积分运算。

4. 实训内容与步骤

(1) 反相比例运算放大器。
① 调整稳压电源，使其输出 ±15V，接在 LM324 的 4 脚和 11 脚上。
② 按照图 12.20 所示连接电路，调整低频信号发生器，使其输出 100mV、1kHz 的电压信号。

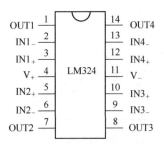
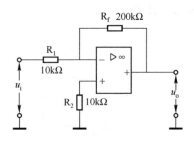

图12.19　LM324引脚功能图　　　图12.20　反相比例运算放大器

③ 用毫伏表分别测量 u_i、u_o，并填入表12-4中。

表12-4

u_i (mV) \ u_o (mV)	u_o（测量值）	$u_o = -\dfrac{R_f}{R_1}u_i$（理论值）

（2）同相比例运算放大器。

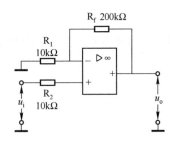

图12.21　同相比例运算放大器

① 调整稳压电源，使其输出 ±15V，接在 LM324 的 4 脚和 11 脚上。

② 按图12.21所示接线，调整低频信号发生器，使其输出 200mV、1kHz 的信号电压。

③ 用毫伏表分别测量 u_i、u_o 并填入表12-5 中。

④ 将 R_i 开路，用毫伏表分别测量 u_{i1}、u_{i2}，并填入表12-5 中。

⑤ 将 R_f 短路，用毫伏表分别测量 u_{i1}、u_{i2}，并填入表12-5 中。

表12-5

		u_i (mV) \ u_o (mV)	u_o（测量值）	$u_o = \left(1+\dfrac{R_f}{R_1}\right)u_i$（理论值）
同相比例运算放大器				
跟随器	$R_i \to \infty$			
	$R_f = 0$			

（3）加法运算放大电路。

① 调整稳压电源，使其输出 ±15V，接在 LM324 的 4 脚和 11 脚上。

② 按图12.22所示接线，调整低频信号发生器，使其输出 200mV、1kHz 的信号电压。

③ 调节 R_P，使 $u_{i2} = 50$mV。

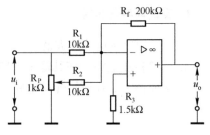

图12.22　加法运算放大器

④ 用毫伏表分别测量 u_{i1}、u_{i2}、u_o，并填入表 12-6 中。

表 12-6

测量值			理论值
u_{i1}（mV）	u_{i2}（mV）	u_o（mV）	$u_o = -\left(\dfrac{R_f}{R_1}u_{i1} + \dfrac{R_f u_{i2}}{R_2}u_{i2}\right)$

5. 注意事项

（1）集成运算放大器的调零。
（2）电路的连接。

6. 预习要求

（1）掌握运算放大器的工作特点。
（2）掌握各种信号的特点。

习 题 12

一、填空题

12.1 差分放大电路中，因温度或电源电压等因素引起的两管零点漂移电压可视为_____模信号，差分放大电路对该信号有_____作用。而对于有用信号可视为_____模信号，差分放大电路对其有_____作用。

12.2 差分放大电路的两个输入端就是集成运放的两个输入端。信号从反相端输入，则输出信号与输入信号的相位_____；信号从同相输入端输入，则输出信号与输入信号的相位_____。

12.3 使放大器净输入信号减小，放大倍数也减小的反馈，称为_____反馈；使放大器净输入信号增加，放大倍数也增加的反馈，称为_____反馈。放大电路中常用的负反馈类型有_____负反馈、_____负反馈、_____负反馈和_____负反馈。

12.4 理想运算放大器工作在线性区时有两个重要特点：_____和_____。

12.5 理想运放的参数具有以下特征：开环差模电压放大倍数 A_{od} = _____，开环差模输入端 r_{id} = _____，输出电阻 r_o = _____，共模抑制比 K_{CMR} = _____。

12.6 集成运算放大电路是_____增益的_____级_____耦合放大电路，内部主要由_____、_____、_____、_____四部分组成。

12.7 集成运放有两个输入端，其中，下标标有"−"号的称为_____输入端，下标标有"+"号的称为_____输入端，下标标有"∞"表示_____。

二、选择题

12.8 直流放大器中的级间耦合通常采用（　　）
　　A. 阻容耦合　　B. 变压器耦合　　C. 直接耦合　　D. 电感抽头耦合

12.9 差分放大电路的作用是（　　）
　　A. 放大差模信号，抑制共模信号
　　B. 放大共模信号，抑制差模信号
　　C. 放大差模信号和共模信号

D. 差模信号和共模信号都不放大

12.10 集成运放输入级一般采用的电路是（　　）
　　A. 差分放大电路　　　　　　　　B. 射极输出电路
　　C. 共基极电路　　　　　　　　　D. 电流串联负反馈电路

12.11 集成运放有（　　）
　　A. 一个输入端，一个输出端
　　B. 一个输入端，两个输出端
　　C. 两个输入端，一个输出端
　　D. 两个输入端，两个输出端

12.12 集成运放的输出级一般采用（　　）
　　A. 共基极电路　　　B. 阻容耦合电路　　　C. 共集电极电路

12.13 集成运放的中间级主要是提供电压增益，所以多采用（　　）
　　A. 共集电极电路　　B. 共发射极电路　　　C. 共基极电路

12.14 集成运放的输入级采用差分电路，是因为（　　）
　　A. 输入电阻高　　　B. 差模增益大　　　　C. 温度漂移小

三、综合题

12.15 在图 12.23 的各电路中，说明有无反馈？由哪些元器件组成反馈网络？是直流反馈还是交流反馈？

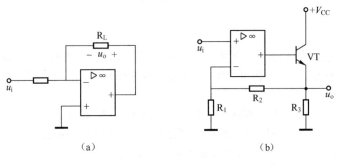

图 12.23

12.16 电路如图 12.24 所示，求下列情况下，U_o 和 U_i 的关系式：（1）S_1 和 S_3 闭合，S_2 断开时；（2）S_1 和 S_2 闭合，S_3 断开时。

12.17 如图 12.25 所示电路，已知 $R_{11}=5\text{k}\Omega$，$R_{12}=5\text{k}\Omega$，$R_{13}=4\text{k}\Omega$，$R_F=10\text{k}\Omega$。写出 u_o 的表达式。

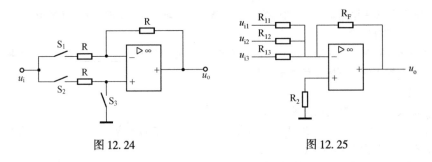

图 12.24　　　　　　　　　图 12.25

12.18 如图 12.26 所示电路，试求出电路中 u_{i1}、u_{i2} 与 u_o 的关系。

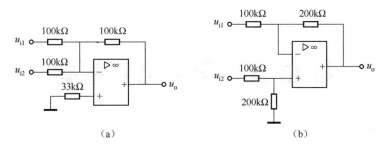

图 12.26

12.19 求图 12.27 所示电路中 u_o 与 u_i 的关系。

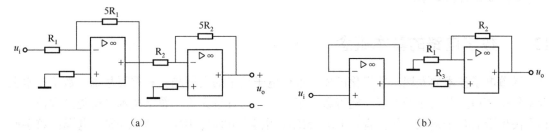

图 12.27

12.20 图 12.28 所示为一监控报警装置，可对某一参数（如温度、压力等）进行监控并发出报警信号，试说明电路的工作原理及二极管 VD 和电阻 R_3 的作用。

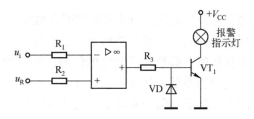

图 12.28

第13章 数字电路基础

本章知识点

- 数字电路基本概念。
- 逻辑代数基础。
- 集成逻辑门电路。

13.1 数字电路的基本概念

随着电子技术的发展,数字化已成为近代电子技术的发展趋势和重要基础。数字技术在近十年来获得空前飞速的发展,随着数字集成工艺的日进完善,数字技术已渗透到国民经济和人民生活的各个领域,如:音乐 CD、MP3;电影 MPEG、RM、DVD;数字电视;数字照相机;数字摄影机;手机等等。掌握数字电路的基本理论及其分析方法,对于学习和掌握当代电子技术是非常必要的。

13.1.1 模拟信号和数字信号

在电子技术中,被传递和处理的电信号分为模拟信号和数字信号两大类。处理前一类信号的电路称为模拟电路,处理后一类信号的电路称为数字电路。

模拟信号:指在时间上和数值上都是连续变化的信号。如模拟电视的图像和伴音信号,生产过程中传感器检测的由某种物理量转化成的电信号等。

数字信号:是指在时间上和数值上都是断续变化的离散信号。如:由计算机键盘输入计算机的信号,自动生产线上的记录产品或零件数量的信号等。

电信号:指随时间变化的电压和电流。

图 13.1 (a)、(b) 所示分别为模拟电压信号和数字电压信号。

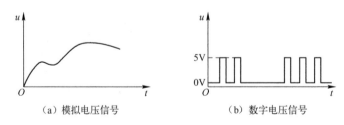

(a) 模拟电压信号　　　　(b) 数字电压信号

图 13.1　模拟电压信号和数字电压信号

数字信号只有两个离散值,常用数字"0"和"1"来表示。注意,这里的 0 和 1 没有大小之分,只代表两种对立的状态,称为逻辑 0 和逻辑 1。

数字信号有两个特点:

(1) 信号只有两个电压值。在图 13.1（b）中所示只有 5V 和 0V。我们可以用 5V 来表示逻辑 1，用 0V 来表示逻辑 0；也可以用 0V 来表示逻辑 1，用 5V 来表示逻辑 0。这两个电压值又常被称为逻辑电平，5V 为高电平，0V 为低电平。

(2) 信号从高电平变为低电平，或者从低电平变为高电平是一个突然变化的过程，这种信号又称为脉冲信号。

13.1.2 正逻辑与负逻辑

数字电路中常有两种逻辑体制：

(1) 正逻辑：高电平为逻辑 1，低电平为逻辑 0，如图 13.2（a）所示。

(2) 负逻辑：高电平为逻辑 0，低电平为逻辑 1，如图 13.2（b）所示。

通常人们习惯用正逻辑表示。本书如不加说明，均采用正逻辑。

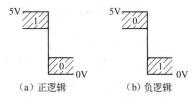

图 13.2　高低电平的逻辑幅值

13.1.3 数字电路

传递与处理数字信号的电子电路称为数字电路。数字电路与模拟电路相比主要有下列特点：

(1) 由于数字电路是以二值数字逻辑为基础的，只有 0 和 1 两个基本数字，易于用电路来实现，如可用二极管、三极管的导通与截止这两个对立的状态来表示数字信号的逻辑 0 和逻辑 1。

(2) 由数字电路组成的数字系统工作可靠，精度较高，抗干扰能力强。它可以通过整形很方便地去除叠加于传输信号上的噪声与干扰，还可利用差错控制技术对传输信号进行查错和纠错。

(3) 数字电路不仅能完成数值运算，而且能进行逻辑判断和运算，这在控制系统中是不可缺少的。

(4) 数字信息便于长期保存，如可将数字信息存入磁盘、光盘等长期保存。

(5) 数字集成电路产品系列多、通用性强、成本低。

由于具有上述特点，数字电路在电子设备或电子系统中得到了越来越广泛的应用，计算机、电视机、音响系统、视频记录设备、光碟、长途电信及卫星系统等，无一不采用了数字系统。

13.2　数制与码制

13.2.1 几种常用的计数体制

1. 十进制（Decimal）

十进制是人们最习惯采用的一种进位计数方式，其特点如下：

(1) 基数为10,有0,1,…,9十个数字符号,这些数字符号称为数码。

(2) 十进制的计数规则是"逢10进1,借1当10"。十进制整数的右边第一位为个位,记为10^0;第二位为十位,记为10^1;由此可推得各对应数位的单位分别是10^i($i=n-1$),这些数位的单位称之为权。任意一个十进制数的表示方法为:

$$S_{10}=\sum_{i=-m}^{n-1}K_i 10^i$$

式中,$K_i=0,1,2,3,4,5,6,7,8,9$。

例如,$(273.45)_{10}=2\times10^2+7\times10^1+3\times10^0+4\times10^{-1}+5\times10^{-2}$

2. 二进制(Binary)

二进制是在数字电路中应用最广泛的一种数制。它只有0和1两个符号。在数字电路中实现起来比较容易,如可以用开关的接通和断开分别表示0和1。二进制的特点如下:

(1) 基数为2,有0,1两个数码;

(2) 计数规则为"逢2进1,借1当2",各位的权为2^i。

任意一个二进制数的表示方法为:

$$S_2=\sum_{i=-m}^{n-1}K_i 2^i$$

式中,$K_i=0,1$。

例如,$(1011.101)_2=1\times2^3+0\times2^2+1\times2^1+1\times2^0+1\times2^{-1}+0\times2^{-2}+1\times2^{-3}$

3. 十六进制(Hexadecimal)与八进制(Octal)

十六进制和八进制表示数值时,要比二进制简单得多,而且与二进制相互转换方便,因此多在书写计算机程序时,广泛使用八进制和十六进制。

(1) 八进制。八进制有如下特点:

① 基数为8,有0,1,2,3,4,5,6,7八个数码;

② 计数规则为"逢8进1,借1当8",各位的权为8^i。

任意一个八进制数的表示方法为:

$$S_8=\sum_{i=-m}^{n-1}K_i 8^i$$

式中,$K_i=0,1,2,3,4,5,6,7$。

例如,$(452)_8=4\times8^2+5\times8^1+2\times8^0$

(2) 十六进制。十六进制有如下特点:

① 基数为16,有0~9和A,B,C,D,E,F(对应十进制10~15)十六个数码。

② 计数规则为"逢16进1,借1当16",各位的权为16^i。

任意一个十六进制数的表示方法为:

$$S_{16}=\sum_{i=-m}^{n-1}K_i 16^i$$

式中,$K_i=0$~9,A~F。

例如,$(A87.E79)_{16}=A\times16^2+8\times16^1+7\times16^0+E\times16^{-1}+7\times16^{-2}+9\times16^{-3}$

为了区别这几种数制,可在数的后面加上数字下标 2、10、8、16,也可以加一字母。用 B 表示二进制数;D 表示十进制数;O 表示八进制数;H 表示十六进制数。如果后面的数字或字母被省略,则表示该数为十进制数。

13.2.2 几种数制之间的相互转换

1. 二进制转换成十进制

【例 13-1】将二进制数 10011.101 转换成十进制数。

解:将每一位二进制数乘以位权,然后相加,可得:

$(10011.101)_B = 1 \times 2^4 + 0 \times 2^3 + 0 \times 2^2 + 1 \times 2^1 + 1 \times 2^0 + 1 \times 2^{-1} + 0 \times 2^{-2} + 1 \times 2^{-3}$
$= (19.625)_D$

2. 十进制转换成二进制

可用"除 2 取余"法将十进制数的整数部分转换成二进制数。

【例 13-2】将十进制数 23 转换成二进制数。

解:根据"除 2 取余"法的原理,按如下步骤转换:

```
2 | 23  ……… 余 1   b_0    ↑
2 | 11  ……… 余 1   b_1    │
2 |  5  ……… 余 1   b_2   读取
2 |  2  ……… 余 0   b_3   次序
2 |  1  ……… 余 1   b_4    │
     0
```

则

$$(23)_D = (10111)_B$$

可用"乘 2 取整"的方法将任何十进制数的纯小数部分转换成二进制数。

【例 13-3】将十进制数 $(0.562)_D$ 转换成误差 ε 不大于 2^{-6} 的二进制数。

解:用"乘 2 取整"法,按如下步骤转换:

取整
$0.562 \times 2 = 1.124 \cdots\cdots 1 \cdots\cdots b_{-1}$
$0.124 \times 2 = 0.248 \cdots\cdots 0 \cdots\cdots b_{-2}$
$0.248 \times 2 = 0.496 \cdots\cdots 0 \cdots\cdots b_{-3}$
$0.496 \times 2 = 0.992 \cdots\cdots 0 \cdots\cdots b_{-4}$
$0.992 \times 2 = 1.984 \cdots\cdots 1 \cdots\cdots b_{-5}$

由于最后的小数 $0.984 > 0.5$,根据"四舍五入"的原则,b_{-6} 应为 1。因此

$$(0.562)_D = (0.100011)_B$$

其误差 $\varepsilon < 2^{-6}$。

3. 二进制转换成十六进制

可用"4位分组"法将二进制数化为十六进制数。

【例13-4】将二进制数 1001101.100111 转换成十六进制数。

解：$(1001101.100111)_B = (0100\ \ 1101\ .\ 1001\ \ 1100)_B = (4D.9C)_H$

$$\downarrow\quad\ \downarrow\quad\ \ \downarrow\quad\ \ \downarrow$$
$$4\quad\ \ D\quad\ \ 9\quad\ \ C$$

同理，若将二进制数转换为八进制数，可将二进制数分为3位一组，再将每组的3位二进制数转换成一位八进制数即可。

4. 十六进制转换成二进制

十六进制数转换成二进制数，只要将每一位变成4位二进制数，按位的高低依次排列即可。

【例13-5】将十六进制数 6E.3A5 转换成二进制数。

解：$(6E.3A5)_H = (110\ 1110.0011\ 1010\ 0101)_B$

同理，若将八进制数转换为二进制数，只须将每一位变成3位二进制数，按位的高低依次排列即可。

5. 十六进制转换成十进制

可由"按权相加"法将十六进制数转换为十进制数。

【例13-6】将十六进制数 7A.58 转换成十进制数。

解：$(7A.58)_H = 7 \times 16^1 + 10 \times 16^0 + 5 \times 16^{-1} + 8 \times 16^{-2}$

$\qquad\qquad\quad = 112 + 10 + 0.3125 + 0.03125 = (122.34375)_D$

13.2.3 常用编码

由于数字系统是以二值数字逻辑为基础的，因此数字系统中的信息（包括数值、文字、控制命令等）都是用一定位数的二进制码表示的，这个二进制码称为代码。

二进制编码方式有多种，二-十进制码，又称 BCD 码（Binary-Coded-Decimal），是其中一种常用的码。

要用二进制代码来表示十进制的 0~9 十个数，至少要用 4 位二进制数。4 位二进制数有 16 种组合，可从这 16 种组合中选择 10 种组合分别来表示十进制的 0~9 十个数。选哪 10 种组合，有多种方案，这就形成了不同的 BCD 码。具有一定规律的常用的 BCD 码见表 13-1。

表 13-1 常用 BCD 码

十进制数	8421 码	2421 码	5421 码	余三码
0	0000	0000	0000	0011
1	0001	0001	0001	0100
2	0010	0010	0010	0101
3	0011	0011	0011	0110

续表

十进制数	8421 码	2421 码	5421 码	余三码
4	0 1 0 0	0 1 0 0	0 1 0 0	0 1 1 1
5	0 1 0 1	1 0 1 1	1 0 0 0	1 0 0 0
6	0 1 1 0	1 1 0 0	1 0 0 1	1 0 0 1
7	0 1 1 1	1 1 0 1	1 0 1 0	1 0 1 0
8	1 0 0 0	1 1 1 0	1 0 1 1	1 0 1 1
9	1 0 0 1	1 1 1 1	1 1 0 0	1 1 0 0
位权	8 4 2 1 $b_3 b_2 b_1 b_0$	2 4 2 1 $b_3 b_2 b_1 b_0$	5 4 2 1 $b_3 b_2 b_1 b_0$	无权

注意，BCD 码用 4 位二进制码表示的只是十进制数的一位。如果是多位十进制数，应先将每一位用 BCD 码表示，然后组合起来。

【例 13-7】 将十进制数 83 分别用 8421 码、2421 码和余 3 码表示。

解：由表 13-1 可得：

$(83)_D = (1000\ 0011)_{8421}$

$(83)_D = (1110\ 0011)_{2421}$

$(83)_D = (1011\ 0110)_{余3}$

13.3 逻辑代数基础

数字电路实现的是逻辑关系。逻辑关系是指某事物的条件（或原因）与结果之间的关系。逻辑关系常用逻辑函数来描述。

13.3.1 基本逻辑运算

用逻辑变量表示输入，逻辑函数表示输出，结果与条件之间的关系称为逻辑关系。基本的逻辑关系有三种，即与、或、非。与之相应逻辑代数中的三种基本运算是：与运算、或运算、非运算。

1. 与运算

只有当决定一件事情的条件全部具备之后，这件事情才会发生，我们把这种因果关系称为与逻辑。例如图 13.3（a）中，只有开关 A、B 都闭合，灯才会亮，其中任一开关闭合，灯都不会亮，这种两个开关串联控制灯的关系看作"与"逻辑。

如果用二值逻辑 0 和 1 来表示，并设 1 表示开关闭合或灯亮；0 表示开关断开或灯不亮，则得到如图 13.3（c）所示的表格，称为逻辑真值表。

若用逻辑表达式来描述，则可写为：

$$L = A \cdot B$$

与运算的规则为："输入有 0，输出为 0；输入全 1，输出为 1"。

在数字电路中能实现与运算的电路称为与门电路，其逻辑符号如图 13.3（d）所示。

与运算可以推广到多变量：$L = A \cdot B \cdot C \cdots$

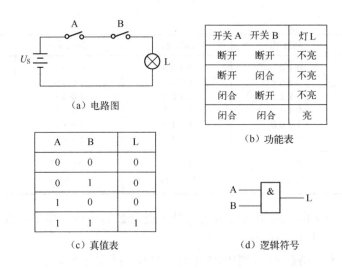

图 13.3 "与"逻辑运算

2. 或运算

当决定一件事情的几个条件中，只要有一个或一个以上条件具备，这件事情就会发生。我们把这种因果关系称为或逻辑。例如图 13.4（a）中，开关 A、B 只要有一个闭合，灯就会亮，只有两个开关都断开，灯才会灭，这种两个开关并联控制灯的关系看作"或"逻辑。

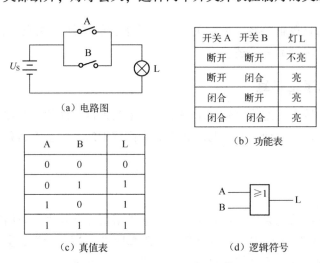

图 13.4 "或"逻辑运算

或运算的逻辑真值表如图 13.4（c）所示。若用逻辑表达式来描述，则可写为：
$$L = A + B$$
或运算的规则为："输入有 1，输出为 1；输入全 0，输出为 0"。

在数字电路中能实现或运算的电路称为或门电路，其逻辑符号如图 13.4（d）所示。或运算也可以推广到多变量：$L = A + B + C + \cdots$

3. 非运算

非运算是指某事情发生与否，仅取决于一个条件，而且是对该条件的否定。即条件具备时事情不发生；条件不具备时事情才发生。

例如图 13.5（a）所示的电路，当开关 A 闭合时，灯灭；而当开关 A 断开时，灯亮。其逻辑真值表如图 13.7（c）所示。若用逻辑表达式来描述，则可写为：

$$L = \overline{A}$$

非运算的规则为："输入 0，输出 1；输入 1，输出 0"。

在数字电路中实现非运算的电路称为非门电路，其逻辑符号如图 13.5（d）所示。

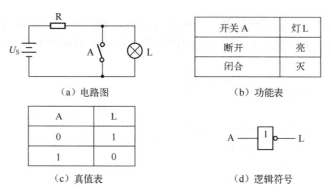

图 13.5 "非"逻辑运算

13.3.2 复合逻辑运算

任何复杂的逻辑运算都可以由以上三种基本逻辑运算组合而成。在实际应用中为了减少逻辑门的数目，使数字电路的设计更方便，还常常使用几种复合逻辑运算。

1. 与非运算

与非运算是由与运算和非运算组合而成，其逻辑真值表和相应逻辑门的符号如图 13.6 所示。

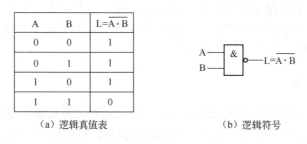

图 13.6 "与非"逻辑运算

2. 或非运算

或非运算是由或运算和非运算组合而成，其逻辑真值表和相应逻辑门的符号如图 13.7 所示。

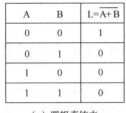
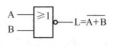

(a) 逻辑真值表　　　　　　　　　(b) 逻辑符号

图 13.7 "或非"逻辑运算

3. 异或运算

异或运算是一种二变量逻辑运算,当两个变量取值相同时,逻辑函数值为 0;当两个变量取值不同时,逻辑函数值为 1。异或的逻辑真值表和相应逻辑门的符号如图 13.8 所示。

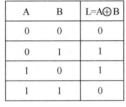
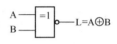

(a) 逻辑真值表　　　　　　　　　(b) 逻辑符号

图 13.8 "异或"逻辑运算

13.4 逻辑代数运算

13.4.1 逻辑函数

逻辑代数和普通代数一样,有一套完整的运算规则,包括公理、定理和定律,用它们对逻辑函数式进行处理,可以完成对电路的化简、变换、分析与设计。

描述逻辑关系的函数称为逻辑函数,前面讨论的与、或、非、与非、或非、异或都是逻辑函数。逻辑函数是从生活和生产实践中抽象出来的,但是只有那些能明确地用"是"或"否"做出回答的事物,才能定义为逻辑函数。

1. 逻辑函数的定义

逻辑函数与普通代数中的函数的定义类似,设某逻辑关系的输入变量为 A、B、C、…,输出变量为 L,则当输入变量 A、B、C、…取确定值后,输出变量 L 的值就完全确定了,则称 L 是 A、B、C、…的逻辑函数,写为:

$$L = f(A, B, C, \cdots)$$

逻辑函数与普通代数中的函数相比较,有两个突出的特点:

(1) 逻辑变量和逻辑函数只能取两个值 0 和 1。

(2) 函数和变量之间的关系是由"与"、"或"、"非"三种基本运算决定的。

2. 逻辑函数的表示方法

一个逻辑函数有四种表示方法,即真值表、函数表达式、逻辑图和卡诺图。

(1) 真值表。真值表是将输入逻辑变量的各种可能取值和相应的函数值排列在一起而组成的表格。为避免遗漏,各变量的取值组合应按照二进制递增的次序排列,如图 13.8 (a) 所示。

(2) 函数表达式。函数表达式就是由逻辑变量和 "与"、"或"、"非" 三种运算符所构成的表达式,如 L = A + B · C。

(3) 逻辑图。逻辑图如图 13.9 所示,是由逻辑符号及它们之间的连线而构成的图形。由函数表达式可以画出其相应的逻辑图。

(4) 卡诺图。卡诺图又称最小项方格图,是由表示逻辑变量的所有可能组合的小方格构成的平面图,它是一种用图形描述逻辑函数的方法,一般画成正方形或矩形,如图 13.10 所示。这种方法在逻辑函数的化简中十分有用。这里不做深入介绍,请参阅相关书籍。

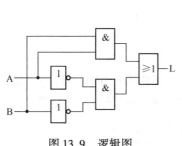

图 13.9　逻辑图

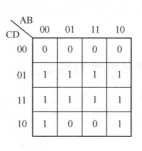

图 13.10　卡诺图

3. 几种表示方法间的相互转换

同一个逻辑函数可以用几种不同的方法描述,在本质上它们是相通的,所以这几种方法之间必然能互相转换。

(1) 由真值表与逻辑函数表达式的相互转换。由真值表求逻辑函数表达式的方法是:将真值表中每一组函数值 F 为 1 的输入变量都写成一个乘积项,在这些乘积项中,取值为 1 用原变量表示,取值为 0 用反变量表示,将这些乘积项相加,就得到了逻辑函数表达式。

【例 13-8】 已知真值表如表 13-2 所示,试写出对应的逻辑函数表达式。

表 13-2　例 13.8 的真值表

A	B	F
0	0	1
0	1	0
1	0	0
1	1	1

解:由真值表可知使输出 F 为 1 的变量组合是:

$A = 0$　$B = 0$;　$A = 1$　$B = 1$;

由上述的转换方法,可以写出逻辑函数表达式为:

$$F = \overline{A}\,\overline{B} + AB$$

(2) 逻辑函数表达式与逻辑图的转换。根据逻辑函数表达式画出逻辑图。其方法是:将逻辑函数符号代替逻辑函数表达式中的逻辑运算符号,并正确连接起来,所得到的电路图即为逻辑图。

【例 13-9】 已知逻辑函数表达式为 $Y = AB + \overline{A}\,\overline{B}$,画出对应的逻辑图。

解：将式中所有与、或、非的运算符号用逻辑符号代替，按照运算优先顺序正确连接起来，就可以画出图 13.11 所示的逻辑图。

由逻辑图写出逻辑函数表达式方法是：从输入到输出将逻辑图中的每个逻辑符号所表示的逻辑运算依次写出来，即可以得到逻辑函数表达式。

【**例 13-10**】已知逻辑图如图 13.12 所示，试写出逻辑函数表达式。

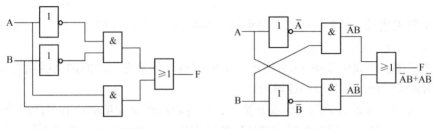

图 13.11 例 13.9 的逻辑图　　　图 13.12 例 13.10 逻辑图

解：从输入端 A、B 开始，依次写出每个门电路的输出端函数表达式，得到：

$$Y = \overline{A}B + A\overline{B}$$

13.4.2 逻辑代数的基本公式

基本公式包括 9 个定律，见表 13-3 所示。其中有的定律与普通代数相似，有的定律与普通代数不同，使用时切勿混淆。表中略为复杂的公式可用其他更简单的公式来证明。

表 13-3　逻辑代数的基本公式

名　称	公式 1	公式 2
0-1 律	$A \cdot 1 = A$ $A \cdot 0 = 0$	$A + 0 = A$ $A + 1 = 1$
互补律	$A \cdot \overline{A} = 0$	$A + \overline{A} = 1$
重叠律	$A \cdot A = A$	$A + A = A$
交换律	$AB = BA$	$A + B = B + A$
结合律	$A(BC) = (AB)C$	$A + (B + C) = (A + B) + C$
分配律	$A(B + C) = AB + AC$	$A + BC = (A + B)(A + C)$
反演律	$\overline{AB} = \overline{A} + \overline{B}$	$\overline{A + B} = \overline{A} \cdot \overline{B}$
吸收律	$A(A + B) = A$ $A(\overline{A} + B) = AB$ $(A + B)(\overline{A} + C)(B + C) = (A + B)(\overline{A} + C)$	$A + AB = A$ $A + \overline{A}B = A + B$ $AB + \overline{A}C + BC = AB + \overline{A}C$
对合律	$\overline{\overline{A}} = A$	

【**例 13-11**】证明吸收律 $A + \overline{A}B = A + B$。

解：$A + \overline{A}B = A(B + \overline{B}) + \overline{A}B = AB + A\overline{B} + \overline{A}B = AB + AB + A\overline{B} + \overline{A}B$
$= A(B + \overline{B}) + B(A + \overline{A}) = A + B$

表 13-3 中的公式还可以用真值表来证明，即检验等式两边函数的真值结果是否一致。

【例13-12】用真值表证明反演律$\overline{AB} = \overline{A} + \overline{B}$ 和$\overline{A + B} = \overline{A}\,\overline{B}$。

解：分别列出两公式等号两边函数的真值表即可得证，见表13-4和表13-5。

表13-4　证明$\overline{AB} = \overline{A} + \overline{B}$

A	B	$\overline{AB}$	$\overline{A} + \overline{B}$
0	0	1	1
0	1	1	1
1	0	1	1
1	1	0	0

表13-5　证明$\overline{A + B} = \overline{A}\,\overline{B}$

A	B	$\overline{A + B}$	$\overline{A}\,\overline{B}$
0	0	1	1
0	1	0	0
1	0	0	0
1	1	0	0

反演律又称摩根定律，是非常重要又非常有用的公式，它经常用于逻辑函数的变换，以下是它的两个变形公式，也是常用的。

$$AB = \overline{\overline{A} + \overline{B}} \qquad A + B = \overline{\overline{A}\,\overline{B}}$$

13.4.3　逻辑代数的基本规则

1. 代入规则

代入规则的基本内容是：对于任何一个逻辑等式，以某个逻辑变量或逻辑函数同时取代等式两端同一个逻辑变量后，等式依然成立。

利用代入规则可以方便地扩展公式。例如，在反演律$\overline{AB} = \overline{A} + \overline{B}$ 中用BC去代替等式两边的B，则新的等式仍成立：

$$\overline{ABC} = \overline{A} + \overline{BC} = \overline{A} + \overline{B} + \overline{C}$$

2. 对偶规则

将一个逻辑函数L进行下列变换：

"·"→"+"，"+"→"·"

"0"→"1"，"1"→"0"

所得到的新函数表达式叫做L的对偶式，用L′表示。

对偶规则的基本内容是：如果两个逻辑函数表达式相等，那么它们的对偶式也一定相等。利用对偶规则可以帮助我们减少公式的记忆量。例如，表13-2中的公式1和公式2就互为对偶，只需记住一边的公式就可以了。因为利用对偶规则，不难得出另一边的公式。

3. 反演规则

将一个逻辑函数L进行下列变换：

"·"→"+"，"+"→"·"

"0"→"1"，"1"→"0"

原变量→反变量，反变量→原变量。

所得新函数表达式叫做L的反函数，用$\overline{L}$表示。

利用反演规则，可以非常方便地求得一个函数的反函数。

【例13-13】 求函数 $L = \overline{AC} + B\overline{D}$ 的反函数。

解：$\overline{L} = (\overline{A} + C) \cdot (\overline{B} + D)$

【例13-14】 求函数 $L = A \cdot B + \overline{C + \overline{D}}$ 的反函数。

解：$\overline{L} = \overline{\overline{A} + \overline{B} + \overline{C + \overline{D}}} = \overline{\overline{A} + \overline{B}} \cdot \overline{C} \cdot D$

在应用反演规则求反函数时要注意以下两点：

(1) 保持运算的优先顺序不变，必要时加括号表明，如例13.10。

(2) 变换中，几个变量（一个以上）的公共非号保持不变，如例13.11。

13.4.4 逻辑函数的代数化简法

1. 逻辑函数式的常见形式

一个逻辑函数的表达式不是唯一的，可以有多种形式，并且能互相转换。常见的逻辑式主要有5种形式，例如，

$$L = AC + \overline{A}B \quad \text{与 – 或表达式}$$
$$= (A + B)(\overline{A} + C) \quad \text{或 – 与表达式}$$
$$= \overline{\overline{AC} \cdot \overline{\overline{A}B}} \quad \text{与非 – 与非表达式}$$
$$= \overline{\overline{A + B} + \overline{\overline{A} + C}} \quad \text{或非 – 或非表达式}$$
$$= \overline{A\overline{C} + \overline{A}\overline{B}} \quad \text{与 – 或非表达式}$$

在上述多种表达式中，与 – 或表达式是逻辑函数的最基本表达形式。因此，在化简逻辑函数时，通常是将逻辑式化简成最简与 – 或表达式，然后再根据需要转换成其他形式。

2. 最简与 – 或表达式的标准

通常希望对逻辑函数做简化处理，这样实现它的电路元件就少，既经济又可靠。与 – 或表达式的最简标准是：表达式中包含的与项最少，同时每个与项中的变量数最少。

3. 用代数法化简逻辑函数

用代数法化简逻辑函数，就是直接利用逻辑代数的基本公式和基本规则进行化简。代数法化简没有固定的步骤，常用的化简方法有以下几种。

(1) 并项法。运用公式 $A + \overline{A} = 1$，将两项合并为一项，消去一个变量。如

$$L = AB\overline{C} + ABC = AB(\overline{C} + C) = AB$$

$$L = A(BC + \overline{B}\overline{C}) + A(B\overline{C} + \overline{B}C) = ABC + A\overline{B}\overline{C} + AB\overline{C} + A\overline{B}C = AB(C + \overline{C}) + A\overline{B}(C + \overline{C})$$
$$= AB + A\overline{B} = A(B + \overline{B}) = A$$

(2) 吸收法。运用吸收律 $A + AB = A$ 消去多余的与项。如

$$L = A\overline{B} + A\overline{B}(C+DE) = A\overline{B}$$

(3) 消去法。运用吸收律 $A + \overline{A}B = A + B$ 消去多余的因子。如

$$L = AB + \overline{A}C + \overline{B}C = AB + (\overline{A}+\overline{B})C = AB + \overline{AB}C = AB + C$$

$$L = \overline{A} + AB + \overline{B}E = \overline{A} + B + \overline{B}E = \overline{A} + B + E$$

(4) 配项法。先通过乘以 $A + \overline{A}(=1)$ 或加上 $A\overline{A}(=0)$，增加必要的乘积项，再用以上方法化简。如

$$L = AB + \overline{A}C + BCD = AB + \overline{A}C + BCD(A+\overline{A}) = AB + \overline{A}C + ABCD + \overline{A}BCD = AB + \overline{A}C$$

$$L = AB\overline{C} + \overline{ABC} \cdot \overline{AB} = AB\overline{C} + \overline{ABC}\,\overline{AB} + AB \cdot \overline{AB} = AB(\overline{C}+\overline{AB}) + \overline{ABC} \cdot \overline{AB}$$

$$= AB \cdot \overline{ABC} + \overline{ABC}\,\overline{AB} = \overline{ABC}(AB + \overline{AB}) = \overline{ABC}$$

在化简逻辑函数时，要灵活运用上述方法，才能将逻辑函数化为最简。下面再举几个例子。

【例 13-15】 化简逻辑函数 $L = A\overline{B} + A\overline{C} + A\overline{D} + ABCD$。

解：$L = A(\overline{B}+\overline{C}+\overline{D}) + ABCD$

$\quad\quad = A\,\overline{BCD} + ABCD \quad$（利用反演律 $\overline{AB} = \overline{A}+\overline{B}$）

$\quad\quad = A(\overline{BCD} + BCD) \quad$（利用 $A+\overline{A}=1$）

$\quad\quad = A$

【例 13-16】 化简逻辑函数 $L = AD + A\overline{D} + AB + \overline{A}C + BD + A\overline{B}EF + \overline{B}EF$。

解：$L = A + AB + \overline{A}C + BD + A\overline{B}EF + \overline{B}EF \quad$（利用 $A+\overline{A}=1$）

$\quad\quad = A + \overline{A}C + BD + \overline{B}EF \quad$（利用 $A+AB=A$）

$\quad\quad = A + C + BD + \overline{B}EF \quad$（利用 $A+\overline{A}B=A+B$）

由上例可知，逻辑函数的化简结果不是唯一的。

代数化简法的优点是不受变量数目的限制。缺点是：没有固定的步骤可循；需要熟练运用各种公式和定理；需要一定的技巧和经验；有时很难判定化简结果是否最简。

13.5 电子元件开关特性

用来接通或断开电路的开关器件应具有两种工作状态：一种是接通（要求其阻抗很小，相当于短路），另一种是断开（要求其阻抗很大，相当于开路）。在数字电路中，二极管和三极管工作在开关状态。它们在脉冲信号的作用下，时而导通，时而截止，相当于开关的"接通"和"关断"。

13.5.1 二极管的开关特性

利用二极管正向电阻和反向电阻相差很大的特性，可以将二极管作为电子开关器件。二极管正向导通时，其内阻很小，相当于开关接通，如图 13.13 所示。二极管加正向电压导通时，VD 两端的电压 $u_D = 0.7V$（硅管），与电源电压相比很小，可近似约等于 0，相当于二

极管两端短路，即开关接通。

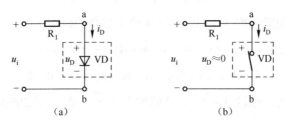

图 13.13　二极管导通时的开关特性

当二极管截止时，两根引脚间的电阻很大，相当于开关断开，如图 13.14 所示；当二极管加反向电压时，VD 截止，流过二极管的电流约等于 0，相当于二极管两端开路，即开关断开。

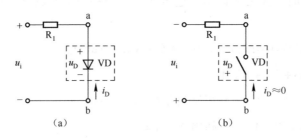

图 13.14　二极管截止时的开关特性

13.5.2　三极管的开关特性

三极管在模拟电路中主要工作在放大状态，而在数字电路中，三极管作为最基本的开关元件，工作在截止和饱和状态。三极管工作状态的转化如图 13.15 所示。

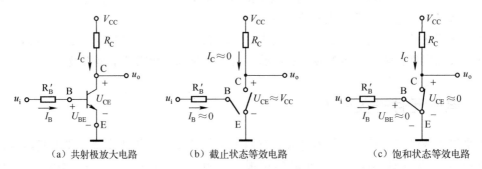

（a）共射极放大电路　　　　（b）截止状态等效电路　　　　（c）饱和状态等效电路

图 13.15　三极管开关状态

当三极管处于截止工作状态时，发射结反偏，集电结反偏，基极电流 $I_B \approx 0$，集电极电流 $I_C \approx 0$，则三极管输出电压 $U_{CE} \approx V_{CC}$，此时 C–E 间导通电阻很大，相当于开关断开。

当三极管处于饱和工作状态时，发射结正偏，$U_{BE} \approx 0$，I_C 增大，使 $U_{CE} = V_{CC} - I_C R_C$ 下降至 0.3V 左右，集电结由反偏转为正偏，由于 U_{CE} 很小，接近于零，相当于三极管 C–E 间短路，则开关闭合。

13.6 集成逻辑门电路

13.6.1 基本逻辑门电路

1. 与门电路

如图 13.16 为二极管与门电路,其工作原理如下:

(1) $V_A = V_B = 0V$。此时二极管 VD_1 和 VD_2 都导通,由于二极管正向导通时的钳位作用,$V_L \approx 0V$。

(2) $V_A = 0V$,$V_B = 5V$。此时二极管 VD_1 导通,由于钳位作用,$V_L \approx 0V$,VD_2 受反向电压而截止。

(3) $V_A = 5V$,$V_B = 0V$。此时 VD_2 导通,$V_L \approx 0V$,VD_1 受反向电压而截止。

(4) $V_A = V_B = 5V$。此时二极管 VD_1 和 VD_2 都截止,$V_L = V_{CC} = 5V$。

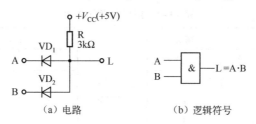

图 13.16 二极管与门

把上述分析结果归纳起来列入表 13-6 中,如果采用正逻辑体制,很容易看出它实现的逻辑运算为:

$$L = A \cdot B$$

增加一个输入端和一个二极管,就可变成三输入端与门。按此办法可构成更多输入端的与门。

表 13-6 或门的逻辑关系

输入		输出	输入		输出
V_A (V)	V_B (V)	V_L (V)	A	B	L
0	0	0	0	0	0
0	5	0	0	1	0
5	0	0	1	0	0
5	5	5	1	1	1

2. 或门电路

如图 13.17 为二极管或门电路,其工作原理如下:

① $V_A = V_B = 0V$。此时二极管 VD_1 和 VD_2 都截止,$V_L \approx 0V$。

② $V_A = 0V$,$V_B = 5V$。此时二极管 VD_2 导通,由于钳位作用,$V_L \approx 5V$,VD_1 受反向电压

而截止。

③ $V_A = 5V$，$V_B = 0V$。此时 VD_1 导通，$V_L \approx 5V$，VD_2 受反向电压而截止。

④ $V_A = V_B = 5V$。此时二极管 VD_1 和 VD_2 都导通，$V_L = V_{CC} = 5V$

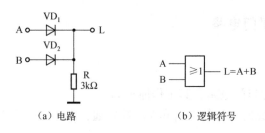

(a) 电路　　　　　　(b) 逻辑符号

图 13.17　二极管或门

把上述分析结果归纳起来列入表 13-7 中，如果采用正逻辑体制，很容易看出它实现的逻辑运算为：

$$L = A + B$$

表 13-7　或门的逻辑关系

输入		输出		输入		输出
V_A (V)	V_B (V)	V_L (V)		A	B	L
0	0	0		0	0	0
0	5	5		0	1	1
5	0	5		1	0	1
5	5	5		1	1	1

同样，可用增加输入端和二极管的方法，构成更多输入端的或门。

3. 非门电路

图 13.18 (a) 所示是由三极管组成的非门电路，非门又称反相器。三极管的开关特性已在上一节中作过详细讨论，这里重点分析它的逻辑关系。设输入信号为 +5V 或 0V。此电路只有以下两种工作情况：

(1) $V_A = 0V$。此时三极管的发射结电压小于死区电压，满足截止条件，所以管子截止，$V_L = V_{CC} = 5V$。

(2) $V_A = 5V$。此时三极管的发射结正偏，管子导通，只要合理选择电路参数，使其满足饱和条件 $I_B > I_{BS}$，则管子工作于饱和状态，有 $V_L = U_{CES} \approx 0V(0.3V)$。

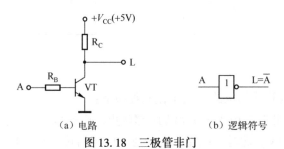

(a) 电路　　　　　　(b) 逻辑符号

图 13.18　三极管非门

把上述分析结果列入表 13-8 中，此电路不管采用正逻辑体制还是负逻辑体制，都满足非运算的逻辑关系。

表 13-8 非门的逻辑关系

输入 V_A(V)	输出 V_L(V)		输入 A	输出 L
0	5	⇒	0	1
5	0		1	0

13.6.2 集成逻辑门电路

分立元件构成的门电路应用时有许多缺点，如体积大、可靠性差等，一般在电子电路中作为补充电路时用到，在数字电路中广泛采用的是集成逻辑门电路。

1. TTL 集成逻辑门电路

TTL 集成逻辑门电路是三极管逻辑门电路的简称，是一种双极性三极管集成电路。

(1) TTL 集成门电路产品系列及型号的命名法。我国 TTL 集成电路目前有 CT54/74（普通）、CT54/74H（高速）、CT54/74S（肖基特）、CT54/74LS（低功耗）等四个系列国家标准的集成门电路。其型号组成含义见表 13-9 所示。

表 13-9 TTL 器件型号组成的符号及意义

第 1 部分		第 2 部分		第 3 部分		第 4 部分		第 5 部分	
型号前级		工作温度符号范围		器件系列		器件品种		封装形式	
符号	意义	符号	意义	符号	意义	附号	意义	符号	意义
CT	中国制造的 TTL 类	54	-55℃~+125℃	H	高速	阿拉伯数字	器件功能	W	陶瓷扁平
				S	肖特基			B	塑装扁平
				LS	低功耗肖特基			F	全密装扁平
SN	美国 TEXAS 公司产品	74	0℃~+70℃	AS	先进肖特基			D	陶瓷双列直插
				ALS	先进低功耗肖特基			P	塑料双列直插
				FAS	快捷肖特基			J	黑陶瓷双列直插

例如，

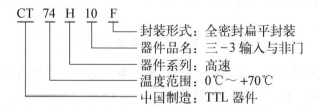

(2) 常用 TTL 集成门芯片。74X 系列为标准的 TTL 集成逻辑门系列。表 13-10 列出了几种常用的 74LS 系列集成电路的型号及功能。

表 13–10　常用的 74LS 系列集成电路的型号及功能

型　号	逻 辑 功 能	型　号	逻 辑 功 能
74LS00	2 输入端四与非门	74LS27	3 输入端三或非门
74LS04	六反相器	74LS20	4 输入端双与非门
74LS08	2 输入端四与门	74LS21	4 输入端双与门
74LS10	3 输入端三与非门	74LS30	8 输入端与门
74LS11	3 输入端三与门	74LS32	2 输入端四或门

下面列出几种常用集成芯片的外围引脚图和逻辑图。

① 74LS08 与门集成芯片。常用的 74LS08 与门集成芯片，它的内部有四个二输入的与门电路，其外围引脚图和逻辑图如图 13.19 所示。

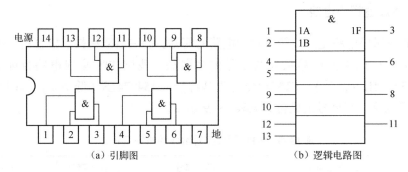

(a) 引脚图　　　　　　　　(b) 逻辑电路图

图 13.19　74LS08 外引脚图和逻辑图

② 74LS00 与非门集成芯片。常用的 74LS00 与非门集成芯片，它的内部有四个二输入与非门电路，其外围引脚图和逻辑图如图 13.20 所示。

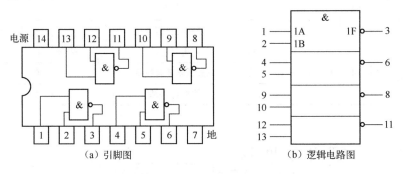

(a) 引脚图　　　　　　　　(b) 逻辑电路图

图 13.20　74LS00 外引脚图和逻辑图

③ 74LS32 或门集成芯片。常用的 74LS32 或门集成芯片，它的内部有四个二输入或门电路，其外围引脚图和逻辑图如图 13.21 所示。

④ 74LS02 或非门集成芯片。常用的 74LS02 或非门集成芯片，它的内部有四个二输入或非门电路，其外围引脚图和逻辑图如图 13.22 所示。

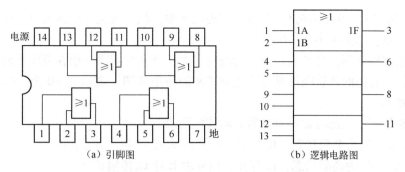

图 13.21　74LS32 外引脚图和逻辑图

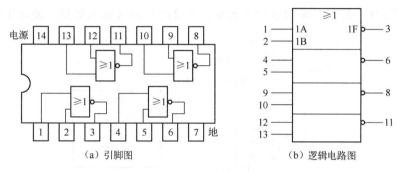

图 13.22　74LS02 外引脚图和逻辑图

⑤ 74LS04 非门集成芯片。常用的 74LS04 非门集成芯片，它的内部有六个非门电路，其外围引脚图和逻辑图如图 13.23 所示。

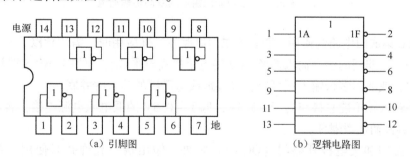

图 13.23　74LS04 外引脚图和逻辑图

（3）TTL 三态输出门电路。三态输出门电路，简称三态门，图 13.24 是三态输出的与非门逻辑符号。它与上述的门电路不同，其中 A 和 B 是输入端，C 是控制端，也称为使能端，F 为输出端。它的输出端除了可以实现高电平和低电平外，还可以出现第三种状态—高阻状态（称为开路状态或禁止状态）。

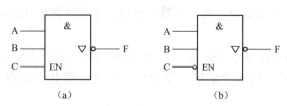

图 13.24　三态输出与非门逻辑符号

如图 13.24（a）当控制端 C=1 时，三态门的输出状态决定与输入端 A、B 的状态，实现与非逻辑关系，即全 1 出 0，有 0 出 1。

由于电路结构不同，也有当控制端为高电平时出现高阻状态，而在低电平时电路处于工作状态。这种三态门的逻辑图形符号控制端 EN 加一小圆圈，表示 C=0 为工作状态，如图 13.24（b）所示。

图 13.25 是利用三态与非门组成的双向传输通道。

当 C=0 时，G_2 为高阻状态，G_1 打开，信号由 A 经 G_1 传输到 B。

当 C=1 时，G_1 为高阻状态，G_2 打开，信号由 B 经 G_2 传输到 A。

改变控制端 C 的电平，就可以控制信号的传输方向。如果 A 为主机，B 为外部设备，那么通过一根导线，既可由 A 向 B 输入数据，又可由 B 向 A 输入数据，彼此互不干扰。

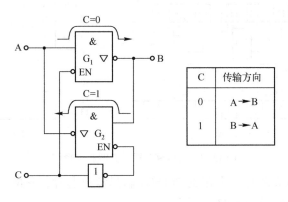

图 13.25 三态与非门组成的双向传输通道

（4）TTL 集成门电路的使用。TTL 集成门电路在实际应用时，需注意以下几点。

① 与门、与非门的多余输入端经 1kΩ 的电阻接高电平或与已使用的输入端并联。

② 或门、或非门多余输入端可以直接接地或与已用的输入端并联。

③ 电路输入端不能直接与高于 +5.5V，低于 -0.5V 的低电阻电源连接，否则因为有较大电流流入器件而烧毁器件。

④ 除三态门和集电极开路门（OC 门）之外，输出端不允许并联使用，否则会烧毁器件。

2. CMOS 集成电路

除了三极管集成电路外，还有一种由场效应管组成的电路，这就是 CMOS 集成电路。CMOS 集成门电路具有功耗低、电源电压范围宽、抗干扰能力强、制造工艺简单、集成度高，宜于实现大规模集成等优点，因而在数字电路，电子计算机及显示仪表等许多方面获得了广泛的应用。

（1）CMOS 逻辑门电路型号的命名。CMOS 逻辑门器件有三大系列：4000 系列、74CXX 系列和硅-氧化铝系列。前两个系列应用很广，而硅-氧化铝系列因价格昂贵目前尚未普及。

① 4000 系列。表 13-11 列出了 4000 系列 CMOS 器件型号组成符号及意义。

表 13-11　4000 系列 CMOS 器件型号组成符号及意义

第1部分		第2部分		第3部分		第4部分	
产品制造单位		器件系列		器件系列		工作温度范围	
符号	意义	符号	意义	符号	意义	符号	意义
CC	中国制造的 CMOS 类型	40	系列符号	阿拉伯数字	器件功能	C	0℃~70℃
CD	美国无线电公司产品	45				E	−40℃~85℃
						R	−55℃~85℃
TC	日本东芝公司产品	145				M	−55℃~125℃

例如，

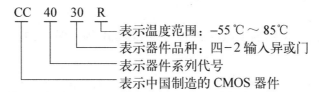

② 74CXX 系列。74CXX 系列有普通 74CXX 系列、高速 74HCXX/74HCTXX 系列及先进的 74ACXX/74ACTXX 系列等。其中，74HCTXX 和 74ACTXX 系列可直接与 TTL 相兼容。它们的功能及管脚设置均与 TTL74 系列保持一致。此系列器件型号组成符号及意义可参照表 13-9。

（2）常用 TTL、CMOS 集成基本门电路见表 13-12 所示。

表 13-12　常用 TTL、CMOS 集成基本门电路

	品 种 名 称	型 号 举 例
TTL集成门电路	2 输入四与门	54/748、74LS08、74HC08、CT4008
	3 输入三与门	54/7411、74LS11、CT4011
	双 4 输入与门	54/7421、74LS21、CT4021
	2 输入四或门	54/7432、CT4032、74LS32
	六反相器	54/7404、CT4004、74LS04、74HC04
CMOS集成门电路	3 输入三与门	CD4073B
	2 输入四与门	CD4081B2
	4 输入二与门	CD4082B
	2 输入四或门	CD4071B
	4 输入二或门	CD4072B
	3 输入三或门	CD4075B
	六反相器	CC4049UB、CC4069

（3）常用 CMOS 门集成单元电路。

① CMOS 反相器。CMOS 反相器由 N 沟道和 P 沟道的 MOS 管互补构成的，其电路组成如图 13.26 所示。当输入端 A 为高电平 1 时，输出 F 为低电平 0；反之，输入端 A 为低电平 0 时，输出 F 为高电平 1，其逻辑表达式为 $F = \overline{A}$。反相器集成电路 CC4069 的引脚图如图 13.27 所示。

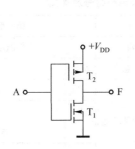
图 13.26　CMOS 反向器电路图

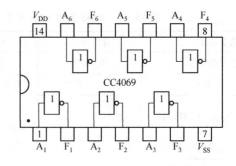
图 13.27　CC4069 引脚图

② CMOS 与非门。常用的 CMOS 与非门如 CC4011 等,图 13.28 为 CC4011 与非门引脚图。

③ CMOS 或非门。常用的 CMOS 或非门如 CC4001 等,图 13.29 为 CC4001 或非门引脚图。

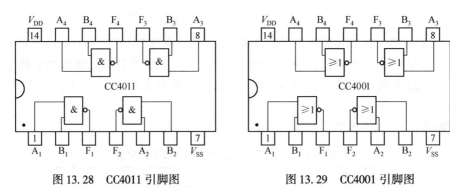

图 13.28　CC4011 引脚图　　　　图 13.29　CC4001 引脚图

(4) CMOS 门电路的使用注意事项. CMOS 门电路在使用中应注意以下几点:

① CMOS 电路的多余输入端绝对不允许处于悬空状态,否则会因受干扰而破坏逻辑状态。CMOS 与非门的多余输入端应直接接电源或与使用的输入端并联。CMOS 或非门多余输入端应直接接地或与使用的输入端并联。

② 要防止静电损坏。CMOS 器件输入电阻很大,可达 $10^9\Omega$ 以上,输入电容很小,即使感应少量电荷也将产生较高的感应电压,使 MOS 管栅极绝缘层击穿,造成永久性损坏。

③ 焊接 MOS 电路时,一般电烙铁功率应不大于 20W,烙铁要有良好的接地线,焊接时利用断电后余热快速焊接,禁止通电情况下焊接。

项目实训 18　逻辑测试笔的制作与调试

1. 实训目的

(1) 掌握门电路的测试方法。

(2) 学会使用门电路组成应用电路。

2. 实训设备

（1）直流稳压电源
（2）数字逻辑实验箱
（3）数字万用表
（4）常用电子装配工具。

3. 实训准备知识

逻辑测试笔也叫逻辑探针，是测试数字电路最简便的工具，使用十分方便。它能代替示波器，万用表等测试工具，通过转换开关，对 TTL、CMOS 等数字集成电路构成的各种电子仪器设备进行检测、调试与维修使用。

六反相器 74LS04 非门集成芯片，电源范围为 3~18V，它的内部有六个非门电路，逻辑功能为非逻辑。其外引脚图和逻辑如图 13.23 所示。

4. 实训内容

（1）逻辑测试笔电路图及工作原理分析。逻辑测试笔外形如图 13.30 所示。逻辑测试笔电路如图 13.31 所示。逻辑测试笔配套元器件清单如表 13-13 所示。

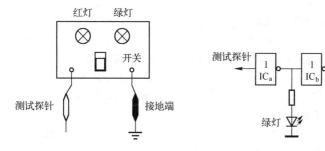

图 13.30　逻辑测试笔外形图　　图 13.31　逻辑测试笔电路图

表 13-13　逻辑测试笔配套元器件清单

序号	元器件代号	型号及参数	数量	功　能
1	IC 非门	74LS04	1	将信号反相并驱动发光二极管
2	R	RJ11-510-0.25W	2	限流
3	LED	高亮	2（红绿各1）	电平指示

将逻辑笔的接地端与被测电路的"地"端相连接，测试探针接测试点。若测试点为低电平，IC_a 输出为高电平，IC_b 输出低电平，即绿灯亮而红灯不亮；若测试点为高电平，IC_a 输出为低电平，IC_b 输出高电平，即红灯亮而绿灯不亮。

（2）电路组装。

① 元器件检测。用万用表的电阻档对元器件进行逐一检测，对不符合质量要求的元器件剔除并更换。

② 元器件预加工。

③ 按照图 13.31 所示在万能板上焊接。

(3) 调试、测量。

① 仔细检查、核对电路与元器件，确认无误后，用直流稳压电源给 74LS04 芯片加上 ±5V 电压。

② 将测试探头与接地端相连，则逻辑测试笔的绿灯应该亮；将测试探头与电源正极相连，则逻辑测试笔的红灯应该亮。若红、绿灯不按以上情况显示，则说明电路存在故障。

习 题 13

一、填空题

13.1 在数字电路中，逻辑变量和函数的取值有_____和_____两种可能。

13.2 数字电路中工作信号的变化在时间和数值上都是_____。

13.3 十进制数 28 用 8421BCD 码表示，应写为_____。

13.4 基本逻辑门电路有_____、_____和_____三种。

13.5 数字集成电路按开关元件不同，可分为_____和_____两大类。

13.6 三态门是在普通门电路基础上加_____，它的输出有 3 种状态：_____、_____和_____。

13.7 TTL 与非门多余输入端一般处理方法是_____。

二、选择题

13.8 十进制数 25 用 8421BCD 码表示为_____。

    A. $(10101)_2$ B. $(00100101)_2$ C. $(11001)_2$ D. $(10111)_2$

13.9 在_____的情况下，函数 $Y = A + B$ 运算的结果是逻辑"0"。

    A. 全部输入是"0"   B. 任一输入是"0"

    C. 任一输入是"1"   D. 全部输入是"1"

13.10 下列逻辑式中，正确的是（　　）。

    A. $A + A = A$ B. $A + A = 0$ C. $A + A = 1$ D. $A \cdot A = 1$

13.11 对 TTL 与非门闲置不用的输入端，不可以_____。

    A. 接电源   B. 通过 3kΩ 电阻接电源

    C. 接地   D. 与有用输入端并联

13.12 已知某逻辑电路的真值表如表 13-14 所示，则其逻辑表达式是_____。

    A. $F = ABC$ B. $F = A + BC$ C. $F = A\overline{B} + C$ D. $F = AB + C$

表 13-14

输	入		输 出
A	B	C	F
0	0	0	0
0	0	1	1
0	1	0	0
0	1	1	1
1	0	0	1
1	0	1	1
1	1	0	0
1	1	1	1

三、综合题

13.13 将下列二进制数转换为十进制数。

(1) 1011　(2) 10101　(3) 11101　(4) 101001　(5) 1000011

13.14 将下列十进制数转换成二进制。

(1) 27　(2) 43　(3) 127　(4) 365　(5) 539

13.15 完成下列数制转换。

$(234)_{10} = (\quad)_8 = (\quad)_{16}$

$(110111)_2 = (\quad)_2 = (\quad)_8 = (\quad)_{16}$

$(4AF)_{16} = (\quad)_2 = (\quad)_8 = (\quad)_{10}$

$(146)_8 = (\quad)_2 = (\quad)_{10} = (\quad)_{16}$

13.16 完成下列数制转换填入表13-15。

表 13-15

二进制	十进制	八进制	十六进制
11001			
	42		
		75	
			C3A

13.17 用公式法化简下列逻辑函数。

(1) $A \cdot \overline{B} \cdot C + \overline{A} \cdot B \cdot C + A \cdot B \cdot C + \overline{A} \cdot \overline{B} \cdot C$

(2) $\overline{A} \cdot \overline{B} + A \cdot B + \overline{A} \cdot \overline{B} \cdot C + A \cdot B \cdot C$

(3) $A \cdot \overline{B} + \overline{A} \cdot C + B \cdot C$

13.18 写出图13.32所示的逻辑表达式。

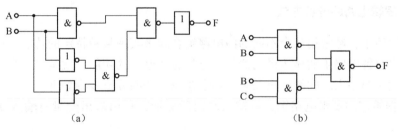

图 13.32

13.19 已知某逻辑函数的真值表如表13-16所示。试写出L的表达式。

表 13-16

A	B	C	L
0	0	0	0
0	0	1	1
0	1	0	1
0	1	1	0
1	0	0	1
1	0	1	0
1	1	0	0
1	1	1	1

第14章 组合逻辑电路

本章知识点

- 组合逻辑电路分析方法。
- 组合逻辑电路设计方法。
- 常用中规模组合逻辑器件。

14.1 组合逻辑电路的分析方法

1. 组合逻辑电路的特点

在数字电路中根据逻辑功能的不同,可分为两大类:一类是组合逻辑电路,另一类是时序逻辑电路。组合逻辑电路在逻辑功能上的共同特点是:任意时刻的输出状态仅取决于该时刻的输入状态,与电路原来的状态无关。电路结构是由各种门电路组成的,而且只有从输入到输出的通路,没有从输出到输入的反馈回路。组合逻辑电路简称为组合电路。

2. 组合逻辑电路的分析方法

在实际生活中,经常用几个不同的门电路组合起来实现某种特定的功能,如抢答器中的编码器,数字时钟电路中的显示译码器等。分析这些电路的功能,就是对一个给定的逻辑电路,找出其输出与输入之间的逻辑关系。组合逻辑电路的分析步骤如下:

(1) 根据给定的逻辑电路图,从输入端向后递推,写出输出变量对输入变量的逻辑函数表达式。

(2) 化简和变换逻辑函数表达式,得到逻辑函数的最简式或标准式。

(3) 根据逻辑函数表达式列出真值表(此步骤根据需要而定)。

(4) 根据化简、变换后的逻辑函数表达式或真值表,确定组合逻辑电路的逻辑功能。

【例 14–1】已知组合电路如图 14.1 所示,分析该电路的逻辑功能。

解:(1) 由逻辑图逐级写出逻辑表达式。为了写表达式方便,借助中间变量 P,

$$P = \overline{ABC}$$

$$L = AP + BP + CP = A\overline{ABC} + B\overline{ABC} + C\overline{ABC}$$

(2) 化简与变换。为了便于列出真值表,需要通过化简与变换,将逻辑表达式变换成标准"与 – 或"式或最简表达式:

$$L = \overline{ABC}(A + B + C) = \overline{ABC} + \overline{A + B + C} = \overline{ABC} + \overline{A} \cdot \overline{B} \cdot \overline{C}$$

(3) 由表达式列出真值表,见表 14–1 所示。方法为:画出真值表的表格,将变量及变量的所有取值组合按照二进制递增的次序列入表格左边，然后按照表达式，依次对变量的各种取值组合进行运算，求出相应的函数值，填入表格右边对应的位置，即得真值表。

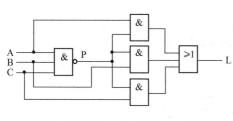

图 14.1　例 14-1 电路图

表 14-1　例 14-1 真值表

A	B	C	L
0	0	0	0
0	0	1	1
0	1	0	1
0	1	1	1
1	0	0	1
1	0	1	1
1	1	0	1
1	1	1	0

（4）分析逻辑功能。由真值表可知，当 A、B、C 三个变量不一致时，电路输出为"1"，三个变量一致时，电路输出为"0"，所以此电路称为"不一致电路"。

上例中输出变量只有一个，对于多输出变量的组合逻辑电路，分析方法完全相同。

14.2　组合逻辑电路的设计方法

组合逻辑电路的设计一般应以电路简单、所用器件最少为目标，并尽量减少所用集成器件的种类，在设计过程中一般按如下步骤进行：

（1）根据所需功能的要求和条件，弄清输入、输出变量的个数及他们之间的逻辑关系；根据逻辑功能，用"0"和"1"分别代表输入和输出的两种不同状态，确定在什么情况下为逻辑 1，什么情况下为逻辑 0，然后列出真值表。

（2）由真值表列出逻辑函数的标准"与-或"式。利用逻辑代数法对逻辑函数进行化简，得到最简的逻辑函数表达式。

（3）根据所选门电路类型及实际问题的要求，将逻辑函数转换成所需的表达式形式。

（4）由所得的逻辑表达式画出逻辑电路图。

【例 14-2】 设计一个三人表决电路，结果按"少数服从多数"的原则决定。

解：（1）根据设计要求建立该逻辑函数的真值表。设三人的意见为输入变量 A、B、C，表决结果为输出变量 L。对于变量 A、B、C，设同意为逻辑"1"；不同意为逻辑"0"。对于输出变量 L，设表决通过为逻辑"1"；未通过为逻辑"0"。列出真值表如表 14-2 所示。

表 14-2　例 14-2 真值表

A	B	C	L
0	0	0	0
0	0	1	0
0	1	0	0
0	1	1	1
1	0	0	0
1	0	1	1
1	1	0	1
1	1	1	1

（2）由真值表写出逻辑表达式。在真值表中依次找出函数值等于 1 的变量组合，变量值为 1 的写成原变量，变量值为 0 的写成反变量，把组合中各个变量相乘。这样，对应于函数值为 1 的每一个变量组合就可以写成一个乘积项，然后把这些乘积项相加，就得到相应的函数表达式了。

根据表 14-2 列出函数表达式为：$L = \overline{A}BC + A\overline{B}C + AB\overline{C} + ABC$。该逻辑式不是最简表达式。

（3）化简。根据逻辑代数的运算规则进行化简，可得最简与-或表达式为：

$$L = AB + BC + AC$$

(4) 画出逻辑电路图。根据逻辑表达式画出逻辑电路，如图 14.2 所示。

如果要求用与非门实现该逻辑电路，就应将表达式转换成与标准"与非 – 与非"表达式：

$$L = AB + BC + AC = \overline{\overline{AB} \cdot \overline{BC} \cdot \overline{AC}}$$

画出逻辑图如图 14.3 所示。

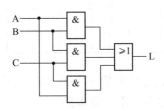
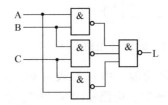

图 14.2　例 14-2 逻辑图　　　　图 14.3　例 14-2 用与非门实现的逻辑图

14.3　常用中规模组合逻辑电路

一般来说，小规模集成电路中仅是元器件的集成，如集成门电路。中规模集成电路中是相对独立的逻辑部件或功能模块的集成，如译码器、数据选择器等。大规模集成电路则是一个数字子系统或整个数字系统的集成。

由于中规模集成电路标准化程度高，通用性强，并且体积小、功耗低、可靠性高、易于设计、生产、调试和维护等优点，在工程应用中常被采用。本节主要介绍几种常用的中规模组合逻辑电路，包括编码器、译码器、数据选择器、加法器、数值比较器。

14.3.1　编码器

编码器的逻辑功能就是把输入的每一个高、低电平信号编成一个对应的二进制代码，通常有普通编码器和优先编码器两类。在普通编码器中，任何时刻只允许输入一个编码信号，否则将会发生混淆。在优先编码器中，允许同时输入两个以上的编码信号，但是只对其中优先级最高的一个进行编码。常用的有二进制编码器和二 – 十进制编码器。

1. 二进制编码器

二进制只有 0 和 1 两个数码，一位二进制代码只有 0、1 两种状态，只能表示两个信号；两位二进制代码有 00、01、10、11 四种状态，可以表示四个信号；n 位二进制代码有 2^n 种状态，可以表示 2^n 个信号。二进制编码器就是将某种信号编成二进制代码的电路。因此对 N 个信号进行二进制编码时，可用共识 $2^n \geq N$ 来确定需要使用的二进制代码的位数 n。

例如 4 线 – 2 线编码器，若 $I_0 \sim I_3$ 为四个输入端，任何时刻只允许一个输入为高电平，即 1 表示有输入，0 表示无输入，Y_1、Y_2 为对应输入信号的编码，真值表如表 14 – 3 所示。

表 14-3 4 线 -2 线编码器真值表

I_3	I_2	I_1	I_0	Y_1	Y_0
0	0	0	1	0	0
0	0	1	0	0	1
0	1	0	0	1	0
1	0	0	0	1	1

由真值表得到如下逻辑表达式为：

$$Y_1 = \overline{I_3}I_2\overline{I_1}\,\overline{I_0} + I_3\overline{I_2}\,\overline{I_1}\,\overline{I_0}$$

$$Y_0 = \overline{I_3}\,\overline{I_2}I_1\overline{I_0} + I_3\overline{I_2}\,\overline{I_1}\,\overline{I_0}$$

根据上式可以画出如图 14.4 所示的 4 线 -2 线编码器逻辑图。

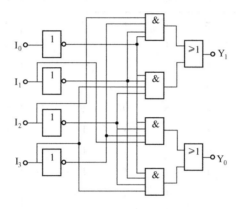

图 14.4 4 线 -2 线编码器逻辑图

2. 优先编码器

上述编码器虽然比较简单，但当同时有两个或两个以上输入端有信号时，其编码输出将是混乱的。如果编码器能对所有的输入信号规定优先顺序，当多个输入信号同时出现时，只对其中优先级最高的一个进行编码，这种编码器就是优先编码器。常用的优先编码集成器件有 74LS147/74LS148 等。

74LS148 是一种常用的 8 线 -3 线优先编码器，其外引脚排列及逻辑符号见图 14.5 所示。

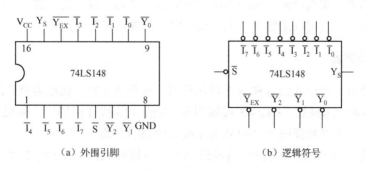

（a）外围引脚　　　　　　　　（b）逻辑符号

图 14.5 74LS148 外围引脚及逻辑符号

其功能如表 14-4 所示，其中 $\overline{I_0} \sim \overline{I_7}$ 为编码输入端，低电平有效。$\overline{Y_0} \sim \overline{Y_2}$ 为编码输出端，也为低电平有效，即反码输出。其他功能如下：

(1) $\overline{S}$ 为选通输入端，低电平有效。

(2) 优先顺序为 $\overline{I_7} \sim \overline{I_0}$，即 $\overline{I_7}$ 的优先级最高，然后是 $\overline{I_6}$、$\overline{I_5}$、…、$\overline{I_0}$。

(3) $\overline{Y_{EX}}$ 为编码器的扩展输出端，低电平有效。

(4) Y_S 为选通输出端，高电平有效。

表 14-4　74LS148 优先编码器功能表

输入									输出				
$\overline{S}$	$\overline{I_0}$	$\overline{I_1}$	$\overline{I_2}$	$\overline{I_3}$	$\overline{I_4}$	$\overline{I_5}$	$\overline{I_6}$	$\overline{I_7}$	$\overline{Y_2}$	$\overline{Y_1}$	$\overline{Y_0}$	$\overline{Y_{EX}}$	Y_S
1	×	×	×	×	×	×	×	×	1	1	1	1	1
0	1	1	1	1	1	1	1	1	1	1	1	1	0
0	×	×	×	×	×	×	×	0	0	0	0	0	1
0	×	×	×	×	×	×	0	1	0	0	1	0	1
0	×	×	×	×	×	0	1	1	0	1	0	0	1
0	×	×	×	×	0	1	1	1	0	1	1	0	1
0	×	×	×	0	1	1	1	1	1	0	0	0	1
0	×	×	0	1	1	1	1	1	1	0	1	0	1
0	×	0	1	1	1	1	1	1	1	1	0	0	1
0	0	1	1	1	1	1	1	1	1	1	1	0	1

在常用的优先编码器电路中，除了二进制编码器以外，还有一类叫做二－十进制优先编码器。二－十进制编码器是指用四位二进制代码表示一位十进制的编码电路，也称 10 线－4 线编码器。它能将 10 个输入信号 $\overline{I_0} \sim \overline{I_9}$ 分别编成 10 个 BCD 代码。在 10 个输入信号中 $\overline{I_9}$ 的优先权最高，$\overline{I_0}$ 的优先权最低，如 TTL 系列中的 10 线－4 线优先编码器 74LS147 等。

14.3.2　译码器

由于编码是将含有特定意义的信息编成二进制代码，因此译码则是将表示特定意义信息的二进制翻译出来，实现译码功能的电路称译码器。译码器输入为二进制代码，输出为与输入对应的特定信息，它可以是脉冲，也可以是电平，根据需要而定。

1. 二进制译码器

假设译码器有 n 个输入信号和 N 个输出信号，如果 $N = 2^n$，就称为全译码器，常见的全译码器有 2 线－4 线译码器、3 线－8 线译码器、4 线－16 线译码器等。如果 $N < 2^n$，称为部分译码器，如二－十进制译码器（也称为 4 线－10 线译码器）等。

下面以 2 线－4 线译码器为例说明译码器的工作原理和电路结构。2 线－4 线译码器的功能如表 14-5 所示。

表 14-5 2 线 -4 线译码器功能表

输	入		输		出	
EI	A	B	Y_0	Y_1	Y_2	Y_3
1	×	×	1	1	1	1
0	0	0	0	1	1	1
0	0	1	1	0	1	1
0	1	0	1	1	0	1
0	1	1	1	1	1	0

由表 14-5 可写出各输出函数表达式：

$$Y_0 = \overline{\overline{EI}\ \overline{A}\ \overline{B}}$$

$$Y_1 = \overline{\overline{EI}\ \overline{A}B}$$

$$Y_2 = \overline{\overline{EI}A\ \overline{B}}$$

$$Y_3 = \overline{\overline{EI}AB}$$

由门电路构成的 2 线 -4 线译码器逻辑图如图 14.6 所示。

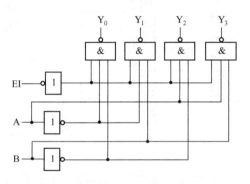

图 14.6 2 线 -4 线译码器的逻辑图

2. 集成译码器

常用的 TTL 集成译码器有：2 线 -4 线译码器（74LS139），3 线 -8 线译码器（74LS138），4 线 -16 线译码器（74LS154）。下面以常用的 74LS138 为例进行介绍。

74LS138 是一种典型的二进制译码器，它有 3 个输入端 A_2、A_1、A_0，8 个输出端 $\overline{Y_0}$ ~ $\overline{Y_7}$，所以常称为 3 线 -8 线译码器，属于全译码器。输出为低电平有效，G_1、$\overline{G_{2A}}$ 和 $\overline{G_{2B}}$ 为使能输入端。74LS138 外围引脚图及逻辑符号如图 14.7 所示，芯片功能如表 14-6 所示。

表 14-6 3 线 -8 线译码器 74LS138 功能表

输			入			输			出				
G_1	$\overline{G_{2A}}$	$\overline{G_{2B}}$	A_2	A_1	A_0	$\overline{Y_0}$	$\overline{Y_1}$	$\overline{Y_2}$	$\overline{Y_3}$	$\overline{Y_4}$	$\overline{Y_5}$	$\overline{Y_6}$	$\overline{Y_7}$
×	1	×	×	×	×	1	1	1	1	1	1	1	1

续表

输入						输出							
G_1	$\overline{G_{2A}}$	$\overline{G_{2B}}$	A_2	A_1	A_0	$\overline{Y_0}$	$\overline{Y_1}$	$\overline{Y_2}$	$\overline{Y_3}$	$\overline{Y_4}$	$\overline{Y_5}$	$\overline{Y_6}$	$\overline{Y_7}$
×	×	1	×	×	×	1	1	1	1	1	1	1	1
0	×	×	×	×	×	1	1	1	1	1	1	1	1
1	0	0	0	0	0	0	1	1	1	1	1	1	1
1	0	0	0	0	1	1	0	1	1	1	1	1	1
1	0	0	0	1	0	1	1	0	1	1	1	1	1
1	0	0	0	1	1	1	1	1	0	1	1	1	1
1	0	0	1	0	0	1	1	1	1	0	1	1	1
1	0	0	1	0	1	1	1	1	1	1	0	1	1
1	0	0	1	1	0	1	1	1	1	1	1	0	1
1	0	0	1	1	1	1	1	1	1	1	1	1	0

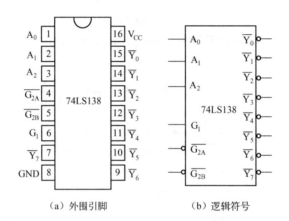

(a) 外围引脚　　　　(b) 逻辑符号

图 14.7　3 线 – 8 线译码器 74LS148 外围引脚及逻辑符号

3. 七段显示译码器

在数字系统中,通常需要将数字量直观地显示出来,一方面供人们直接读取处理结果,另一方面用以监视数字系统工作情况。因此,数字显示电路是许多数字设备不可缺少的部分。

(1) 七段数字显示器。七段式数字显示器是目前使用最广泛的一种数码显示器,简称为数码管。这种数码显示器由分布在同一平面的七段可发光的线段组成,可用来显示数字、文字或符号。图 14.8 表示七段数字显示器利用 a~g 不同的发光段组合,显示 0~9 等数字及图形。

数码管按其内部连接方式可分为共阴极和共阳极两类。图 14.9 (a) 为带小数点的数码管外引脚排列,共有八个笔端:a、b、c、d、e、f、g 组成七段字型,Dp 为小数点。图 14.9 (b) 和图 14.9 (c) 所示分别为共阴极和共阳极数码管内部连接方式。

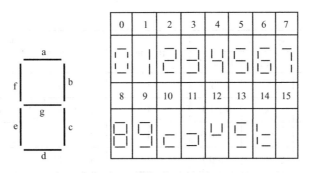

图 14.8 数码管不同显示组合

(2) 七段显示译码器。在 74 系列和 CMOS4000 系列电路中,七段显示译码器品种很多,功能各有差异,常用的有 74LS47 和 74LS48。两者的主要区别为输出有效电平不同,74LS47 输出低电平有效,可驱动共阳极 LED 数码管;74LS48 输出高电平有效,可驱动共阴极 LED 数码管。下面以 74LS48 为例,分析说明显示译码器的功能和应用。

图 14.10 为 74LS48 外引脚排列图,表 14-7 为其功能表。

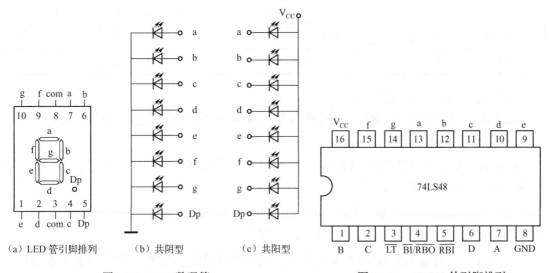

(a) LED 管引脚排列　　　(b) 共阴型　　　(c) 共阳型

图 14.9　LED 数码管　　　　　　　　图 14.10　74LS48 外引脚排列

表 14-7　七段显示译码器 74LS48 的功能表

十进制数或功能	输入			$\overline{BI/RBO}$	输出						
	$\overline{LT}$	$\overline{RBI}$	D C B A		a	b	c	d	e	f	g
0	1	1	0 0 0 0	1	1	1	1	1	1	1	0
1	1	×	0 0 0 1	1	0	1	1	0	0	0	0
2	1	×	0 0 1 0	1	1	1	0	1	1	0	1
3	1	×	0 0 1 1	1	1	1	1	1	0	0	1
4	1	×	0 1 0 0	1	0	1	1	0	0	1	1
5	1	×	0 1 0 1	1	1	0	1	1	0	1	1

续表

十进制数或功能	输入			$\overline{BI/RBO}$	输出						
	$\overline{LT}$	$\overline{RBI}$	D C B A		a	b	c	d	e	f	g
6	1	×	0 1 1 0	1	0	0	1	1	1	1	1
7	1	×	0 1 1 1	1	1	1	1	0	0	0	0
8	1	×	1 0 0 0	1	1	1	1	1	1	1	1
9	1	×	1 0 0 1	1	1	1	1	0	0	1	1
10	1	×	1 0 1 0	1	0	0	0	1	1	0	1
11	1	×	1 0 1 1	1	0	0	1	1	0	0	1
12	1	×	1 1 0 0	1	0	1	0	0	0	1	1
13	1	×	1 1 0 1	1	1	0	0	1	0	1	1
14	1	×	1 1 1 0	1	0	0	0	1	1	1	1
15	1	×	1 1 1 1	1	0	0	0	0	0	0	0
消隐	×	×	× × × ×	0	0	0	0	0	0	0	0
动态灭零	1	0	0 0 0 0	0	0	0	0	0	0	0	0
灯测试	0	×	× × × ×	1	1	1	1	1	1	1	1

输入端 ABCD，二进制编码输入。

输出端 a~f，译码字段输出。高电平有效，即 74LS48 必须接共阴 LED 数码管。

控制端功能如下：

$\overline{LT}$：灯测试，低电平有效。$\overline{LT}=0$，笔段输出全1，显示字形"8"。该输入端常用于检查 74LS48 本身及显示器的好坏。

$\overline{RBI}$：动态灭零输入控制。当 $\overline{LT}=1$，$\overline{RBI}=0$，且输入代码 D C B A =0000 时，输出 a~g 均为低电平，即字形"0"不显示，称之为"灭零"。

$\overline{BI}/\overline{RBO}$：灭灯输入控制/动态灭零输出，具有双重功能。当此端子作为输入控制使用时，$\overline{BI}$功能有效。当$\overline{BI}=0$时，无论其他输入端为什么电平，所有输出 a~g 均为0，字形熄灭。当此端子作为输出使用时，$\overline{RBO}$功能有效，此时该端子在$\overline{LT}=1$，$\overline{RBI}=0$，且输入代码 D C B A =0000 时，$\overline{RBO}=0$，其他情况下$\overline{RBO}=1$。该端子主要用于显示多位数字时使用，可使整数高位无用0和小数低位无用0不显示。

如图 14.11 所示，若 7 位显示数为 001.0200，按人们书写和阅读习惯，应显示为 1.02，整数位 2 个和小数位 2 个 0 属无效数字，可不显示。整数位灭零是灭有效数字位前的 0。因此，最高位$\overline{RBI}$接地，最高位$\overline{RBO}$接次高位$\overline{RBI}$，次高位$\overline{RBO}$再接下一次高位$\overline{RBI}$，依此类推。小数位灭零是灭有效数字为后的 0，因此最低位$\overline{RBI}$接地，最低位$\overline{RBO}$接次低位$\overline{RBI}$，次低位$\overline{RBO}$再接下一次低位$\overline{RBI}$，依此类推。

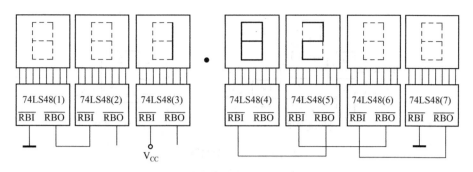

图 14.11　74LS48 灭零功能示意图

14.3.3　加法器

加法器是运算器的基础，在简单的计算机中，数的加、减、乘、除都是通过加法器来实现的，目前整个运算器包括加法器都已集成化了。

1. 半加器

不考虑低位输入的进位，而只考虑本位两数相加，称半加，实现半加运算的电路称为半加器。设两数为 A、B，相加后有半加和 S 和进位 C。根据两数相加情况，可列出真值表，如表 14-8 所示。

表 14-8　半加器真值表

A	B	S	C
0	0	0	0
0	1	1	0
1	0	1	0
1	1	0	1

由表看出，当 A、B 相异时，S=1；当 A、B 相同时，S=0；而仅当 A、B 同时为 1 时，才有 C=1。因此逻辑函数式为：

$$S = A \cdot \overline{B} + \overline{A} \cdot B = A \oplus B$$
$$C = A \cdot B$$

图 14.12（a）、(b) 分别为半加器的逻辑电路图和逻辑符号。

2. 全加器

两个数 A_i、B_i 相加时，如考虑低位来的进位 C_{i-1}，则称为全加，实现全加运算的电路称为全加器。全加器共有三个输入端 A_i、B_i、C_{i-1}，两个输出端 S_i、C_i。图 14.13 所示为全加器逻辑电路图与逻辑符号。表 14-9 为全加器的逻辑真值表。利用全加器可实现多为二进制数的加法。

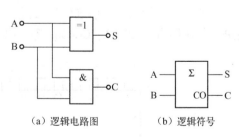

(a) 逻辑电路图　　(b) 逻辑符号

图 14.12　半加器

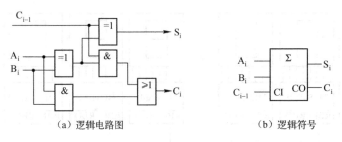

(a) 逻辑电路图　　　　　　　　(b) 逻辑符号

图 14.13　全加器

表 14-9　全加器真值表

A_i	B_i	C_{i-1}	S_i	C_i
0	0	0	0	0
0	0	1	1	0
0	1	0	1	0
0	1	1	0	1
1	0	0	1	0
1	0	1	0	1
1	1	0	0	1
1	1	1	1	1

3. 多位全加器

多位二进制数相加，可采用一位全加器并行相加、串行进位的方式来完成。例如，图 14.14 所示逻辑电路可实现两个四位二进制数 $A_3A_2A_1A_0$ 和 $B_3B_2B_1B_0$ 的加法运算。

由图 14.14 可以看出，低位全加器进位输出端连到高一位全加器的进位输入端，任何一位的加法运算必须等到低位加法完成时才能进行，这种进位方式称为串行进位，但和数是并行相加的。这种串行加法器的缺点是运行速度较慢。

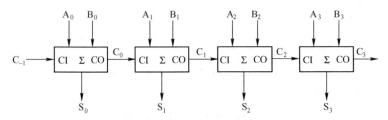

图 14.14　四位串行加法器

目前普遍应用的是超前进位加法器，它的最大优点是运算速度快。常见的中规模集成超前进位加法器有 74LS283、CC4008 等。CC4008 外引脚排列及逻辑符号图如图 14.15 所示，

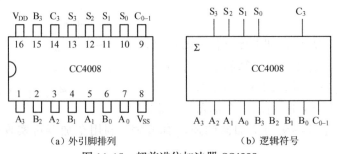

(a) 外引脚排列　　　　　　　　(b) 逻辑符号

图 14.15　超前进位加法器 CC4008

它是由超前进位电路构成的快速进位的 4 位全加器，可实现两个四位二进制数的全加。进位传送速度快，主要用于高速数字计算机、数据处理及控制系统。

14.3.4　数据选择器

数据选择器又称多路选择开关（Multiplexer，简称 MUX），其功能是在地址输入信号控制下，选择多个输入数据中的一个传送到输出端，相当于一个单刀多掷开关，如图 14.16 所示。常见的数据选择器有 4 选 1、8 选 1、16 选 1。

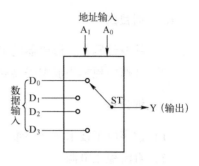

图 14.16　数据选择器功能示意图

74LS153 是双 4 选 1 数据选择器，他内部有两个 4 选 1MUX，地址输入端 A_1、A_0 为两个 MUX 公用，每个 MUX 分别有独立的数据输入端 $D_0 \sim D_3$、数据输出端 Y 和控制输入端 $\overline{ST}$。74LS153 的引脚排列图和逻辑符号如图 14.17 所示，功能表如表 14-10 所示。

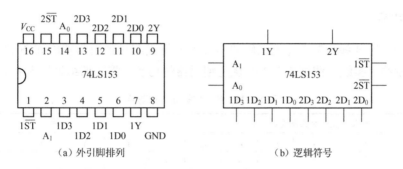

（a）外引脚排列　　　　　　　（b）逻辑符号

图 14.17　双 4 选 1 数据选择器 74LS153

表 14-10　双 4 选 1 数据选择器 74LS153 的功能表

$\overline{ST}$	A_1	A_0	D_1	D_2	D_3	D_0		Y
1	×	×	×	×	×	×		0
0	0	0	×	×	×	0	0	D_0
0	0	0	×	×	×	1	1	
0	0	1	×	×	0	×	0	D_1
0	0	1	×	×	1	×	1	
0	1	0	×	0	×	×	0	D_2
0	1	0	×	1	×	×	1	
0	1	1	0	×	×	×	0	D_3
0	1	1	1	×	×	×	1	

$\overline{ST}$ 是控制输入端（又称使能端），当 $\overline{ST} = 1$ 时，禁止工作，输入数据被封锁，Y = 0；当 $\overline{ST} = 0$ 时，实现 4 选 1 功能，由地址输入端决定哪一路输入数据从 Y 输出。$\overline{ST}$ 为低电平有效。

项目实训 19 编码器和译码器功能验证

1. 实训目的

（1）掌握编码器、译码器的工作原理和特点。
（2）掌握中规模集成编码器和译码器的逻辑功能及简单应用。

2. 实训设备

（1）数字电子技术实训装置　　　　　　　　　　　　　　　　　　　　1 套
（2）直流稳压电源　　　　　　　　　　　　　　　　　　　　　　　　1 台
（3）万用表　　　　　　　　　　　　　　　　　　　　　　　　　　　1 块
（4）集成芯片 74LS148、74LS138　　　　　　　　　　　　　　　　　各 1 块

3. 实训内容

（1）编码器。8 线 – 3 线优先编码器 74LS148 集成芯片各引脚功能如图 14.5 所示，按图 14.18 所示线路接线，测试 74LS148 优先编码器的功能，将实训结果填入表 14-11 中。

表 14-11　8 – 3 线编码器功能

	输入（注：×为随意状态）								输　　出				
$\overline{S}$	$\overline{I_0}$	$\overline{I_1}$	$\overline{I_2}$	$\overline{I_3}$	$\overline{I_4}$	$\overline{I_5}$	$\overline{I_6}$	$\overline{I_7}$	$\overline{Y_2}$	$\overline{Y_1}$	$\overline{Y_0}$	$\overline{S}$	Y_S
1	×	×	×	×	×	×	×	×	1	1	1	1	1
0	1	1	1	1	1	1	1	1					
0	×	×	×	×	×	×	×	0					
0	×	×	×	×	×	×	0	1					
0	×	×	×	×	×	0	1	1					
0	×	×	×	×	0	1	1	1					
0	×	×	×	0	1	1	1	1					
0	×	×	0	1	1	1	1	1					
0	×	0	1	1	1	1	1	1					
0	0	1	1	1	1	1	1	1					

（2）译码器。3 线 – 8 线译码器 74LS138 集成芯片各引脚如图 14.7 所示，按图 14.19 所示电路图接线，测试 74LS138 译码器的功能，并将实训结果填入表 14-12 中。

表 14-12　74LS138 3 – 8 线译码器功能

输　入						输　　出							
使　能			选　择										
G_1	$\overline{G_{2A}}$	$\overline{G_{2B}}$	A_2	A_1	A_0	$\overline{Y_0}$	$\overline{Y_1}$	$\overline{Y_2}$	$\overline{Y_3}$	$\overline{Y_4}$	$\overline{Y_5}$	$\overline{Y_6}$	$\overline{Y_7}$
×	1	1	×	×	×								
×	1	0	×	×	×								

续表

输入						输出							
使 能			选 择			$\overline{Y_0}$	$\overline{Y_1}$	$\overline{Y_2}$	$\overline{Y_3}$	$\overline{Y_4}$	$\overline{Y_5}$	$\overline{Y_6}$	$\overline{Y_7}$
G_1	$\overline{G_{2A}}$	$\overline{G_{2B}}$	A_2	A_1	A_0								
×	0	1	×	×	×								
0	×	×	×	×	×								
1	0	0	0	0	0								
1	0	0	0	0	1								
1	0	0	0	1	0								
1	0	0	0	1	1								
1	0	0	1	0	0								
1	0	0	1	0	1								
1	0	0	1	1	0								
1	0	0	1	1	1								

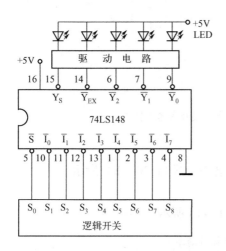

图 14.18 编码器实训电路图

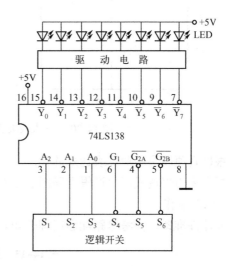

图 14.19 3线－8线译码器实训电路图

4. 注意事项

（1）注意逻辑量"0"、"1"的意义及取值方法。

（2）芯片各输入、输出变量上非号代表的含义。

项目实训 20　三人表决器制作与调试

1. 实训目的

（1）了解组合逻辑电路的设计。

(2)掌握组合逻辑电路的测试方法。

2. 实训设备

(1)电烙铁等常用电子装配工具　　　　　　　　　　　　　　　　　　　1套

(2)元器件 74LS00、电阻等　　　　　　　　　　　　　　　　　　　　若干

(3)万用表　　　　　　　　　　　　　　　　　　　　　　　　　　　　1块

3. 实训内容

(1)三人表决器——组合逻辑电路的设计。

① 根据题意列出真值表。三个输入(0表示同意,1表示不同意),一个输出(0表示通过,1表示不通过)。将结果填入图 14.20(a)中。

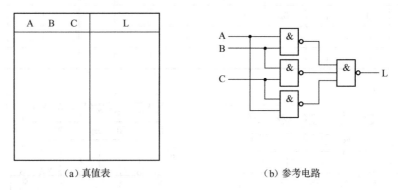

(a)真值表　　　　　　　　　　(b)参考电路

图 14.20　三人表决器真值表及参考电路图

② 根据真值表写出逻辑表达式并化简。

③ 根据逻辑表达式画出逻辑电路图。参考电路如图 14.20(b)所示。

(2)电路制作。

① 元器件准备。参考电路配套明细表如表 14-13 所示。

表 14-13　元器件清单

代　号	品　名	型号/规格	数　量
U_1	数字集成电路	74LS00	1
$K_1 \sim K_3$	按钮		3
$R_1 \sim R_3$	碳膜电阻	100kΩ	3
R_4	碳膜电阻	1kΩ	1
LED_1	发光二极管		1

② 元器件检测。用万用表的电阻挡对元器件进行逐一检测,对不符合质量要求的元器件剔除并更换。

③ 在万能板上组装电路。

(3)电路调试和测量。

① 接通电源后,不拨动开关 LED 不亮。

② 任意拨动一个开关，LED 不亮。

③ 任意拨动二个开关，LED 亮。

④ 拨动三个开关，LED 亮。

习 题 14

一、填空题

14.1 中规模组合逻辑电路的种类有很多，常见的有_____、_____、_____等。

14.2 若要对 50 个对象进行编码，则要求编码器的输出二进制代码位数是_____位。

14.3 74LS148 输出的有效电平是_____。

14.4 二进制译码器的输入端有 4 个，则输出端有_____个。

14.5 当 74LS138 的输入端 $G_1 = 1$，$\overline{G_{2A}} = \overline{G_{2B}} = 0$，$A_2 A_1 A_0 = 101$ 时，输出端_____为零。

14.6 74LS48 可以驱动共_____极的数码管。

14.7 由开关组成的逻辑电路如图 14.21 所示，设开关 A、B 分别有如图所示为"0"和"1"两个状态，则电灯 HL 亮的逻辑式为_____。

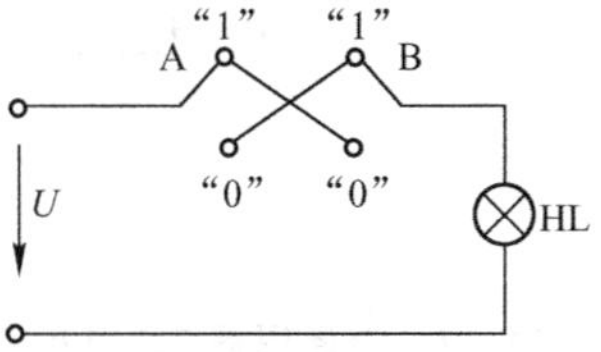

14.8 半加器逻辑符号如图 14.12 所示，当 A = "1"，B ="1" 时，C 为_____，S 为_____。

图 14.21

二、选择题

14.9 将输入的二进制代码转变成对应的信号输出的电路是（　　）。

　　A. 全加器　　　B. 译码器　　　C. 数据选择器　　　D. 编码器

14.10 3 线 – 8 线译码器有（　　）。

　　A. 3 条输入线，8 条输出线　　　B. 8 条输入线，3 条输出线

　　C. 2 条输入线，8 条输出线　　　D. 3 条输入线，4 条输出线

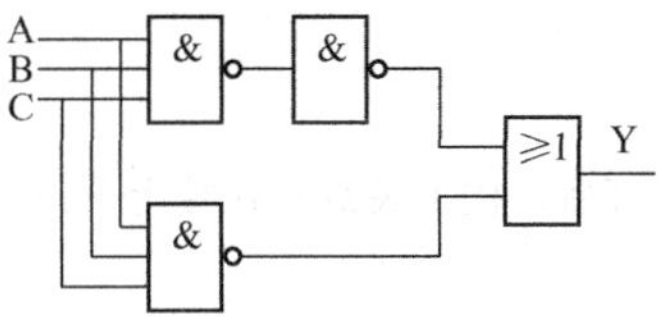

14.11 数据选择器 74LS153 芯片的输入控制端 $\overline{ST}$ 接（　　）信号时，数据选择器能正常工作。

　　A. 0　　　B. 1

　　C. 任意　　　D. A_0

14.12 半导体数码管是由（　　）发光显示数字字形的。

　　A. 小灯泡　　　B. 发光二极管

　　C. 液晶　　　D. 荧光管

图 14.22

14.13 图 14.22 所示电路的逻辑关系表达式是（　　）。

　　A. $\overline{A}\,\overline{B}\,\overline{C} + ABC$　　　B. ABC　　　C. $\overline{ABC} + ABC$　　　D. $\overline{A}\,\overline{B}\,\overline{C}$

三、综合题

14.14 由与非门构成的某表决电路如图 14.23 所示。其中 A、B、C、D 表示 4 个人，L = 1 时表示决议通过。

（1）试分析电路，说明决议通过的情况有几种。

（2）分析 A、B、C、D 4 个人中，谁的权利最大。

14.15 已知某组合电路的输入 A、B、C 和输出 F 的波形如图 14.24 所示，试写出 F 的最简与或表达式。

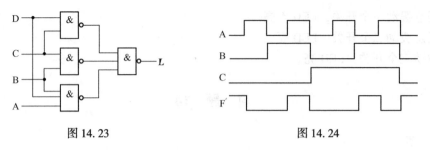

图 14.23   图 14.24

14.16 分析如图 14.25 所示三个组合逻辑电路的逻辑功能。

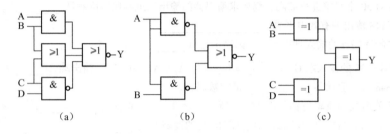

(a)   (b)   (c)

图 14.25

14.17 由译码器 74LS138 和门电路组成的电路如图 14.26 所示，试写出 Y_1、Y_2 的最简表达式。

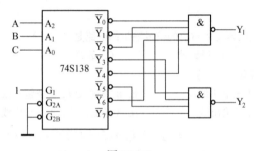

图 14.26

14.18 设计用单刀双掷开关来控制楼梯照明灯电路。要求在楼下开灯后，楼上关灯；在楼上开灯后，楼下关灯。试列出真值表，并用最少的与非门实现该功能。

14.19 用红、黄、绿三个指示灯表示三台设备的工作状况：绿灯亮表示设备全部正常，黄灯亮表示有一台设备不正常，红灯亮表示有两台设备不正常，红、黄灯都亮表示三台设备都不正常。试列出控制电路的真值表，并选用合适的门电路加以实现。

第15章 时序逻辑电路

本章知识点

- 常用触发器的逻辑功能。
- 常用时序逻辑器件（寄存器、计数器）的应用。
- 555定时器及应用电路。

15.1 触发器

数字电路中，除组合逻辑电路外，还有一类逻辑电路，就是时序逻辑电路。组合逻辑电路的输出只与该时刻的输入有关，而时序逻辑电路的输出除了与该时刻的输入有关外，还与电路原来的输入有关。时序逻辑电路具有记忆功能，这类电路一般由门电路和触发器组成。

触发器是构成时序逻辑电路的基本逻辑部件，具有记忆（存储）功能，它通常有以下特点：

（1）有两个稳定状态（稳态）——0态和1态。

（2）在输入信号（触发信号）作用下，可从一个稳态转变到另一个稳态，并在输入信号消失后，保持更新后的状态。

触发器按有无时钟脉冲分为：基本触发器、时钟触发器；按电路结构不同分为：主从触发器、维持阻塞触发器、边沿触发器、主从型边沿触发器等；按逻辑功能不同分为：RS触发器、D触发器、JK触发器、T触发器等。

15.1.1 RS触发器

1. 基本RS触发器

基本RS触发器又称为RS锁存器，它由两个与非门交叉连接组成。图15.1（a）所示是基本RS触发器电路组成，图15.1（b）所示为其逻辑符号。

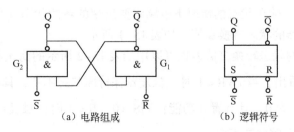

图15.1 基本RS触发器

触发器有两个输出端 Q 和 $\overline{Q}$。在正常情况下，这两个输出端总是逻辑互补的，一个为 0 时，另一为 1。当 $Q=1$、$\overline{Q}=0$ 时，称触发器状态为 1 状态；当 $Q=0$、$\overline{Q}=1$ 时，称触发器状态为 0 状态。

触发器有两个输入端 $\overline{R}$ 和 $\overline{S}$，$\overline{R}$ 和 $\overline{S}$ 上面的"－"（非）号，表示触发器输入信号低电平有效。

下面分析基本 RS 触发器的工作原理：

(1) $\overline{R}=0$，$\overline{S}=1$。此时门 G_1 因输入端有 0，$\overline{Q}$ 不管原状态是 0 或是 1，变为 1 状态；门 G_2 的两个输入端全是 1，Q 输出为 0 状态。触发器状态为 0 状态。$\overline{R}$ 端称为置 0 端或复位端。

(2) $\overline{S}=0$，$\overline{R}=1$。此时门 G_2 因输入端有 0，Q 不管原状态是 0 或是 1，输出为 1 状态；门 G_1 的两个输入端全是 1，$\overline{Q}$ 为 0 状态。触发器状态为 1 状态。$\overline{S}$ 端称为置 1 端或置位端。

(3) $\overline{R}=\overline{S}=1$。假设触发器原来处于 0 状态，因为 $Q=0$，门 G_1 输入端有 0，则 $\overline{Q}$ 输出为 1；而门 G_2 输入端全为 1，使得门 G_2 输出为 0，触发器的状态为 0，保持原状态不变。若触发器原来处于 1 状态，因为 $\overline{Q}=0$，门 G_2 输入端有 0，则 Q 输出为 1；门 G_1 输入端全为 1，使得门 G_1 输出为 0，触发器的状态为 1，保持原状态不变。

由以上分析可以看出，$\overline{R}=\overline{S}=1$ 时触发器状态保持原状态不变。这也说明基本 RS 触发器具有记忆功能。

(4) $\overline{S}=0$、$\overline{R}=0$。由于门 G_1、G_2 的输入为 0，$Q=\overline{Q}=1$，破坏了 Q 和 $\overline{Q}$ 的逻辑互补性，触发器处于不定状态，而且在 $\overline{S}$ 和 $\overline{R}$ 端的低电平同时撤销后，由于门电路传输时间的差异，最后究竟稳定在哪个状态是很难确定的，所以称为不定状态。实际应用时应避免这种状态。

综上所述，基本 RS 触发器有两个稳态（0 状态和 1 状态），之所以称为稳态是因为 0 状态或 1 状态出现以后，即使撤销输入，触发器输出状态也不变，除非有新的输入引起输出的变化。

基本 RS 触发器主要用于消除机械开关触点抖动对电路的干扰。

为了表达触发器的逻辑功能，通常采用状态转换真值表、特征方程、时序图等方法描述。

(1) 状态表。为了描述触发器的逻辑功能，可采用状态转换真值表。真值表中输入信号有 $\overline{R}$、$\overline{S}$，此外还有电路现在的状态 Q^n（称为现态），输出信号用 Q^{n+1} 表示，Q^{n+1} 表示触发器在输入信号和现有输出状态的情况下电路将要出现的新的状态（称为次态）。根据上述分析，基本 RS 触发器的状态转换真值表如表 15-1 所示。

基本 RS 触发器的状态转换真值表也可以用如表 15-2 所示的简化形式表示。

从表 15-2 中可看出，当 $\overline{S}=\overline{R}=1$ 时，触发器保持原状态不变，具有保持功能；当 $\overline{S}=1$、$\overline{R}=0$ 时，触发器输出为 0，具有置 0 功能；当 $\overline{S}=0$、$\overline{R}=1$ 时，触发器输出 1，具有置 1 功能；当 $\overline{S}=\overline{R}=0$ 时，电路状态不定。

(2) 特征方程。特征方程以表达式的形式描述触发器的逻辑功能，可由状态转换真值表 15-1 得到。

表 15-1 基本 RS 触发器的状态转换真值表

$\overline{S}$	$\overline{R}$	Q^n	Q^{n+1}
0	0	0	×
0	0	1	×
0	1	0	1
0	1	1	1
1	0	0	0
1	0	1	0
1	1	0	0
1	1	1	1

表 15-2 基本 RS 触发器的简化状态转换真值表

$\overline{S}$	$\overline{R}$	Q^{n+1}	功能说明
0	0	×	不定
0	1	1	置 1
1	0	0	置 0
1	1	Q^n	保持

基本 RS 触发器的特征方程如下：

$$\begin{cases} Q^{n+1} = \overline{(\overline{S})} + \overline{R} Q^n \\ \overline{R} + \overline{S} = 1 \end{cases}$$

其中，$\overline{R} + \overline{S} = 1$ 为约束条件，表示 $\overline{S}$、$\overline{R}$ 不能同时为 0，是为了避免触发器出现不确定状态而给输入信号规定的限制条件。

(3) 时序图。用来表示触发器输入信号和输出信号之间对应关系的波形图，称为时序图。设触发器初始状态为 0（即 $Q = 0$，$\overline{Q} = 1$），根据给定输入信号，画出触发器时序图如图 15.2 所示。需注意的是画时序图时，若遇到触发器输入 $\overline{R} = \overline{S} = 0$，接着 $\overline{R}$、$\overline{S}$ 又同时为 1，则 Q 和 $\overline{Q}$ 为不定状态，用虚线或阴影注明，直至下一个时刻 $\overline{S}$、$\overline{R}$ 有确定的输入为止。

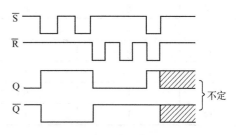

图 15.2 基本 RS 触发器时序图

2. 同步 RS 触发器

基本 RS 触发器的动作特点是当输入端的置 0 或置 1 信号出现，输出状态就可能随之发生变化，触发器状态的转换没有统一的节拍。这不仅使电路的抗干扰能力下降，而且也不便于多个触发器同步工作。在实际使用中，经常要求触发器按一定的节拍动作，同步 RS 触发器就可实现这种功能。同步 RS 触发器有两种类型的输入信号，一种是决定其输出状态的信号；另一种是决定同步 RS 触发器何时动作的时钟脉冲信号。所谓同步就是触发器在时钟脉冲控制下，根据输入信号的不同状态形成新的输出。

(1) 电路工作原理。同步 RS 触发器由基本 RS 触发器和用来引入 R、S 信号及时钟 CP 信号的两个与非门构成，图 15.3 所示为同步 RS 触发器逻辑电路和逻辑符号。

同步 RS 触发器的动作是由时钟脉冲 CP 控制的。由图 15.3 电路可知，在 CP = 0 期间，因 $\overline{R} = \overline{S} = 1$，触发器状态保持不变；在 CP = 1 期间，R 和 S 端信号经与非门取反后输入到触发器的 $\overline{R}$、$\overline{S}$ 端，其输入输出关系为：

① 当 R = S = 0 时，触发器保持原来状态不变。

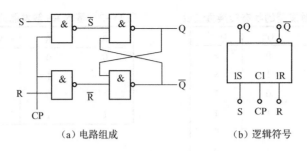

(a) 电路组成　　　　　　　(b) 逻辑符号

图 15.3　同步 RS 触发器

② 当 R = 1、S = 0 时，触发器被置为 0 状态。

③ 当 R = 0、S = 1 时，触发器被置为 1 状态。

④ 当 R = S = 1 时，触发器的输出 Q = $\bar{Q}$ = 1，当 R 和 S 同时返回 0（或 CP 从 1 变为 0）时，触发器将处于不定状态。

（2）状态转换真值表。根据以上分析，可以列出触发器的状态转换真值表如表 15–3 所示。

表 15–3　同步 RS 触发器状态转换真值表

CP	S	R	Q^{n+1}	功　　能
0	×	×	Q^n	保持
1	0	0	Q^n	保持
1	0	1	0	置 0
1	1	0	1	置 1
1	1	1	不定	不允许

（3）特征方程。同步 RS 触发器的特征方程如下：

$$\begin{cases} Q^{n+1} = S + \bar{R}Q^n & CP = 1 \\ RS = 0 \end{cases}$$

这个特征方程反映了在 CP 作用下，同步 RS 触发器的次态 Q^{n+1} 和输入 R、S 及现态 Q^n 之间的关系，同时给出了约束条件。

（4）时序图。同步 RS 触发器的时序图如图 15.4 所示。假设触发器的初始状态为 0。

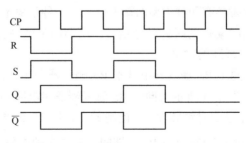

图 15.4　同步 RS 触发器时序图

同步 RS 触发器的特点是在 CP = 1 的全部时间里，R 和 S 的变化均将引起触发器输出端状态的改变。由此可见，在 CP = 1 期间，输入信号的多次变化，都会引起触发器也随之多次变化，这种现象称为空翻。空翻会造成逻辑上的混乱，使电路无法正常工作。为了克服这一缺点，常采用功能更完善的 JK 触发器或 D 触发器。

3. 集成 RS 触发器

常用的 TTL 集成基本 RS 触发器 74LS279 的引脚排列和逻辑图如图 15.5（a）、（b）所示。芯片内部集成了 4 个基本 RS 触发器，其中的 2 个基本 RS 触发器有 2 个置位端，如图 15.5（d）所示，即 $\overline{S} = \overline{S_1} \cdot \overline{S_2}$。

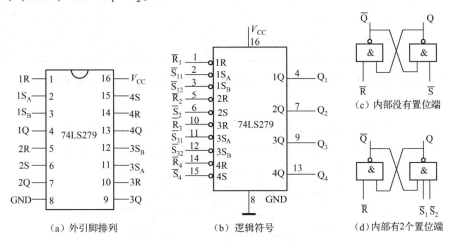

图 15.5　TTL 集成 RS 触发器 74LS279

15.1.2　边沿 JK 触发器

1. 边沿 JK 触发器

为了提高触发器的工作可靠性，人们在同步触发器的基础上又设计了边沿触发器。边沿触发器是指靠 CP 脉冲上升沿（或下降沿）进行触发的触发器。在 CP 脉冲上升沿触发的触发器称为正边沿触发器，靠 CP 脉冲下降沿触发的触发器称为负边沿触发器。边沿触发器的工作特点是触发器只在时钟脉冲 CP 的上升沿（或下降沿）工作，其他时刻触发器处以保持状态。实际工作中常使用边沿触发器。

边沿 JK 触发器的逻辑符号如图 15.6 所示，图中时钟输入端的小三角表示边沿触发方式，输入端的小圆圈表示下降沿触发。$\overline{S_d}$、$\overline{R_d}$ 为异步直接置 1 和直接置 0 端。当 $\overline{S_d} = 0$，$\overline{R_d} = 1$ 时，触发器输出为 1；当 $\overline{R_d} = 0$，$\overline{S_d} = 1$ 时，触发器输出为 0；当 $\overline{S_d} = \overline{R_d} = 1$ 时，触发器按 JK 方式正常工作。

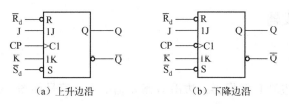

图 15.6　边沿 JK 触发器的逻辑符号

下降沿 JK 触发器的状态转换真值表如表 15-4 所示。

表 15-4　边沿 JK 触发器状态转换真值表

$\overline{R_D}$	$\overline{S_D}$	CP	J	K	Q^{n+1}	功　　能
0	0	×	×	×	不用	不允许
0	1	×	×	×	0	异步置 0
1	0	×	×	×	1	异步置 1
1	1	↓	0	0	Q^n	保持
1	1	↓	0	1	0	置 0
1	1	↓	1	0	1	置 1
1	1	↓	1	1	$\overline{Q^n}$	翻转

从表 15-4 可以看出，边沿触发器与同步触发器的区别在于前者在边沿触发。边沿 JK 触发器的特征方程如下：

$$Q^{n+1} = J\overline{Q^n} + \overline{K}Q^n \qquad CP = \downarrow（下降沿有效）$$

边沿 JK 触发器的时序图如图 15.7 所示，假设触发器的初始状态为 0。

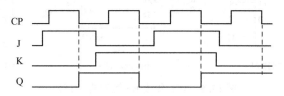

图 15.7　边沿 JK 触发器的时序图

2. 集成 JK 触发器

常用的集成 JK 触发器 74LS112 的引脚排列和逻辑符号如图 15.8 所示，它是双 JK 边沿触发器。74LS112 的状态转换真值表如表 15-4 所示。

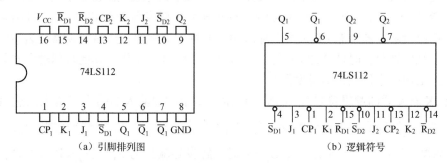

（a）引脚排列图　　　　　　　　　　（b）逻辑符号

图 15.8　双集成 JK 触发器 74LS112

15.1.3　D 触发器

1. 边沿 D 触发器

实际应用中常用边沿 D 触发器，边沿 D 触发器的逻辑符号如图 15.9 所示，它只有一个输入端 D。

上升沿 D 触发器状态转换真值表如表 15-5 所示。

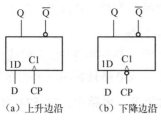

(a) 上升边沿　　(b) 下降边沿

图 15.9　边沿 D 触发器的逻辑符号

表 15-5　D 触发器的状态转换真值表

CP	D	Q^{n+1}	说　明
↑	0	0	置 0
↑	1	1	置 1

由边沿 D 触发器的状态转换真值表可得边沿 D 触发器的状态方程为：

$$Q^{n+1} = D \qquad CP = \uparrow（上升沿有效）$$

边沿 D 触发器的时序图如图 15.10 所示。假设触发器的初始状态为 0。

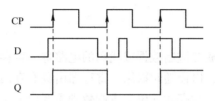

图 15.10　边沿 D 触发器的时序图

2. 集成 D 触发器

集成 D 触发器 74LS74 的引脚排列和逻辑符号如图 15.11 所示。74LS74 的状态转换真值表如表 15-6 所示。

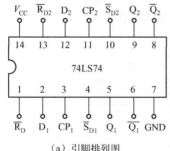 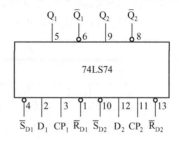

(a) 引脚排列图　　　　　　　　　(b) 逻辑符号

图 15.11　D 触发器 74LS74

表 15-6　74LS74 的状态转换真值表

$\overline{R_D}$	$\overline{S_D}$	CP	D	Q^{n+1}	功能说明
0	0	×	×	不用	不允许
0	1	×	×	0	异步置 0
1	0	×	×	1	异步置 1
1	1	↑	0	0	置 0
1	1	↑	1	1	置 1

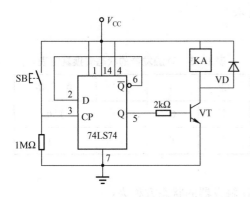

图 15.12 D 触发器构成的电子转换开关

从状态转换真值表可以看出 74LS74 是 CP 上升沿触发的边沿触发器，$\overline{R_D}=0$，$\overline{S_D}=1$ 时置 0；$\overline{R_D}=1$，$\overline{S_D}=0$ 时置 1。

图 15.12 所示是利用 74LS74 构成的单按钮电子转换开关，该电路只利用一个按钮即可实现电路的接通和断开。电路中，74LS74 的 D 端和 $\overline{Q}$ 端连接，这样有 $Q^{n+1}=\overline{Q^n}$，则每按一次按钮 SB，相当于为触发器提供一个时钟脉冲，触发器状态翻转一次。Q 端经三极管 VT 驱动继电器 KA，利用 KA 的触点转换即可通断其他电路。

15.2 寄存器

在数字电路中，用来存放二进制数据或代码的电路称为寄存器。数字系统中需要处理的数据都要用寄存器存储起来，以便随时取用。寄存器由具有存储功能的触发器组成，一个触发器可以存储 1 位二进制数，欲存放 n 位二进制数则需要由 n 个触发器共同组成。

寄存器按功能可以分为数据寄存器和移位寄存器。

15.2.1 数码寄存器

图 15.13 所示是由 D 触发器组成的 4 位数码寄存器，D 触发器为上升沿触发，4 个时钟脉冲输入端连接在一起。可以看出，D_0、D_1、D_2、D_3 是数据输入端，Q_0、Q_1、Q_2、Q_3 是数据输出端。如果数据输入端加载有需要寄存的数据，在时钟脉冲的上升沿到来时输入的数据将出现在输出端，以后只要时钟脉冲不出现，数据将一直保持不变。

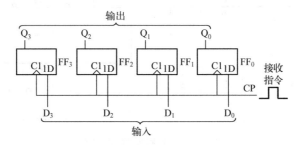

图 15.13 D 触发器组成的 4 位数码寄存器

寄存器保存的数据可随时从输出端取用。需要寄存新的数据时，将新的数据加载在输入端并提供一个时钟脉冲便可完成。

数据寄存器输入数据时要将 4 位数据同时加载到输入端，读取数据寄存器数据时也要将输出端的 4 位数据同时读出。这种数据同时输入、同时输出的数据处理方式称为并行输入、并行输出。

15.2.2 移位寄存器

在进行算术运算和逻辑运算时,常需要将某些数码向左或向右移位,这种具有存放数码和使数码左右移位功能的电路称为移位寄存器。移位寄存器可分为单向移位寄存器和双向移位寄存器两种,按数据移动的方向可分为右移移位寄存器和左移移位寄存器。如图 15.14 所示是由 D 触发器组成的 4 位右移移位寄存器,逻辑电路的数据只能由输入端 D_i 一位一位输入,这种输入方式称为串行输入。输出端为 Q_0、Q_1、Q_2、Q_3,数据输出时既可以 Q_0、Q_1、Q_2、Q_3 同时输出(并行输出),也可以由 Q_3 端一位一位输出,称为串行输出。

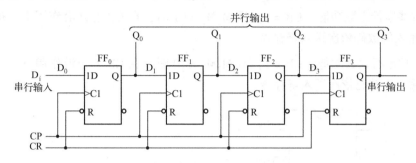

图 15.14 D 触发器组成的 4 位右移移位寄存器

假设电路的初始状态 $Q_3Q_2Q_1Q_0$ 为 0000,从 D_i 输入的数据为 1011。根据 D 触发器的工作特点,在时钟脉冲的作用下,电路工作过程如下:

(1) 第一个 CP 上升沿到来时触发器同时动作,输出端 $Q_3Q_2Q_1Q_0$ 的状态为 0001。
(2) 第二个 CP 上升沿到来时触发器同时动作,输出端 $Q_3Q_2Q_1Q_0$ 的状态为 0010。
(3) 第三个 CP 上升沿到来时触发器同时动作,输出端 $Q_3Q_2Q_1Q_0$ 的状态为 0101。
(4) 第四个 CP 上升沿到来时触发器同时动作,输出端 $Q_3Q_2Q_1Q_0$ 的状态为 1011。

4 个脉冲过后,移位寄存器的输出端为 1011,此时如果要并行输出,只需将数据从输出端 $Q_3Q_2Q_1Q_0$ 将数据取走;如果需要串行输出,则要再输入 4 个脉冲,数据将一位一位从 Q3 输出。4 位右移移位寄存器的状态表如表 15-7 所示,通过状态转换表可以清楚了解数据移位的过程。

表 15-7 4 位右移移位寄存器的状态表

时钟	输入	现态				次态			
CP	D_i	Q_0^n	Q_1^n	Q_2^n	Q_3^n	Q_0^{n+1}	Q_1^{n+1}	Q_2^{n+1}	Q_3^{n+1}
↑	1	0	0	0	0	1	0	0	0
↑	0	1	0	0	0	0	1	0	0
↑	1	0	1	0	0	1	0	1	0
↑	1	1	0	1	0	1	1	0	1

15.2.3 集成双向移位寄存器

若将右移移位寄存器和左移移位寄存器组合在一起,在控制电路的控制下,就构成双向移位寄存器。

图 15.15 为 4 位双向移位寄存器 74LS194 的逻辑符号及外部引脚图。图中$\overline{CR}$为置零端，$D_3 \sim D_0$ 为并行数码输入端，$Q_3 \sim Q_0$ 为并行数码输出端；D_{SR}为右移串行数码输入端，D_{SL}为左移串行数码输入端；M_1 和 M_0 为工作方式控制端。74LS194 的功能见表 15-8。

(1) 置 0 功能。$\overline{CR} = 0$ 时，寄存器置 0。$Q_3 \sim Q_0$ 均为 0 状态。

(2) 保持功能。$\overline{CR} = 1$，且 CP = 0；或 $\overline{CR} = 1$，且 $M_1 M_0 = 00$ 时，寄存器保持原态不变。

(3) 并行置数功能。$\overline{CR} = 1$，且 $M_1 M_0 = 11$ 时，在 CP 上升沿作用下，$D_3 \sim D_0$ 端输入的数码 $d_3 \sim d_0$ 并行送入寄存器，为同步并行置数。

(4) 右移串行送数功能。$\overline{CR} = 1$，且 $M_1 M_0 = 01$ 时，在 CP 上升沿作用下，执行右移功能，D_{SR} 端输入的数码依次送入寄存器。

(5) 左移串行送数功能。$\overline{CR} = 1$，且 $M_1 M_0 = 10$ 时，在 CP 上升沿作用下，执行左移功能，D_{SL} 端输入的数码依次送入寄存器。

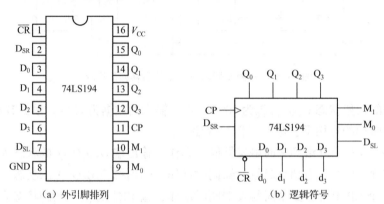

(a) 外引脚排列 　　　　　　　　(b) 逻辑符号

图 15.15　双向移位寄存器 74LS194

表 15-8　74LS194 功能表

	输入变量									输出变量				说　明
$\overline{CR}$	M_1	M_0	CP	D_{SL}	D_{SR}	D_0	D_1	D_2	D_3	Q_0	Q_1	Q_2	Q_3	
0	×	×	×	×	×	×	×	×	×	0	0	0	0	置 0
1	×	×	0	×	×	×	×	×	×	保持				
1	1	1	↑	×	×	d_0	d_1	d_2	d_3	d_0	d_1	d_2	d_3	并行置数
1	0	1	↑	×	1	×	×	×	×	1	Q_0	Q_1	Q_2	右移输入 1
1	0	1	↑	×	0	×	×	×	×	0	Q_0	Q_1	Q_2	右移输入 0
1	1	0	↑	1	×	×	×	×	×	Q_1	Q_2	Q_3	1	左移输入 1
1	1	0	↑	0	×	×	×	×	×	Q_1	Q_2	Q_3	0	左移输入 0
1	0	0	×	×	×	×	×	×	×	保持				

15.3　计数器

在数字电路中，能对输入脉冲个数计数的电路称为计数器。计数器不仅能用于计数，还可用于定时、分频和程序控制等。按 CP 脉冲输入方式不同，可将计数器分为同步计数器和异步计数器。如果组成计数器的若干个触发器受控于同一个 CP 脉冲，触发器将同时动作，这种计数器称为同步计数器。如果组成计数器的若干个触发器不是受控于同一个 CP 脉冲，触发器不同时动作，这种计数器称为异步计数器。组成异步计数器的触发器由于不是共用同一个 CP 脉冲，其中有的触发器将其他触发器的输出作为时钟脉冲。

计数器按计数长度分有二进制计数器、十进制计数器和 N 进制计数器。按计数方式分为加法计数器、减法计数器和可逆计数器。

15.3.1 集成同步加计数器

图 15.16 是集成二进制同步加法计数器 74LS161 的引脚排列图和逻辑功能示意图。74LS161 的功能表如表 15-9 所示。

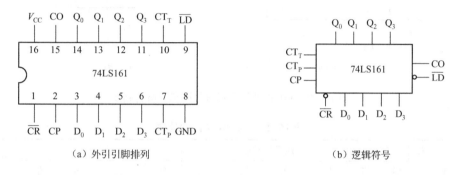

图 15.16 集成二进制同步加法计数器 74LS161

表 15-9 74LS161 的功能表

清零	预置	使能		时钟	预置数据输入				输出				工作模式
$\overline{CR}$	$\overline{LD}$	CT_P	CT_T	CP	D_3	D_2	D_1	D_0	Q_3	Q_2	Q_1	Q_0	
0	×	×	×	×	×	×	×	×	0	0	0	0	异步清零
1	0	×	×	↑	d_3	d_2	d_1	d_0	d_3	d_2	d_1	d_0	同步置数
1	1	1	1	↑	×	×	×	×	计数				加法计数
1	1	0	×	×	×	×	×	×	保持				数据保持
1	1	×	0	0	×	×	×	×	保持				数据保持

由功能表可以看出 74LS161 的逻辑功能。

（1）异步清零功能。当 $\overline{CR}=0$ 时，不管其他输入信号为何状态，计数器输出清零。由于清零与 CP 无关，所以称为异步清零。

（2）同步置数功能。当 $\overline{CR}=1$、$\overline{LD}=0$ 时，在 CP 的上升沿，不管其他输入信号为何状态，将输入端 D_3、D_2、D_1、D_0 的数据传送给输出端，使 $Q_3Q_2Q_1Q_0=D_3D_2D_1D_0$。置数功能可以为计数器设置初始值。所谓同步是指置数与 CP 的上升沿同步。

（3）保持功能。当 $\overline{CR}=1$、$\overline{LD}=1$、$CT_P \cdot CT_T=0$ 即 CT_P 或 CT_T 有一个为 0 时，无论 CP 状态如何，计数器处于保持状态，计数器的输出数据不变。

（4）同步计数功能。当 $\overline{CR}=1$、$\overline{LD}=1$、$CT_P \cdot CT_T=1$ 时，计数器处于计数状态。此时

计数器对时钟脉冲进行同步二进制计数，输入端的数据无效。

（5）输出端。输出端 $CO = CT_T \cdot Q_3Q_2Q_1Q_0$，当计数至 $Q_3Q_2Q_1Q_0 = 1111$，且 $CT_T = 1$ 时输出端 $CO = 1$，产生进位。

15.3.2 集成异步计数器

图 15.17 所示是集成异步二进制加法计数器 74LS197 的引脚排列图和逻辑功能示意图。74LS197 的功能表如表 15-10 所示。

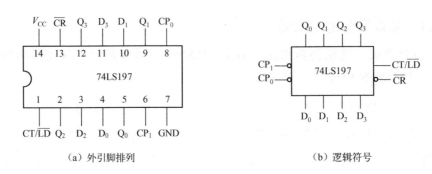

(a) 外引脚排列　　　　　　　　　　(b) 逻辑符号

图 15.17　74LS197 的逻辑符号图和引脚排列图

表 15-10　74LS197 的功能表

清零	计数/预置	时钟		预置数据输入				输出				工作模式
$\overline{CR}$	$CT/\overline{LD}$	CP_0	CP_1	D_3	D_2	D_1	D_0	Q_3	Q_2	Q_1	Q_0	
0	×	×	×	×	×	×	×	0	0	0	0	异步清零
1	0	×	×	d_3	d_2	d_1	d_0	d_3	d_2	d_1	d_0	异步置数
1	1	↓	Q_0	×	×	×	×	4 位二进制计数				加法计数
1	1	×	↓	×	×	×	×	3 位二进制计数				加法计数
1	1	↓	×	×	×	×	×	1 位二进制计数				加法计数

74LS197 的逻辑功能如下：

（1）异步清零功能。当 $\overline{CR} = 0$ 时，不管时钟端 CP_0、CP_1 状态如何，都将计数器输出端清零。

（2）计数/预置功能。当计数/预置端 $CT/\overline{LD} = 0$ 时，不管时钟端 CP_0、CP_1 状态如何，将输入端 D_3、D_2、D_1、D_0 的数据传送给输出端。当计数/预置端 $CT/\overline{LD} = 1$ 时，在时钟端 CP_0、CP_1 下降沿作用下进行计数操作。

（3）异步计数功能。当 $\overline{CR} = CT/\overline{LD} = 1$ 时，可进行异步加法计数。若将输入时钟脉冲 CP 加在 CP_0 端、把 Q_0 与 CP_1 相连，则构成 4 位二进制即 16 进制异步加法计数器。若将输入时钟脉冲 CP 加在 CP_1 端，则构成 3 位二进制即 8 进制计数器，Q_0 可独立使用。如果只将输入时钟脉冲 CP 加在 CP_0 端，CP_1 接 0 或 1，则形成 1 位二进制计数器。

15.3.3 集成可逆计数器

74LS193 为双时钟 4 位二进制同步可逆计数器，具有预置数码、加法、减法的同步计数功能，应用十分方便。图15.18是74LS193引脚图及逻辑符号。功能表如表15-11所示。CR为清零端，高电平有效；$\overline{LD}$为异步置数控制端，低电平有效；CP_U为加法计数脉冲输入端，CP_D为减法计数脉冲输入端，二者都是上升沿计数；$\overline{BO}$为借位输出端（减法计数下溢时，该端输出低电平）；$\overline{CO}$为进位输出端（加法计数上溢时，该端输出低电平）。

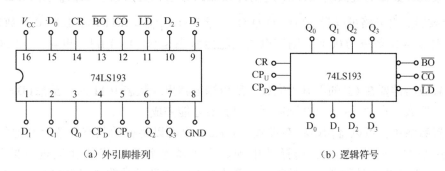

（a）外引脚排列　　　　　　　　　　（b）逻辑符号

图15.18　74LS193的逻辑符号图和引脚排列图

表15-11　74LS193的功能表

清零	预置	时钟		预置数据输入				输出				工作模式
CR	$\overline{LD}$	CP_U	CP_D	D_3	D_2	D_1	D_0	Q_3	Q_2	Q_1	Q_0	
1	×	×	×	×	×	×	×	0	0	0	0	异步清零
0	0	×	×	d_3	d_2	d_1	d_0	d_3	d_2	d_1	d_0	异步置数
0	1	↑	1	×	×	×	×	二进制加法计数				加法计数
0	1	1	↑	×	×	×	×	二进制减法计数				减法计数

15.3.4　用集成计数器构成 N 进制计数器

计数器一般为4位、8位二进制或十进制，其计数范围是有限的。当计数模值超过计数范围时，可用计数器的级联来实现。当需要其他任意 N 进制的计数器时，只要 $N<M$，可以在 M 进制计数器的顺序计数过程中跳过（$M-N$）个状态，从而获得 N 进制计数器。N 进制计数器设计一般有反馈清零法和反馈置数法两种。下面以74LS161为例说明 N 进制计数器的设计方法。

1. 反馈清零法

利用集成计数器的清零端设计 N 进制计数器的方法称为反馈清零法。图15.19所示为12进制计数器。由电路可以看出 $\overline{CR}=\overline{Q_3Q_2}$，当 $Q_3Q_2=11$ 时，$\overline{CR}=0$ 计数器异步清零，则该电路的稳定状态是0000～1011，因此该电路是12进制加法计数器。

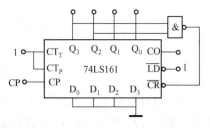

图15.19　用74LS161设计的12进制计数器

特别要注意的是，该电路会瞬时出现1100状态。因为只有当计数器 $Q_3Q_2Q_1Q_0=1100$ 时才有 $\overline{CR}=0$，计数器清零,所以当计数器由状态1011向状态0000转换时电路先出现状态1100,电路完成清零,然后稳定在状态0000。

2. 反馈置数法

利用集成计数器的置数端设计 N 进制计数器的方法称为反馈置数法。图 15.20 所示为 12 进制计数器。由电路可以看出 $\overline{LD} = \overline{Q_3Q_1Q_0}$,当 $Q_3Q_2Q_1Q_0 = 1011$ 时,$\overline{LD} = 0$ 计数器置数。如果输入端 $D_3 \sim D_0$ 数据为 0000,则该电路的稳定状态是 0000~1011,电路是 12 进制加法计数器。

由于置数时需要在 CP 的上升沿完成,所以当电路出现状态 1011 时,虽然 $\overline{LD} = 0$,电路并不会立即置数,直到下一个 CP 脉冲到来时置数才能完成。

反馈置数法中,可以将初始状态设置为 0000,也可以将初始状态设置为其他状态。因为 74LS161 是 16 进制计数器,选择其中的若干个状态就可以组成相应进制的计数器。图 15.21 所示为 8 进制计数器,初始状态设置为 0011。电路的计数状态为 0011~1010。

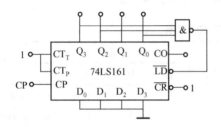

图 15.20　用 74LS161 设计的 12 进制计数器　　图 15.21　用 74LS161 设计的八进制计数器

3. 集成计数器的级联

如果要设计大于 16 进制的计数器,需要采用集成计数器的级联实现。图 15.22 为 60 进制计数器,电路采用了两片 74LS161 级联组成。

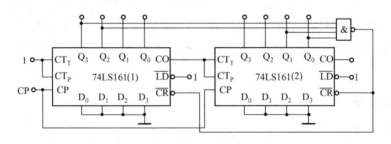

图 15.22　60 进制计数器

因为 74LS161 是十六进制计数器,每计满 16 向前进位,所以高位芯片 74LS161(2) 计数至 3,低位芯片 74LS161(1) 计数至 12 时,说明已计满 60,计数器清零。电路采用反馈清零法,计数状态为 00000000~00111011。

15.4 555定时器

555定时器是一种将模拟电路和数字电路相结合在一起的中规模集成电路，电路功能灵活，应用范围广，只需外接少量元件，就可以组成各种功能电路。

15.4.1 555定时器结构

555定时器的内部结构如图15.23（a）所示，其内部有一个基本RS触发器、两个电压比较器、一个放电三极管和一个分压电路，由电路可以看出，电压比较器A_1的基准电压为$\frac{2}{3}V_{CC}$，电压比较器A_2的基准电压为$\frac{1}{3}V_{CC}$。图15.23（b）所示为其外引脚排列图。

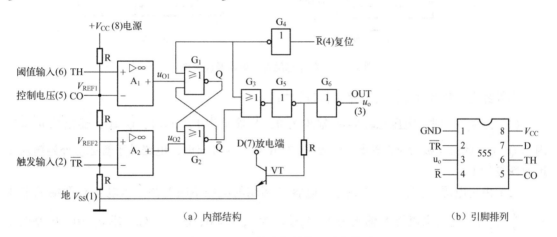

（a）内部结构　　　　　　　　　（b）引脚排列

图15.23　555的内部结构和引脚排列

555定时器各引脚功能如下：

(1) GND为接地端。

(2) $\overline{TR}$为低电平触发端。当其输入电压低于$\frac{1}{3}V_{CC}$时，A_2的输出为0，基本RS触发器输出Q=1，555定时器输出端$u_o=1$。

(3) 输出端u_o。输出电流可达200mA，可直接驱动发光二极管、指示灯等。

(4) $\overline{R}$为复位端。当$\overline{R}=0$时，基本RS触发器直接清0，输出$u_o=0$。

(5) CO为电压控制端。CO外加控制电压可改变A_1、A_2的参考电压。

(6) TH为高电平触发端。当输入电压高于$\frac{2}{3}V_{CC}$时，A_1的输出为0，基本RS触发器输出Q=0，555定时器输出端$u_o=0$。

(7) D为放电端。当$\overline{Q}=1$时，三极管VT导通，如果D端外接有电容，可通过VT放电。

(8) V_{CC}为电源端。电源为5~18伏。

15.4.2 单稳态触发器

利用 555 定时器可以组成单稳态触发器。单稳态触发器是指触发器只有一个稳态，一般电路在外界作用下先进入暂态，经过一段时间后电路返回稳态。图 15.24（a）所示是由 555 定时器组成的单稳态触发器电路，其中 R、C 为外接电阻和电容，u_i 为输入信号。

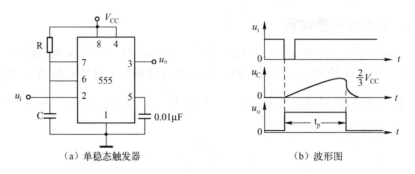

图 15.24　单稳态触发器电路及波形图

当外界有一负脉冲输入时电路工作过程如下：

（1）当 $u_i=0$ 时，电压比较器 A_2 输出为 0，A_1 输出为 1，$Q=1$，$\overline{Q}=0$，输出端 $u_o=1$。因为 $\overline{Q}=0$，此时三极管 VT 截止，电源 V_{CC} 经 R 对电容 C 充电，电路处于暂态。外界输入 u_i 迅速恢复为 1。

（2）由于电源 V_{CC} 对电容 C 充电，电容 C 两端的电压不断升高。当电容 C 两端的电压 $u_C>\frac{2}{3}V_{CC}$ 时，电压比较器 A_1 输出为 0，A_2 输出为 1，$Q=0$，$\overline{Q}=1$，输出端 $u_o=0$，电路返回稳态。

（3）由于 $\overline{Q}=1$，三极管 VT 导通，电容 C 经三极管 VT 放电。当电容电压 $u_C<\frac{2}{3}V_{CC}$ 时，电压比较器 A_1 输出为 1，A_2 输出为 1，基本 RS 触发器处于保持状态，保持 $Q=0$，$\overline{Q}=1$。

（4）电容 C 继续放电直到 $u_C=0$，A_1、A_2 输出仍然为 1，电路继续保持稳态。由于此时 $\overline{Q}=1$，三极管随时可以导通，电路不可能对电容充电，因此 u_C 一直为 0，电压比较器 A_1、A_2 输出一直为 1，电路稳定在输出 $u_o=0$。

单稳态电路的输出 u_o 只是在暂态时输出为 1，其他时间电路处于稳态输出为 0。电路处于暂态的时间为电容充电电压从 0 至 $\frac{2}{3}V_{CC}$ 对应的时间，根据电容充放电计算公式可知，输出电压 u_o 的脉冲宽度 t_p 为：

$$t_p=1.1RC$$

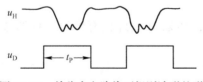

图 15.25　单稳态电路将不规则波形整形

单稳态电路的波形图如图 15.24（b）所示。单稳态电路可用于定时、整形以及延时等。图 15.25 所示为单稳态电路将不规则波形整形为矩形波。

15.4.3 多谐振荡器

多谐振荡器又称无稳态触发器，它没有稳定状态，也不需要外加任何信号。电路接通后电路将输出矩形脉冲。由于矩形脉冲中含有大量谐波，所以称为多谐振荡器。多谐振荡器电路如图 15.26（a）所示。

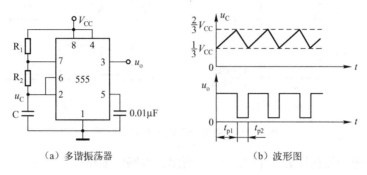

图 15.26 多谐振荡器电路及其波形图

假设电路从接通电源开始工作，电路的工作过程如下：

(1) 接通电源时 $u_C=0$，电压比较器 A_2 输出为 0，A_1 输出为 1，$Q=1$，$\overline{Q}=0$，555 定时器输出 $u_o=1$，此时 555 定时器内部三极管 VT 截止，电源 V_{CC} 经 R_1、R_2 对电容 C 充电。

(2) 当电容充电电压 $u_C > \frac{2}{3}V_{CC}$ 时，电压比较器 A_2 输出为 1，A_1 输出为 0，$Q=0$，$\overline{Q}=1$，555 定时器输出 $u_o=0$，此时三极管 VT 导通，电容 C 经 R_2、VT 放电。

(3) 当电容放电电压 $u_C < \frac{1}{3}V_{CC}$ 时，电压比较器 A_2 输出为 0，A_1 输出为 1，$Q=1$，$\overline{Q}=0$，555 定时器输出 $u_o=1$，此时三极管 VT 截止，电容充电。

(4) 电路不断重复（2）、（3）过程，电容电压在 $\frac{1}{3}V_{CC}$、$\frac{2}{3}V_{CC}$ 之间变化，定时器输出矩形脉冲。

电路输出波形如图 15.26（b）所示，可以看出电路没有稳态，电路充电时间 t_{p1} 为：

$$t_{p1} = 0.7(R_1+R_2)C$$

电路放电时间 t_{p2} 为：

$$t_{p2} = 0.7R_2C$$

一个振荡周期 T 为：

$$T = t_{p1} + t_{p2} = 0.7(R_1+2R_2)C$$

15.4.4 施密特触发器

施密特触发器的特点是能够把变化非常缓慢或不规则的输入波形整形为适合数字电路需要的矩形脉冲。施密特触发器由于有滞回特性，所以抗干扰强。

由 555 定时器组成的施密特触发器电路如图 15.27（a）所示，可以看出，将定时器的 TH 端和 $\overline{TR}$ 端连接起来作为信号输入端 u_i 便构成施密特触发器。555 定时器内部电源中三极管 VT 的集电极通过电阻 R 接电源 V_{CC1}，并将三极管 VT 的集电极 D 端引出作为输出端 u_{o1}，其高电平通过改变 V_{CC1} 可以进行调节。定时器 CO 端可以外接电压 u_{co}，用于改变比较电压，调节回差。

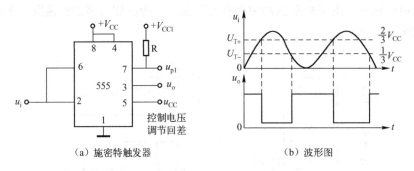

图 15.27 施密特触发器及其波形图

假设输入波形为振荡波如图 15.27（b）所示，电路的工作过程如下：

(1) 当 $u_i = 0$ 时，电压比较器 A_2 输出为 0，A_1 输出为 1，基本 RS 触发器 Q = 1，$\overline{Q} = 0$，定时器输出 $u_o = 1$。由于 $\overline{Q} = 0$，三极管 VT 截止，所以 $u_{o1} = 1$。

(2) 随着 u_i 电压升高，当 $u_i > \frac{1}{3}V_{CC}$ 时，电压比较器 A_2 输出为 1，A_1 输出为 1，基本 RS 触发器保持，定时器输出 u_o、u_{o1} 保持为 1。

(3) u_i 电压继续升高，当 $u_i > \frac{2}{3}V_{CC}$ 时，电压比较器 A_2 输出为 1，A_1 输出为 0，基本 RS 触发器 Q = 0，$\overline{Q} = 1$，定时器输出 $u_o = 0$。由于 $\overline{Q} = 1$，三极管 VT 导通，所以 $u_{o1} = 0$。

(4) 电压经过最大值后开始下降，当电压下降到 $u_i < \frac{2}{3}V_{CC}$ 时，电压比较器 A_2 输出为 1，A_1 输出为 1，基本 RS 触发器保持，定时器输出 u_o、u_{o1} 保持为 1。

(5) 电压继续下降，当 $u_i < \frac{1}{3}V_{CC}$ 时，电压比较器 A_2 输出为 0，A_1 输出为 1，基本 RS 触发器 Q = 1，$\overline{Q} = 0$。输出端 $u_o = 1$、$u_{o1} = 1$。

随着外加电压的不断改变，定时器不断重复上述过程。

施密特触发器的应用很广，可以用来作为电压鉴别器、脉冲变换、整形电路等。图 15.28 所示是施密特触发器用来对不规则波形进行整形和对输入信号进行鉴幅的波形图。

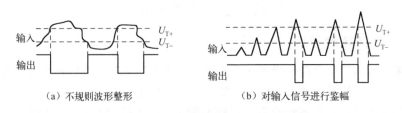

图 15.28 施密特触发器的应用方向

项目实训 20 触发器电路的功能测试

1. 实训目的

（1）掌握基本 RS 触发器的电路组成和逻辑功能。
（2）掌握集成 JK 触发器和 D 触发器的逻辑功能及其测试方法。

2. 实训设备

（1）数字电子技术实训装置　　　　　　1套
（2）直流稳压电源　　　　　　　　　　1台
（3）万用表　　　　　　　　　　　　　1块
（4）集成芯片：74LS00、74LS74、74LS112　各1片

3. 实训内容与步骤

（1）基本 RS 触发器逻辑功能测试。按图 15.29 所示接线，用与非门 74LS00 构成一个基本 RS 触发器。触发器的输入端 $\overline{R}$、$\overline{S}$ 分别接逻辑开关，输出端 Q 接状态显示 LED 发光二极管。改变输入端 $\overline{R}$、$\overline{S}$ 的取值，记录相应的结果，将结果填入表 15-12 中。

表 15-12　基本 RS 触发器功能表

$\overline{R}$	$\overline{S}$	Q^n	Q^{n+1}
0	0	0	
0	0	1	
0	1	0	
0	1	1	
1	0	0	
1	0	1	
1	1	0	
1	1	1	

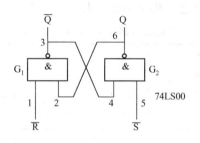

图 15.29　与非门构成的基本 RS 触发器

（2）JK 触发器逻辑功能测试。74LS112 集成芯片是典型的集成双 JK 触发器，其引脚如图 16.10 所示，它的触发方式属于边沿触发方式的下降沿触发，即仅在时钟脉冲 CP 的下降沿才能接收控制输入信号，改变状态。

① 复位和置位功能测试。将 JK 触发器的 $\overline{R_D}$ 和 $\overline{S_D}$ 分别接到两个逻辑开关上，输出端 Q 和 $\overline{Q}$ 分别接到两个状态显示发光二极管上，CP 端及 J、K 端均为任意状态，改变 $\overline{R_D}$ 和 $\overline{S_D}$ 输入端的取值，观测输出端 Q、$\overline{Q}$ 的状态，记录结果填入表 15-13 中。

表 15-13　异步复位和置位功能表

CP	J	K	$\overline{R_D}$	$\overline{S_D}$	$\overline{Q^{n+1}}$	Q^{n+1}
×	×	×	0	0		
×	×	×	0	1		
×	×	×	1	0		
×	×	×	1	1		

② 逻辑功能测试。按图 15.30 所示接线，将集成芯片 74LS112 中任意一组 JK 触发器的 $\overline{R_D}$ 和 $\overline{S_D}$ 均接高电平 1，CP 端接单次脉冲，J、K 端分别接逻辑开关，输出 Q 接状态显示发光二极管，V_{CC} 和 GND 分别接 +5V 电源的正极和负极。改变输入端 J、K 的取值，在 CP 脉冲作用下进行 J、K 触发器功能测试，将结果填入表 15-14 中。

表 15-14　J、K 触发器功能测试表

CP	J	K	Q^n	Q^{n+1}
↓	0	0	0	
↓	0	0	1	
↓	0	1	0	
↓	0	1	1	
↓	1	0	0	
↓	1	0	1	
↓	1	1	0	
↓	1	1	1	

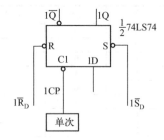

图 15.30　JK 触发器实验线路图

（3）D 触发器逻辑功能测试。74LS74 集成芯片为典型的双 D 触发器，它属于上升沿触发的边沿触发器，其引脚排列如图 15.11 所示，按图 15.31 所示接线，将 74LS74 其中一组触发器的复位端 $\overline{R_D}$ 和置位端 $\overline{S_D}$ 及输入端 D 分别接到逻辑开关上，CP 端接单次输出端，输出 Q 接发光二极管，V_{CC} 和 GND 分别接电源正极和负极。

根据表 15-15 的要求，测试 Q^{n+1} 的输出端逻辑状态，将结果填入表 15-15 中。

表 15-15　集成边沿 D 触发器 74LS74 功能测试表

CP	$\overline{R_D}$	$\overline{S_D}$	D	Q^n	Q^{n+1}
×	0	1	×	×	
×	1	0	×	×	
↑	1	1	0	0	
↑	1	1	0	1	
↑	1	1	1	0	
↑	1	1	1	1	

图 15.31　D 触发器实验线路图

4. 注意事项

（1）注意触发器的约束条件。

（2）注意各触发器的触发方式。

5. 预习要求

（1）预习掌握各触发器的特征方程。

（2）设计 D 触发器和 JK 触发器之间的转换电路，并在实训时进行功能验证。

项目实训 21　四路智力竞赛抢答器的组装与调试

1. 实训目的

（1）掌握四路智力竞赛抢答器电路的组装和调试方法。

(2) 提高检查故障和排除故障的能力。

2. 实训设备

(1) 直流稳压电源　　　　1 台
(2) 数字万用表　　　　　1 个
(3) 常用电子装配工具　　1 套

3. 实训准备知识

四路智力竞赛抢答器电路将涉及一些在前面没有介绍的元器件，在此主要将其检测方法做简单介绍。

(1) 双 JK 触发器 CD4027 的检测。双 JK 触发器 CD4027 是具有 2 个上升沿触发有效的互相独立的 JK 触发器，其引脚排列和逻辑符号如图 15.32 所示。CD4027 可直接代换的型号有 CC4027、CH4027、MC4027、F4027、TC4027 等。

测试方法：利用数字电子技术实训装置，将被测 CD4027 插入相应的芯座上，按 CD4027 的逻辑功能表接入相应的输入电平，将被测触发器输出端接至逻辑电平显示器上，验证其输出电平。

(2) 双路四输入与非门 CD4012 的测试。双路四输入与非门 CD4012 功能测试：方法同 CD4027，利用数字电子技术实训装置，验证其输出电平是否符合与非门"有 0 出 1，全 1 出 0"的逻辑功能。其引脚排列和逻辑符号如图 15.33 所示。

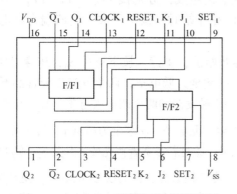

图 15.32　CD4027 引脚排列和逻辑符号

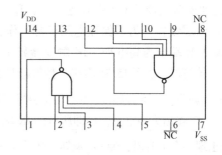

图 15.33　CD4012 引脚排列和逻辑符号

(3) 语音芯片 KD9561 的检测。语音芯片 KD9561 封装形式如图 15.36。具体操作如下：按图 15.34 所示电路接好后，只要接通电源就会发出模拟声报警。两个选择端 SEL_1、SEL_2 通过选择电平的高低，即得到 4 种不同的模拟声电信号，模拟声见表 15-16 所示。

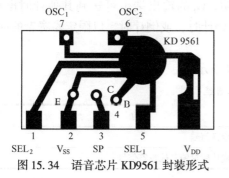

图 15.34　语音芯片 KD9561 封装形式

表 15-16　SEL_1、SEL_2 4 种不同的模拟声

SEL_1	SEL_2	输出声音
不接	不接	警车声
V_{DD}	不接	火警声
V_{SS}	不接	救护车声
任意接	V_{DD}	机关枪声

4. 实训内容

（1）四路智力竞赛抢答器电路原理图及工作原理分析。

① 电路原理图。四路智力竞赛抢答器电路如图15.35所示。

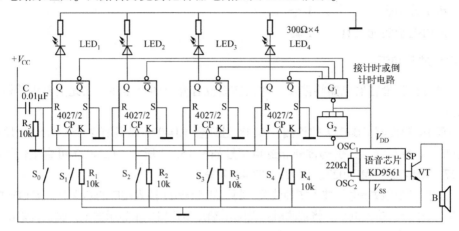

图 15.35　四路智力竞赛抢答器电路图

② 电路逻辑功能分析。

a. 抢答控制电路。该部分由开关 S_1、S_2、S_3、S_4 组成，分别接 FF_0、FF_1、FF_2、FF_3 的 CP 端，由四名参赛者控制。常态时开关接地，比赛开始时，按下开关，使该端为高电平，也就是使该触发器的 CP 端出现一个上升沿。

b. 清零装置。为了保证电路正常工作，比赛开始前，主持人按下开关 S_0，JK 触发器的异步输入 R 端全为高电平，JK 触发器异步清零，Q 端全为低电平，四个发光二极管都不亮。

c. 抢答器。由图 15.35 看出，抢答器是由四个 JK 触发器和两个四输入与非门 G_1、G_2 构成。工作原理如下：比赛开始前，四个 JK 触发器的 Q 端全为低电平，$\overline{Q}$ 端全为高电平，则 G_1 输出为低电平，G_2 输出为高电平，也即所有的 JK 端为高电平；此时若参赛者首先按下开关 S_1，则 FF_0 的 CP 端出现一个上升沿，使 FF_0 翻转，Q_0 为高电平，发光二极管亮，同时 $\overline{Q_0}$ 为低电平，使 G_1 输出为高电平，G_2 输出为低电平，该低电平送到所有的 JK 端，其他参赛者也按下开关，但由于 JK 端都为低电平，所以相应的触发器只能保持原来的低电平状态。也就是只有 S_1 抢答成功。所以抢答电路只允许第一个按下开关的参赛者抢答成功，后面按下开关的参赛者抢答均不能成功。

d. 声响电路。一旦有人抢答，就会使 G_1 输出高电平，该高电平送到语音芯片触发端，使语音芯片工作，扬声器发出声响，表示抢答成功。G_1 的输出端也可送到其他计时电路，当某参赛者抢答成功时，这个高电平使计时电路开始计时，或倒计时，以限定参赛者的回答时间。

③ 四路智力竞赛抢答器配套明细表如表 15-17 所示。

表 15-17　元件清单

元器件代号	型号及参数	数量	功　能
JK 触发器	CD4027	1	触发抢答信号
G_1、G_2 二四与非门	CD4012	1	抢答成功后封锁其他抢答信号

续表

元器件代号	型号及参数	数量	功　　能
R_1、R_2、R_3、R_4	RJ11－10k－0.25W	4	限流
R_5	RJ11－10k－0.25W	1	微分电路，上电清零
C	103	1	
S_0	按钮开关	1	清零按钮
S_1、S_2、S_3、S_4	按钮开关	4	抢答按钮开关
LED_1、LED_2、LED_3、LED_4	Φ3 红高亮	4	显示
语音芯片	KD9561	1	输出声音信号
扬声器 B	0.5W 8Ω	2	发出声响
三极管 VT	9014	1	功率放大
电阻	300Ω	4	
电阻	220Ω	1	
万能电路板		1	

（2）组装。

① 元器件检测。

② 元器件预加工。

③ 万能电路板装配。

（3）调试。

① 仔细检查、核对电路与元器件，确认无误后加入规定的 +5V 直流电压。

② 上电复位功能测试。通电后，四个发光二极管应该都不亮。

③ 抢答功能测试。按下任一按钮开关，对应的发光二极管亮，再按其他任一按钮，均不会发生改变。

④ 清零功能测试。按下按钮开关 S_0，四个发光二极管应该全灭。

⑤ 声响电路功能测试。按下按钮开关 $S_1 \sim S_4$ 中的其中一个，观察扬声器是否发声。

习　题　15

一、填空题

15.1　触发器有_____个稳态，存储 8 位二进制信息要_____个触发器。

15.2　一个基本 RS 触发器在正常工作时，它的约束条件是 $\overline{R}+\overline{S}=1$，则它不允许输入 $\overline{S}=$_____，且 $\overline{R}=$_____的信号。

15.3　触发器有两个互补的输出端 Q、$\overline{Q}$，定义触发器的 1 状态为_____，0 状态为_____，可见触发器的状态指的是_____端的状态。

15.4　一个基本 RS 触发器在正常工作时，不允许输入 R＝S＝1 的信号，因此它的约束条件是_____。

15.5　RS 触发器具有_____、_____和_____等逻辑功能；D 触发器具有_____和_____等逻辑功能；JK 触发器具有_____、_____、_____和_____等逻辑功能。

15.6　时序逻辑电路按照其触发器是否有统一的时钟控制分为_____时序电路和_____时序电路。

· 277 ·

15.7 寄存器按照功能不同可分为两类：_____寄存器和_____寄存器。

15.8 数字电路按照是否有记忆功能通常可分为两类：_____、_____。

15.9 欲使 JK 触发器按 $Q^{n+1}=Q^n$ 工作，可使 JK 触发器的输入端 J = _____，K = _____。

15.10 欲使 D 触发器按 $Q^{n+1}=\overline{Q^n}$ 工作，应使输入 D 端 = _____。

二、选择题

15.11 下列电路中不属于时序电路的是（ ）。
  A. 同步计数器   B. 异步计数器   C. 译码器   D. 数据寄存器

15.12 在数字电路需要暂时保存 4 位 BCD 码数据，可以选用（ ）电路实现。
  A. 计数器   B. 编码器   C. 译码器   D. 寄存器

15.13 在相同的时钟脉冲作用下，同步计数器与异步计数器比较，其工作速度（ ）。
  A. 较快   B. 较慢   C. 一样   D. 不确定

15.14 74161 计数器在计数到（ ）个时钟脉冲时，CO 端输出进位脉冲。
  A. 2   B. 8   C. 10   D. 16

三、综合题

15.15 基本 RS 触发器输入端 $\overline{R}$ 和 $\overline{S}$ 波形如图 15.36 所示，设触发器 Q 端的初始状态为 0，试对应画出输出 Q 和 $\overline{Q}$ 的波形。

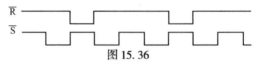

图 15.36

15.16 同步 RS 触发器输入端 CP、R、S 的波形如图 15.37 所示，触发器的 Q 端的初始状态为 0，试对应画出同步 RS 触发器 Q、$\overline{Q}$ 的波形。

图 15.37

15.17 图 15.38 所示为 CP 脉冲上升沿触发的 JK 触发器的逻辑符号及 CP、J、K 的波形，设触发器 Q 端的初始状态为 0，试对应画出 Q、$\overline{Q}$ 的波形。

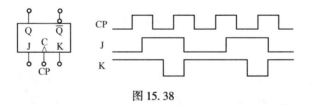

图 15.38

15.18 图 15.39 所示为 CP 脉冲上升沿触发的 D 触发器的逻辑符号及 CP、D 的波形，设触发器 Q 端的初始状态为 0，试对应画出 Q、$\overline{Q}$ 的波形。

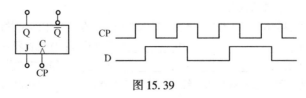

图 15.39

15.19 试分析图 15.40 所示各电路，指出各是几进制计数器。

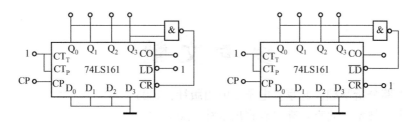

图 15.40

15.20 试分析图 15.41 所示电路，指出是几进制计数器。

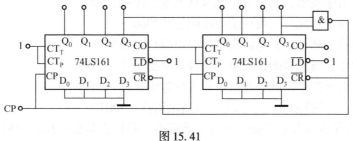

图 15.41

15.21 分别画出用 74LS161 的异步清零和同步置数功能构成的下列计数器的接线图。
（1）5 进制计数器。
（2）50 进制计数器。
（3）100 进制计数器。
（4）200 进制计数器。

15.22 图 15.42 所示电路是一个防盗报警装置，a、b 两端用一细铜丝接通，将此铜丝置于盗窃者必经之处，当盗窃者闯入室内将铜丝碰掉后，扬声器即发出报警声。试说明电路的工作原理。

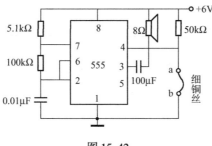

图 15.42

参 考 文 献

1. 朱晓萍，电路分析基础，北京：电子工业出版社，2003
2. 席时达，电工技术，北京：高等教育出版社，2000
3. 周元兴，电工与电子技术基础，北京：机械工业出版社，2002
4. 周良权，数字电子技术基础，北京：高等教育出版社，1993
5. 李中发，数字电子技术，北京：中国水利水电出版社，2001
6. 陈庆礼，电子技术，北京：机械工业出版社，2000
7. 康华光，电子技术基础，北京：高等教育出版社，1988
8. 周良权，模拟电子技术基础，北京：高等教育出版社，1999
9. 陈梓城，模拟电子技术基础，北京：高等教育出版社，2003
10. 燕居怀，电工电子技术，北京：中国铁道出版社，2007
11. 张永瑞等，电子测量技术基础，西安：西安电子科技大学出版社，2000
12. 王港元，电工电子实践指导，南昌：江西科学技术出版社，2003
13. 陈定明，电工与电子技术实训，北京：机械工业出版社，2002
14. 方承远，工厂电气控制技术，北京：机械工业出版社，2000
15. 张友汉，电工与电子技术，北京：高等教育出版社，2001